Technische Mechanik 2

Dietmar Gross · Werner Hauger · Jörg Schröder · Wolfgang A. Wall

Technische Mechanik 2

Elastostatik

14., überarbeitete Auflage

 Springer Vieweg

Dietmar Gross
Technische Universität Darmstadt
Darmstadt, Deutschland

Werner Hauger
Technische Universität Darmstadt
Darmstadt, Deutschland

Jörg Schröder
Universität Duisburg-Essen
Essen, Deutschland

Wolfgang A. Wall
Technische Universität München
Garching, Deutschland

Ergänzendes Material zu diesem Buch finden Sie auf www.tm-tools.de

ISBN 978-3-662-61861-5   ISBN 978-3-662-61862-2 (eBook)
https://doi.org/10.1007/978-3-662-61862-2

Die Deutsche Nationalbibliothek verzeichnet diese Publikation in der Deutschen Nationalbibliografie; detaillierte bibliografische Daten sind im Internet über http://dnb.d-nb.de abrufbar.

Springer Vieweg

Springer Vieweg ist ein Imprint der eingetragenen Gesellschaft Springer-Verlag GmbH, DE und ist ein Teil von Springer Nature.
Die Anschrift der Gesellschaft ist: Heidelberger Platz 3, 14197 Berlin, Germany

Die Autoren

Prof. Dr.-Ing. Dietmar Gross studierte Angewandte Mechanik und promovierte an der Universität Rostock. Er habilitierte an der Universität Stuttgart und ist seit 1976 Professor für Mechanik an der TU Darmstadt. Seine Arbeitsgebiete sind unter anderen die Festkörper- und Strukturmechanik sowie die Bruchmechanik. Hierbei ist er auch mit der Modellierung mikromechanischer Prozesse befasst. Er ist Mitherausgeber mehrerer internationaler Fachzeitschriften sowie Autor zahlreicher Lehr- und Fachbücher.

Prof. Dr. Werner Hauger studierte Angewandte Mathematik und Mechanik an der Universität Karlsruhe und promovierte an der Northwestern University in Evanston/Illinois. Er war mehrere Jahre in der Industrie tätig, hatte eine Professur an der Helmut-Schmidt-Universität in Hamburg und wurde 1978 an die TU Darmstadt berufen. Sein Arbeitsgebiet ist die Festkörpermechanik mit den Schwerpunkten Stabilitätstheorie, Plastodynamik und Biomechanik. Er ist Autor von Lehrbüchern und war Mitherausgeber internationaler Fachzeitschriften.

Prof. Dr.-Ing. Jörg Schröder studierte Bauingenieurwesen, promovierte an der Universität Hannover und habilitierte an der Universität Stuttgart. Nach einer Professur für Mechanik an der TU Darmstadt ist er seit 2001 Professor für Mechanik an der Universität Duisburg-Essen. Seine Arbeitsgebiete sind unter anderem die theoretische und computerorientierte Kontinuumsmechanik sowie die phänomenologische Materialtheorie und die Weiterentwicklung der Finite-Elemente-Methode.

Prof. Dr.-Ing. Wolfgang A. Wall studierte Bauingenieurwesen an der Universität Innsbruck und promovierte an der Universität Stuttgart. Seit 2003 leitet er den Lehrstuhl für Numerische Mechanik an der Fakultät Maschinenwesen der TU München. Seine Arbeitsgebiete sind unter anderen die numerische Strömungs- und Strukturmechanik. Schwerpunkte dabei sind gekoppelte Mehrfeld- und Mehrskalenprobleme mit Anwendungen, die sich von der Aeroelastik bis zur Biomechanik erstrecken.

Vorwort

Die *Elastostatik* setzt den ersten Band des mehrbändigen Lehrbuches der Technischen Mechanik fort. Sie beschäftigt sich mit den Beanspruchungen und den Verformungen elastischer Körper.

Das Buch ist aus Lehrveranstaltungen hervorgegangen, die von den Autoren für Studierende aller Ingenieur-Fachrichtungen gehalten wurden. Der dargestellte Stoff orientiert sich im Inhalt an den Mechanikkursen, wie sie an deutschsprachigen Hochschulen abgehalten werden. Dabei wurde zugunsten einer ausführlichen Darstellung der Grundlagen auf die Behandlung mancher spezieller Probleme verzichtet.

Auch dieser Band erfordert aktive Mitarbeit des Lesers, da die Mechanik nicht durch reines Literaturstudium zu erlernen ist. Eine sachgerechte Anwendung der wenigen Gesetzmäßigkeiten setzt nicht nur die Kenntnis der Theorie voraus, sondern erfordert auch Übung. Letztere ist nur durch selbständiges Bearbeiten von Aufgaben zu erwerben. Die Beispiele in jedem Kapitel sollen hierfür eine Anleitung geben. Da wir mit den Beispielen die prinzipielle Anwendbarkeit der Grundgesetze zeigen wollen, haben wir bewusst keinen Wert auf Zahlenrechnungen gelegt.

Die freundliche Aufnahme, welche dieses Buch gefunden hat, macht eine Neuauflage erforderlich. Wir haben sie genutzt, um eine Reihe von Verbesserungen und Ergänzungen vorzunehmen. Außerdem wurden Text und Abbildungen dem neuen Springer Layout angepasst, welches erlaubt, eine attraktive E-Book Variante bereitzustellen.

Die Technische Mechanik 2 geht zu einem bedeutenden Anteil auf unseren verstorbenen Kollegen Prof. Dr. Dr. h. c. Walter Schnell zurück, der auch bis zur sechsten Auflage Mitautor war. Seine Handschrift ist in der vorliegenden Neuauflage trotz der vielen mittlerweile erfolgten Überarbeitungen immer noch zu erkennen.

Herzlich gedankt sei an dieser Stelle Frau Heike Herbst und Frau Veronika Jorisch, die mit großer Sorgfalt die meisten Zeichnungen anfertigten. Wir danken auch dem Springer-Verlag für das Eingehen auf unsere Wünsche und für die ansprechende Ausstattung des Buches.

Darmstadt, Essen und München   D. Gross
im Januar 2021   W. Hauger
                                                                                                          J. Schröder
                                                                                                        W.A. Wall

Inhaltsverzeichnis

Einführung

Im ersten Band (*Statik*) wurde gezeigt, wie man allein mit Hilfe der Gleichgewichtsbedingungen äußere und innere Kräfte an Tragwerken ermitteln kann. Dabei wurde der reale Körper durch den *starren* Körper angenähert. Diese Idealisierung ist jedoch zur Beschreibung des mechanischen Verhaltens von Bauteilen oder Konstruktionen meist nicht hinreichend. Bei vielen Ingenieurproblemen sind auch die Deformationen der Körper vorherzubestimmen, zum Beispiel um unzulässig große Verformungen auszuschließen. Der Körper muss dann als *deformierbar* angesehen werden.

Um die Deformationen zu beschreiben, ist es erforderlich, geeignete geometrische Größen zu definieren; dies sind *Verschiebungen* und *Verzerrungen*. Durch *kinematische Beziehungen*, welche die Verschiebungen und die Verzerrungen verknüpfen, wird die Geometrie der Verformung festgelegt.

Neben den Verformungen sind die Beanspruchungen von Bauteilen von großer praktischer Bedeutung. In der Statik haben wir bisher nur Schnittkräfte ermittelt. Sie allein lassen keine Aussage über die Belastbarkeit von Tragwerken zu (ein dünner bzw. ein dicker Stab aus gleichem Material werden bei unterschiedlichen Kräften versagen). Als geeignetes Maß für die Beanspruchung wird daher der Begriff der *Spannung* eingeführt. Durch Vergleich einer rechnerisch ermittelten Spannung mit einer auf Experimenten und Sicherheitsanforderungen basierenden *zulässigen Spannung* kann man die Tragfähigkeit von Bauteilen beurteilen.

Die Verzerrungen sind mit den Spannungen verknüpft. Die physikalische Beziehung zwischen diesen Größen heißt *Stoffgesetz*. Es ist abhängig vom Werkstoff, aus dem ein Bauteil besteht und kann nur mit Hilfe von Experimenten gewonnen werden. Die technisch wichtigsten metallischen und nichtmetallischen Materialien zeigen bei nicht zu großen Beanspruchungen einen linearen Zusammenhang von Spannung und Verzerrung. Er wurde schon von Robert Hooke (1635–1703) in der damaligen Sprache der Wissenschaft mit *ut tensio sic vis* (lat., *wie die Dehnung so die Kraft*) formuliert. Ein Werkstoff, der dem *Hookeschen Gesetz* genügt, heißt *linear-elastisch*; wir wollen ihn kurz *elastisch* nennen.

Im vorliegenden Band werden wir uns auf die Statik solcher elastisch deformierbarer Körper beschränken. Dabei setzen wir stets voraus, dass die Verformungen und damit auch die Verzerrungen sehr klein sind. Dies trifft in sehr vielen technisch wichtigen Fällen tatsächlich zu. Daneben bringt es den großen Vorteil mit sich, dass die Gleichgewichtsbedingungen mit guter Näherung am *unverformten* System aufgestellt werden können; auch die kinematischen Beziehungen sind dann einfach. Nur bei Stabilitätsuntersuchungen, wie zum Beispiel beim *Knicken* (Kap. 7), muss man die Gleichgewichtsbedingungen am *verformten* System formulieren.

Bei allen Problemen der Elastostatik muss man auf drei – ihrem Herkommen nach unterschiedliche – Arten von Gleichungen zurückgreifen: a) Gleichgewichtsbedingungen, b) kinematische Beziehungen, c) Elastizitätsgesetz. Bei *statisch bestimmten* Systemen können die Schnittgrößen und damit die Spannungen aus den Gleichgewichtsbedingungen direkt ermittelt werden. Die Verzerrungen und die Verformungen folgen dann mit Hilfe des Elastizitätsgesetzes und der kinematischen Beziehungen in getrennten Schritten.

Die Berücksichtigung von Deformationen macht es nun aber auch möglich, die Kräfte und die Verformungen *statisch unbestimmter* Systeme zu analysieren. In diesem Fall sind die Gleichgewichtsbedingungen, die kinematischen Beziehungen und das Elastizitätsgesetz gekoppelt und können nur gemeinsam gelöst werden.

Wir werden uns in der Elastostatik nur mit einfachen Beanspruchungszuständen befassen und uns auf die in der Praxis wichtigen Fälle von Stäben unter Zug bzw. Torsion und von Balken unter Biegung konzentrieren. Bei der Aufstellung der zugehörigen Gleichungen bedienen wir uns häufig bestimmter *Annahmen* über die Verformung oder die Verteilung der Spannungen. Diese Annahmen gehen auf experimentelle Untersuchungen zurück und gestatten es dann, das vorliegende Problem mit einer technisch ausreichenden Genauigkeit zu beschreiben.

Eine besondere Bedeutung kommt bei elastischen Körpern dem Arbeitsbegriff und den Energieaussagen zu. So lassen sich verschiedene Probleme besonders zweckmäßig mit Hilfe von Energieprinzipien lösen. Ihrer Formulierung und Anwendung ist Kap. 6 gewidmet.

Das Verhalten deformierbarer Körper wurde seit Beginn der Neuzeit untersucht. So haben schon Leonardo da Vinci (1452–1519) und Galileo Galilei (1564–1642) Theorien aufgestellt, um die unterschiedliche Tragfähigkeit von Stäben bzw. Balken zu erklären. Die ersten systematischen Untersuchungen zum Verformungsverhalten von Balken gehen auf Jakob Bernoulli (1655–1705) und Leonhard Euler (1707–1783) zurück. Von Euler wurde in diesem Zusammenhang auch die Theorie des *Knickens* von Stäben entwickelt; die große technische Bedeutung dieser Überlegungen wurde erst viel später erkannt. Den Grundstein für eine in sich geschlossene *Elastizitätstheorie* legte Augustin Louis Cauchy (1789–1857); von ihm stammen die Begriffe *Spannungszustand* und *Verzerrungszustand*. Seitdem wurden sowohl die Elastizitätstheorie als auch die Näherungstheorien, welche in der Technik bei speziellen Tragwerken zur Anwendung gelangen, durch Beiträge von Ingenieuren, Physikern und Mathematikern ausgebaut – eine Entwicklung, die auch heute noch anhält. Daneben wurden und werden immer noch Theorien aufgestellt, die nichtelastisches Materialverhalten (zum Beispiel plastisches Verhalten) beschreiben. Hiermit werden wir uns jedoch im Rahmen dieses Buches nicht beschäftigen sondern verweisen auf Band 4.

Zug und Druck in Stäben 1

Inhaltsverzeichnis

▶ **Lernziele** In der **Elastostatik** untersucht man die Beanspruchung und die Verformung von elastischen Tragwerken unter der Wirkung von Kräften. Wir wollen uns im ersten Kapitel nur mit dem einfachsten Bauteil – dem Stab – befassen.

Zusätzlich zu den aus Band 1 bekannten Gleichgewichtsbedingungen benötigt man zur Lösung dieser Probleme kinematische Beziehungen und das Elastizitätsgesetz. Die kinematischen Beziehungen beschreiben die Geometrie der Verformung, während durch das Elastizitätsgesetz das Materialverhalten ausgedrückt wird. Die Studierenden sollen befähigt werden, diese Gleichungen sachgemäß anzuwenden und mit ihrer Hilfe sowohl statisch bestimmte als auch statisch unbestimmte Stabsysteme zu behandeln.

© Springer-Verlag GmbH Deutschland, ein Teil von Springer Nature 2021
D. Gross et al., *Technische Mechanik 2*, https://doi.org/10.1007/978-3-662-61862-2_1

1.1 Spannung

Wir betrachten einen geraden Stab mit konstanter Querschnittsfläche A. Die Verbindungslinie der Schwerpunkte der Querschnittsflächen heißt **Stabachse**. Der Stab werde an seinen Enden durch die Kräfte F belastet, deren gemeinsame Wirkungslinie die Stabachse ist (Abb. 1.1a).

Die *äußere* Belastung verursacht *innere* Kräfte. Um sie bestimmen zu können, führen wir in Gedanken einen Schnitt durch den Stab. Die in der Schnittfläche verteilten inneren Kräfte sind Flächenkräfte und werden als **Spannungen** bezeichnet. Sie haben die Dimension Kraft pro Fläche und werden z. B. in der Einheit N/mm^2 oder in der nach dem Mathematiker und Physiker Blaise Pascal (1623–1662) benannten Einheit „Pascal" bzw. „Megapascal" MPa ($1\,\text{MPa} = 1\,\text{N/mm}^2$) angegeben. Der Begriff der Spannungen wurde von Augustin Louis Cauchy (1789–1857) eingeführt. Während wir in der Statik starrer Körper nur die Resultierende der inneren Kräfte (= Stabkraft) verwendet haben, müssen wir uns in der Elastostatik nun mit den verteilten inneren Kräften (= Spannungen) selbst befassen.

Wir wählen zunächst einen zur Stabachse senkrechten Schnitt $s - s$. In der Schnittfläche wirken dann Spannungen, die wir mit σ bezeichnen (Abb. 1.1b). Wir nehmen an, dass sie senkrecht zur Schnittfläche stehen und gleichförmig verteilt sind. Weil sie normal zum Schnitt stehen, nennt man sie **Normalspannungen**. Nach Band 1, Abschnitt 7.1, lassen sie sich zur Normalkraft N zusammenfassen (Abb. 1.1c). Daher gilt $N = \sigma A$, und die Größe von σ kann aus der Normalkraft bestimmt werden:

$$\sigma = \frac{N}{A}. \qquad (1.1)$$

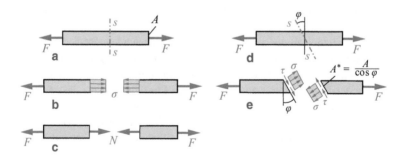

Abb. 1.1 Schnitte durch einen Stab

Da im Beispiel die Normalkraft N im Stab gleich der äußeren Kraft F ist, wird aus (1.1)

$$\sigma = \frac{F}{A}.$$ (1.2)

Im Falle einer positiven Normalkraft N (Zugstab) ist auch die Spannung σ positiv (Zugspannung); bei einer negativen Normalkraft (Druckstab) ist sie negativ (Druckspannung).

Wir wollen nun den Schnitt durch einen Zugstab nicht senkrecht zur Stabachse führen, sondern in einer nach Abb. 1.1d um den Winkel φ gedrehten Richtung. Die inneren Kräfte (Spannungen) wirken dann auf die Schnittfläche $A^* = A/\cos\varphi$, wobei wir wieder annehmen, dass die Verteilung gleichförmig ist. Wir zerlegen die Spannungen in eine Komponente σ normal und eine Komponente τ tangential zur Schnittfläche (Abb. 1.1e). Die Normalkomponente σ ist die Normalspannung, die Tangentialkomponente τ heißt **Schubspannung**.

Kräftegleichgewicht am linken Stabteil liefert

$$\rightarrow: \quad \sigma A^* \cos\varphi + \tau A^* \sin\varphi - F = 0,$$
$$\uparrow: \quad \sigma A^* \sin\varphi - \tau A^* \cos\varphi = 0.$$

Mit $A^* = A/\cos\varphi$ folgt daraus

$$\sigma + \tau \tan\varphi = \frac{F}{A}, \quad \sigma \tan\varphi - \tau = 0.$$

Wenn wir diese beiden Gleichungen nach σ und τ auflösen, so erhalten wir zunächst

$$\sigma = \frac{1}{1+\tan^2\varphi}\frac{F}{A}, \quad \tau = \frac{\tan\varphi}{1+\tan^2\varphi}\frac{F}{A}.$$

Mit den trigonometrischen Umformungen

$$\frac{1}{1+\tan^2\varphi} = \cos^2\varphi, \quad \cos^2\varphi = \frac{1}{2}(1+\cos 2\varphi), \quad \sin\varphi\cos\varphi = \frac{1}{2}\sin 2\varphi$$

und der Abkürzung $\sigma_0 = F/A$ (= Normalspannung in einem Schnitt senkrecht zur Stabachse) ergibt sich schließlich

$$\sigma = \frac{\sigma_0}{2}(1+\cos 2\varphi), \quad \tau = \frac{\sigma_0}{2}\sin 2\varphi.$$ (1.3)

Abb. 1.2 Zum Prinzip von
de Saint-Venant

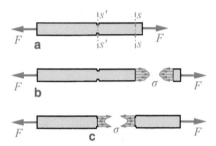

Die Spannungen hängen somit von der Schnittrichtung φ ab. Bei Kenntnis von σ_0 können σ und τ für beliebige Schnitte aus (1.3) berechnet werden. Der Größtwert der Normalspannung tritt bei $\varphi = 0$ auf: $\sigma_{max} = \sigma_0$. Die Schubspannung erreicht für $\varphi = \pi/4$ ihr Maximum $\tau_{max} = \sigma_0/2$.

Bei einem Schnitt $s - s$ in der Nähe eines Stabendes, an dem eine Einzelkraft F angreift (Abb. 1.2a), ist die Normalspannung nicht gleichmäßig über die Schnittfläche verteilt: es kommt dort zu „Spannungsspitzen" (Abb. 1.2b). Die Erfahrung zeigt jedoch, dass eine solche Spannungsüberhöhung auf die unmittelbare Umgebung des Angriffspunkts der Einzelkraft beschränkt ist und mit zunehmendem Abstand vom Stabende sehr schnell abklingt (**Prinzip von de Saint-Venant**, Adhémar Jean Claude Barré de Saint-Venant (1797–1886)).

Die gleichförmige Spannungsverteilung wird auch bei gelochten, gekerbten oder abgesetzten Querschnitten (allgemein: bei starker Querschnittsänderung) gestört. Weist der Stab z. B. Kerben auf, so tritt im Restquerschnitt (Schnitt $s' - s'$) ebenfalls eine Spannungsüberhöhung auf (Abb. 1.2c). Die Ermittlung solcher Spannungsverteilungen ist mit der elementaren Theorie für den Zugstab nicht möglich.

Wenn der Querschnitt des Stabes längs der Stabachse nur *schwach* veränderlich ist, kann die Normalspannung in guter Näherung weiterhin aus (1.1) berechnet werden. Dann sind allerdings die Querschnittsfläche A und somit auch die Spannung σ vom Ort abhängig. Wirken zusätzlich zu den Einzelkräften noch Volumenkräfte in Richtung der Stabachse, so hängt auch die Normalkraft N vom Ort ab. Mit einer in Richtung der Stabachse gezählten Koordinate x gilt dann bei veränderlichem Querschnitt:

$$\sigma(x) = \frac{N(x)}{A(x)} \, . \qquad (1.4)$$

Dabei wird auch hier angenommen, dass die Spannungsverteilung in einem beliebigen Querschnitt (fester Wert x) gleichförmig ist.

Bei statisch bestimmten Systemen kann man allein aus Gleichgewichtsbedingungen die Normalkraft N ermitteln. Wenn die Querschnittsfläche A gegeben ist, dann lässt sich daraus nach (1.4) die Spannung σ bestimmen (statisch unbestimmte Systeme werden wir im Abschn. 1.4 behandeln).

In der Praxis ist es erforderlich, die Abmessungen von Bauteilen so zu wählen, dass eine vorgegebene maximale Beanspruchung nicht überschritten wird. Bei einem Stab bedeutet dies, dass der Betrag der Spannung σ nicht größer als eine **zulässige Spannung** σ_{zul} werden darf: $|\sigma| \leq \sigma_{zul}$ (bei manchen Werkstoffen sind die zulässigen Spannungen für Zug und Druck verschieden). Mit $\sigma = N/A$ lässt sich daraus bei gegebener Belastung N die erforderliche Querschnittsfläche

$$A_{erf} = \frac{|N|}{\sigma_{zul}} \qquad (1.5)$$

berechnen. Diese Aufgabe nennt man **Dimensionierung**. Wenn dagegen der Querschnitt A vorgegeben ist, so folgt aus $|N| \leq \sigma_{zul} A$ die zulässige Belastung des Stabes.

Es sei angemerkt, dass ein auf *Druck* beanspruchter schlanker Stab durch Knicken versagen kann, bevor die Spannung einen unzulässig großen Wert annimmt. Mit der Untersuchung von Knickproblemen wollen wir uns erst im Kap. 7 beschäftigen.

Beispiel 1.1

Ein konischer Stab (Länge l) mit kreisförmigem Querschnitt (Endradien r_0 bzw. $2 r_0$) wird nach Bild a durch eine Druckkraft F in der Stabachse belastet.

Wie groß ist die Normalspannung σ in einem beliebigen Querschnitt bei einem Schnitt senkrecht zur Stabachse?

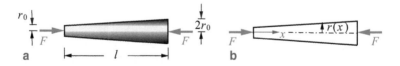

Lösung Wir führen eine Koordinate x längs der Stabachse ein (Bild b). Dann wird

$$r(x) = r_0 + \frac{r_0}{l} x = r_0 \left(1 + \frac{x}{l}\right).$$

Mit der Querschnittsfläche $A(x) = \pi\, r^2(x)$ und der konstanten Normalkraft $N = -F$ erhalten wir nach (1.4) für die Normalspannung

$$\underline{\underline{\sigma = \frac{N}{A(x)} = \frac{-F}{\pi r_0^2 \left(1 + \dfrac{x}{l}\right)^2}}} \cdot$$

Das Minuszeichen zeigt an, dass eine Druckspannung vorliegt. Ihr Betrag ist am linken Ende ($x = 0$) viermal so groß wie am rechten Ende ($x = l$). ◀

Beispiel 1.2

Ein Wasserturm mit Kreisringquerschnitt (Höhe H, Dichte ϱ) trägt einen Behälter vom Gewicht G_0 (Bild a). Der Innenraum des Turms hat den konstanten Radius r_i.

Wie groß muss der Außenradius r gewählt werden, damit bei Berücksichtigung des Eigengewichts überall die gleiche Druckspannung σ_0 herrscht?

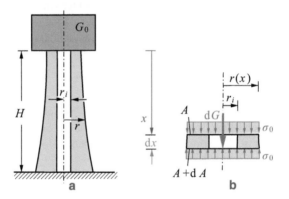

Lösung Wir fassen den Wasserturm als Stab auf. Durch (1.4) ist ein Zusammenhang zwischen Spannung, Normalkraft und Querschnittsfläche gegeben. Dabei ist hier die konstante Druckspannung $\sigma = \sigma_0$ bekannt; die Normalkraft N (hier als Druckkraft positiv gezählt) und die Querschnittsfläche A sind unbekannt.

Eine zweite Gleichung erhalten wir aus dem Gleichgewicht. Wir zählen die Koordinate x vom oberen Ende des Turms und betrachten ein Stabelement der Länge dx (Bild b). Für den Kreisringquerschnitt an der Stelle x gilt

$$A = \pi(r^2 - r_i^2)\,, \tag{a}$$

wobei $r = r(x)$ der gesuchte Außenradius ist. Die Normalkraft ist dort nach (1.4) durch $N = \sigma_0 A$ gegeben. An der Stelle $x + dx$ haben die Querschnittsfläche bzw. die Normalkraft die Größen $A + dA$ bzw. $N + dN = \sigma_0(A + dA)$. Das Gewicht des Elements beträgt $dG = \varrho\, g\, dV$, wobei das Volumen des Elements durch $dV = A\, dx$ gegeben ist (der Beitrag infolge der Querschnittsänderung dA ist von höherer Ordnung klein und entfällt somit). Damit liefert das Kräftegleichgewicht in vertikaler Richtung

$$\uparrow: \quad \sigma_0(A + dA) - \varrho\, g\, dV - \sigma_0 A = 0 \quad \rightarrow \quad \sigma_0\, dA - \varrho\, g\, A\, dx = 0.$$

Durch Trennen der Variablen und Integration ergibt sich daraus

$$\int \frac{dA}{A} = \int \frac{\varrho\, g}{\sigma_0}\, dx \quad \rightarrow \quad \ln \frac{A}{A_0} = \frac{\varrho\, g\, x}{\sigma_0} \quad \rightarrow \quad A = A_0\, e^{\frac{\varrho\, g\, x}{\sigma_0}}. \tag{b}$$

Die Integrationskonstante A_0 folgt aus der Bedingung, dass auch am oberen Ende des Turms (für $x = 0$ ist $N = G_0$) die Normalspannung gleich σ_0 sein soll:

$$\frac{G_0}{A_0} = \sigma_0 \quad \rightarrow \quad A_0 = \frac{G_0}{\sigma_0}. \tag{c}$$

Aus (a) bis (c) erhält man dann für den Außenradius

$$r^2(x) = r_i^2 + \frac{G_0}{\pi\, \sigma_0}\, e^{\frac{\varrho\, g\, x}{\sigma_0}}. \quad \blacktriangleleft$$

1.2 Dehnung

Nach den Spannungen wollen wir nun die Verformungen eines elastischen Stabes untersuchen. Hierzu betrachten wir zunächst einen Stab mit konstanter Querschnittsfläche, der im unbelasteten Zustand die Länge l hat. Wenn an seinen Enden eine Zugkraft angreift, dann verlängert er sich um Δl (Abb. 1.3). Es ist zweckmäßig, neben der Verlängerung Δl als Maß für die Größe der Verformung außerdem das Verhältnis von Längenänderung zu Ausgangslänge einzuführen:

$$\varepsilon = \frac{\Delta l}{l}. \tag{1.6}$$

Die Größe ε heißt **Dehnung**; sie ist dimensionslos. Wenn sich zum Beispiel ein Stab der Länge $l = 1\,\mathrm{m}$ um $\Delta l = 0{,}5\,\mathrm{mm}$ verlängert, dann ist $\varepsilon = 0{,}5 \cdot 10^{-3}$; dies

Abb. 1.3 Gleichförmige
Dehnung

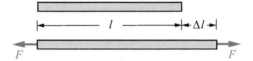

ist eine Dehnung von 0,05 %. Bei einer Verlängerung ($\Delta l > 0$) ist die Dehnung positiv, bei einer Verkürzung ($\Delta l < 0$) negativ. Wir werden im folgenden nur kleine Deformationen, d. h. $|\Delta l| \ll l$ bzw. $|\varepsilon| \ll 1$ betrachten.

Die Definition (1.6) für die Dehnung gilt nur dann, wenn ε über die gesamte Stablänge konstant ist. Hat ein Stab eine veränderliche Querschnittsfläche oder wirken Volumenkräfte längs der Stabachse, so kann die Dehnung vom Ort abhängen. Man gelangt dann zu einer Definition der örtlichen Dehnung, indem man statt des gesamten Stabes ein Stabelement betrachtet (Abb. 1.4). Das Element hat im unbelasteten Stab die Länge dx. Seine linke Querschnittsfläche befindet sich an der Stelle x, seine rechte an der Stelle $x + dx$. Wenn wir den Stab deformieren, erfahren die Querschnitte Verschiebungen, die wir mit u bezeichnen. Sie hängen vom Ort x des Querschnitts ab: $u = u(x)$. Verschiebt sich der linke Querschnitt des Stabelementes um u, dann verschiebt sich der rechte Querschnitt um $u + du$. Die Länge des Elements beträgt im belasteten Stab $dx + (u + du) - u = dx + du$. Seine Längenänderung ist somit durch du gegeben. Das Verhältnis der Längenänderung zur ursprünglichen Länge dx ist die örtliche (lokale) Dehnung:

$$\varepsilon(x) = \frac{du}{dx}. \qquad (1.7)$$

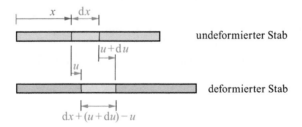

Abb. 1.4 Örtliche Dehnung

Wenn die Verschiebung $u(x)$ bekannt ist, dann kann die Dehnung $\varepsilon(x)$ durch Differenzieren ermittelt werden. Ist dagegen $\varepsilon(x)$ bekannt, so lässt sich $u(x)$ durch Integrieren bestimmen.

Die Verschiebung u und die Dehnung ε beschreiben die Geometrie der Verformung. Man bezeichnet sie daher als **kinematische Größen**; Gleichung (1.7) nennt man eine kinematische Beziehung.

1.3 Stoffgesetz

Spannungen sind Kraftgrößen und ein Maß für die Beanspruchung des Materials eines Körpers. Dehnungen sind kinematische Größen und ein Maß für die Verformung. Diese hängt allerdings von der auf den Körper wirkenden Belastung ab. Demnach sind die Kraftgrößen und die kinematischen Größen miteinander verknüpft. Die physikalische Beziehung zwischen ihnen heißt **Stoffgesetz**. Das Stoffgesetz ist abhängig vom Werkstoff, aus dem der Körper besteht. Es kann nur mit Hilfe von Experimenten gewonnen werden.

Ein wichtiges Experiment zur Ermittlung des Zusammenhangs zwischen Spannung und Dehnung ist der Zug- bzw. der Druckversuch. Dabei wird ein Probestab in einer Prüfmaschine gedehnt bzw. gestaucht. Die von der Maschine auf den Stab ausgeübte Kraft F ruft im Stab die Normalspannung $\sigma = F/A$ hervor. Gleichzeitig ändert sich die Messlänge l des Stabes. Aus der gemessenen Längenänderung Δl kann die Dehnung $\varepsilon = \Delta l / l$ berechnet werden.

Abb. 1.5 Spannungs-Dehnungs-Diagramm

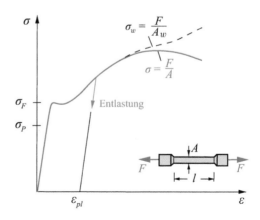

Der Zusammenhang zwischen σ und ε wird in einem **Spannungs-Dehnungs-Diagramm** dargestellt. Abb. 1.5 zeigt schematisch (nicht maßstäblich) die in einem Zugversuch gewonnene Kurve für einen Probestab aus Stahl. Man erkennt, dass zunächst Spannung und Dehnung proportional anwachsen. Dieser lineare Zusammenhang gilt bis zur **Proportionalitätsgrenze** σ_P. Wenn man die Spannung weiter erhöht, dann wächst die Dehnung überproportional. Bei Erreichen der **Fließspannung (Streckgrenze)** σ_F nimmt die Dehnung bei praktisch gleichbleibender Spannung zu: der Werkstoff beginnt zu *fließen* (es sei angemerkt, dass viele Werkstoffe keine ausgeprägte Streckgrenze besitzen). Anschließend steigt die Kurve wieder an, d. h. der Werkstoff kann eine weitere Belastung aufnehmen. Diesen Bereich bezeichnet man als **Verfestigungsbereich**.

Man kann experimentell feststellen, dass bei der Verlängerung eines Stabes die Querschnittsfläche A abnimmt. Diesen Vorgang nennt man **Querkontraktion**. Bei hohen Spannungen verringert sich der Querschnitt des Probestabes nicht mehr gleichmäßig über die gesamte Länge, sondern er beginnt sich einzuschnüren. Dort beschreibt die auf den Ausgangsquerschnitt A bezogene Spannung $\sigma = F/A$ die wirkliche Beanspruchung nicht mehr richtig. Man führt daher zweckmäßig die auf die wirkliche Querschnittsfläche A_w bezogene Spannung $\sigma_w = F/A_w$ ein. Sie ist die wirkliche Spannung im eingeschnürten Bereich. Man nennt σ_w auch die physikalische Spannung, während σ die nominelle (konventionelle) Spannung heißt. Abb. 1.5 zeigt beide Spannungen bis zum Bruch des Stabes.

Wenn man einen Probestab bis zu einer Spannung $\sigma < \sigma_F$ *belastet* und anschließend vollständig *entlastet*, so nimmt er seine ursprüngliche Länge wieder an: die Dehnung geht auf den Wert Null zurück. Dabei fallen die Belastungs- und die Entlastungskurve zusammen. Dieses Materialverhalten nennt man **elastisch**. Entsprechend heißt der Bereich $\sigma \leq \sigma_P$ **linear-elastisch**. Wird der Stab dagegen vor der Entlastung über σ_F hinaus belastet, so verläuft die Entlastungslinie parallel zur Geraden im linear-elastischen Bereich, vgl. Abb. 1.5. Bei völliger Entlastung geht die Dehnung dann nicht auf Null zurück, sondern es bleibt eine *plastische* Dehnung ε_{pl} erhalten. Dieses Stoffverhalten heißt **plastisch**.

Wir wollen uns im folgenden immer auf linear-elastisches Materialverhalten beschränken und dies kurz elastisch nennen (d. h. „elastisch" bedeutet im weiteren immer „linear-elastisch"). Dann gilt zwischen Spannung und Dehnung der lineare Zusammenhang

$$\sigma = E\,\varepsilon\,. \tag{1.8}$$

Der Proportionalitätsfaktor E heißt **Elastizitätsmodul**. Das Elastizitätsgesetz (1.8) wird nach Robert Hooke (1635–1703) das **Hookesche Gesetz** genannt. Es sei angemerkt, dass Hooke das Gesetz noch nicht in der Form (1.8) angeben konnte, da der Spannungsbegriff erst 1822 von Augustin Louis Cauchy (1789–1857) eingeführt wurde.

Die Beziehung (1.8) gilt für Zug und für Druck (der Elastizitätsmodul ist für Zug und für Druck gleich). Damit (1.8) gültig ist, muss die Spannung unterhalb der Proportionalitätsgrenze σ_P bleiben, die für Zug bzw. für Druck verschieden sein kann.

Der Elastizitätsmodul E ist eine Materialkonstante, die mit Hilfe des Zugversuchs bestimmt werden kann. Seine Dimension ist (wie die einer Spannung) Kraft/Fläche; er wird z. B. in der Einheit MPa angegeben. In der Tab. 1.1 sind Werte von E für einige Werkstoffe bei Raumtemperatur zusammengestellt (diese Zahlenwerte sind nur Richtwerte, da der Elastizitätsmodul von der Zusammensetzung des Werkstoffs und der Temperatur abhängt).

Eine Zug- bzw. eine Druckkraft erzeugt in einem Stab nach (1.8) eine Dehnung

$$\varepsilon = \sigma/E \,. \tag{1.9}$$

Längenänderungen und damit Dehnungen werden allerdings nicht nur durch Kräfte, sondern auch durch Temperaturänderungen hervorgerufen. Experimente zeigen, dass bei gleichförmiger Erwärmung eines Stabes die **Wärmedehnung** ε_T proportional zur Temperaturänderung ΔT ist:

$$\varepsilon_T = \alpha_T \Delta T \,. \tag{1.10}$$

Der Proportionalitätsfaktor α_T heißt **thermischer Ausdehnungskoeffizient (Wärmeausdehnungskoeffizient)**. Er ist eine weitere Werkstoffkonstante und wird in der Einheit 1/°C angegeben. Einige Zahlenwerte sind in Tab. 1.1 zusammengestellt.

Falls die Temperaturänderung nicht über die gesamte Stablänge gleich ist, sondern vom Ort abhängt, dann ergibt (1.10) die örtliche Dehnung $\varepsilon_T(x) = \alpha_T \Delta T(x)$.

Wirkt sowohl eine Spannung σ als auch eine Temperaturänderung ΔT, so folgt die Gesamtdehnung ε durch Überlagerung (Superposition) von (1.9) und (1.10) zu

$$\varepsilon = \frac{\sigma}{E} + \alpha_T \Delta T \,. \tag{1.11}$$

Tab. 1.1 Werkstoffkennwerte

Material	E in MPa	α_T in $1/^\circ C$
Stahl	$2,1 \cdot 10^5$	$1,2 \cdot 10^{-5}$
Aluminium	$0,7 \cdot 10^5$	$2,3 \cdot 10^{-5}$
Beton	$0,3 \cdot 10^5$	$1,0 \cdot 10^{-5}$
Holz (in Faserrichtung)	$0,7 \dots 2,0 \cdot 10^4$	$2,2 \dots 3,1 \cdot 10^{-5}$
Gusseisen	$1,0 \cdot 10^5$	$0,9 \cdot 10^{-5}$
Kupfer	$1,2 \cdot 10^5$	$1,6 \cdot 10^{-5}$
Messing	$1,0 \cdot 10^5$	$1,8 \cdot 10^{-5}$

Diese Beziehung kann auch in der Form

$$\sigma = E(\varepsilon - \alpha_T \Delta T) \tag{1.12}$$

geschrieben werden.

1.4 Einzelstab

Zur Ermittlung der Spannungen und der Verformungen eines Stabes stehen drei verschiedene Arten von Gleichungen zur Verfügung: die Gleichgewichtsbedingung, die kinematische Beziehung und das Elastizitätsgesetz. Die Gleichgewichtsbedingung wird je nach Problemstellung am ganzen Stab, an einem Teilstab (vgl. Abschn. 1.1) oder an einem Stabelement formuliert. Wir wollen sie nun für ein Element angeben. Dazu betrachten wir einen Stab, der durch Einzelkräfte an den Stabenden und durch Linienkräfte $n = n(x)$ in Richtung der Stabachse belastet ist (Abb. 1.6a). Aus dem Stab, der sich im Gleichgewicht befinden soll, denken wir uns ein Element nach Abb. 1.6b herausgeschnitten. An der Schnittstelle x wirkt die Normalkraft N, an der Stelle $x + dx$ die Normalkraft $N + dN$. Aus dem

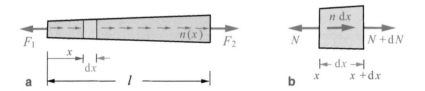

Abb. 1.6 Gleichgewicht am Stabelement

Kräftegleichgewicht in Richtung der Stabachse

$$\rightarrow: \quad N + \mathrm{d}N + n\,\mathrm{d}x - N = 0$$

folgt die **Gleichgewichtsbedingung**

$$\frac{\mathrm{d}N}{\mathrm{d}x} + n = 0. \tag{1.13}$$

Verschwindet die Linienkraft ($n \equiv 0$), so ist demnach die Normalkraft konstant. Die **kinematische Beziehung** für den Stab lautet nach (1.7)

$$\varepsilon = \frac{\mathrm{d}u}{\mathrm{d}x},$$

während das **Elastizitätsgesetz** durch (1.11) gegeben ist:

$$\varepsilon = \frac{\sigma}{E} + \alpha_T \Delta T.$$

Wenn man in das Elastizitätsgesetz die kinematische Beziehung und $\sigma = N/A$ einsetzt, so erhält man

$$\frac{\mathrm{d}u}{\mathrm{d}x} = \frac{N}{EA} + \alpha_T \Delta T. \tag{1.14}$$

Da diese Gleichung die Stabverschiebung u mit der Schnittkraft N verbindet, nennt man sie das **Elastizitätsgesetz für den Stab**. Das Produkt EA aus Elastizitätsmodul und Querschnittsfläche wird als **Dehnsteifigkeit** bezeichnet. Die Gleichungen (1.13) und (1.14) sind die Grundgleichungen für den elastisch deformierbaren Stab.

Die Verschiebung u eines Stabquerschnitts erhält man durch Integration der Dehnung:

$$\varepsilon = \frac{\mathrm{d}u}{\mathrm{d}x} \quad \rightarrow \quad \int \mathrm{d}u = \int \varepsilon \,\mathrm{d}x \quad \rightarrow \quad u(x) - u(0) = \int_0^x \varepsilon \,\mathrm{d}\bar{x}.$$

Die Stabverlängerung Δl folgt aus der Differenz der Verschiebungen an den Stabenden $x = l$ und $x = 0$ zu

$$\Delta l = u(l) - u(0) = \int_0^l \varepsilon \, dx \, . \tag{1.15}$$

Mit $\varepsilon = du/dx$ und (1.14) erhält man daraus

$$\Delta l = \int_0^l \left(\frac{N}{EA} + \alpha_T \Delta T \right) dx \, . \tag{1.16}$$

Im Sonderfall eines Stabes mit konstanter Dehnsteifigkeit, der nur durch eine Einzelkraft F belastet wird ($n \equiv 0$, $N = F$) und der eine gleichförmige Temperaturänderung erfährt ($\Delta T = $ const), ergibt sich die Längenänderung zu

$$\Delta l = \frac{F l}{EA} + \alpha_T \Delta T \, l \, . \tag{1.17}$$

Für $\Delta T = 0$ folgt

$$\Delta l = \frac{F l}{EA} \, , \tag{1.18}$$

und für $F = 0$ gilt

$$\Delta l = \alpha_T \Delta T \, l \, . \tag{1.19}$$

Bei der Behandlung von konkreten Aufgaben muss man zwischen statisch bestimmten und statisch unbestimmten Problemen unterscheiden. Bei **statisch bestimmten** Problemen kann man immer mit Hilfe der Gleichgewichtsbedingung aus der äußeren Belastung die Normalkraft $N(x)$ bestimmen. Mit $\sigma = N/A$ und dem Elastizitätsgesetz $\varepsilon = \sigma/E$ folgt daraus die Dehnung $\varepsilon(x)$. Integration liefert dann die Verschiebung $u(x)$ und die Stabverlängerung Δl. Eine Temperaturänderung verursacht bei statisch bestimmten Problemen nur **Wärmedehnungen** (keine zusätzlichen Spannungen).

Bei **statisch unbestimmten** Problemen kann die Normalkraft dagegen nicht mehr allein aus der Gleichgewichtsbedingung bestimmt werden. Daher müssen zur Lösung der Aufgabe alle Gleichungen (Gleichgewicht, Kinematik, Elastizitätsgesetz) gleichzeitig betrachtet werden. Eine Temperaturänderung kann hier zusätzliche Spannungen verursachen; diese werden **Wärmespannungen** genannt.

Wir wollen abschließend die Grundgleichungen für den elastischen Stab zu einer einzigen Gleichung für die Verschiebung u zusammenfassen. Dazu lösen wir (1.14) nach N auf und setzen in (1.13) ein:

$$(EAu')' = -n + (EA\alpha_T \Delta T)'. \tag{1.20a}$$

Dabei sind Ableitungen nach x durch Striche gekennzeichnet. Die Differentialgleichung (1.20a) vereinfacht sich für $EA = \text{const}$ und $\Delta T = \text{const}$ zu

$$EAu'' = -n. \tag{1.20b}$$

Wenn die Verläufe von EA, n und ΔT gegeben sind, kann die Verschiebung eines beliebigen Stabquerschnitts durch Integration von (1.20a) ermittelt werden. Die dabei auftretenden Integrationskonstanten werden aus den Randbedingungen bestimmt. Ist zum Beispiel das eine Ende eines Stabes unverschieblich gelagert, so gilt dort $u = 0$. Wenn dagegen ein Ende des Stabes verschieblich ist und dort eine Kraft F_0 angreift, dann lautet nach (1.14) mit $N = F_0$ die Randbedingung $u' = F_0/EA + \alpha_T \Delta T$. Am unbelasteten Ende ($F_0 = 0$) eines Stabes, der nicht erwärmt wird ($\Delta T = 0$), folgt daraus $u' = 0$.

Wenn eine der in (1.20) auftretenden Größen über die Stablänge nicht stetig ist (z. B. Sprung im Querschnitt A), so muss man den Stab in Bereiche einteilen. Die Differentialgleichung (1.20) ist dann für jeden Teilbereich zu lösen; die Integrationskonstanten können in diesem Fall aus Rand- und aus Übergangsbedingungen bestimmt werden.

Als Anwendungsbeispiel für ein statisch bestimmtes System betrachten wir einen hängenden Stab konstanter Querschnittsfläche A unter der Wirkung seines Eigengewichts (Abb. 1.7a). Wir bestimmen zunächst die Normalkraft im Stab. Dazu denken wir uns an der Stelle x einen Schnitt gelegt (Abb. 1.7b). Die Normalkraft N ist gleich dem Gewicht G^* des Stabteils unterhalb der Schnittstelle. Dieses lässt sich durch das Gesamtgewicht G ausdrücken: $G^*(x) = G(l - x)/l$. Aus (1.4) folgt damit

$$\sigma(x) = \frac{N(x)}{A} = \frac{G}{A}\left(1 - \frac{x}{l}\right).$$

Abb. 1.7 Hängender Stab

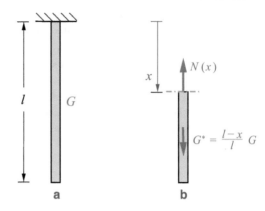

a   b

Die Spannung ist demnach linear über die Länge des Stabes verteilt und nimmt vom Wert $\sigma(0) = G/A$ am oberen Ende auf den Wert $\sigma(l) = 0$ am unteren Ende ab.

Aus (1.16) erhalten wir die Verlängerung des Stabes:

$$\Delta l = \int\limits_0^l \frac{N}{EA}\, \mathrm{d}x = \frac{G}{EA} \int\limits_0^l \left(1 - \frac{x}{l}\right) \mathrm{d}x = \frac{1}{2}\frac{G\,l}{EA}.$$

Sie ist halb so groß wie die Verlängerung eines gewichtslosen Stabes, der an seinem Ende durch eine Kraft G belastet wird.

Wir können die Aufgabe auch durch Integration der Differentialgleichung (1.20b) für die Stabverschiebung lösen. Mit der konstanten Streckenlast $n = G/l$ folgt

$$EA\,u'' = -\frac{G}{l}\,,$$

$$EA\,u' = -\frac{G}{l}\,x + C_1\,,$$

$$EA\,u = -\frac{G}{2l}\,x^2 + C_1\,x + C_2\,.$$

Die Integrationskonstanten C_1 und C_2 werden aus den Randbedingungen bestimmt. Am oberen Ende des Stabes verschwindet die Verschiebung: $u(0) = 0$. Für den spannungsfreien Querschnitt am unteren Ende gilt $u'(l) = 0$. Daraus folgen $C_2 = 0$ und $C_1 = G$. Die Verschiebung und die Normalkraft sind damit bekannt:

$$u(x) = \frac{1}{2}\frac{G\,l}{EA}\left(2\frac{x}{l} - \frac{x^2}{l^2}\right)\,, \quad N(x) = EA\,u'(x) = G\left(1 - \frac{x}{l}\right)\,.$$

Die Verlängerung des Stabes ist wegen $u(0) = 0$ gleich der Verschiebung des unteren Stabendes:

$$\Delta l = u(l) = \frac{1}{2}\frac{G\,l}{EA}\,.$$

Die Spannung erhält man zu

$$\sigma(x) = \frac{N(x)}{A} = \frac{G}{A}\left(1 - \frac{x}{l}\right)\,.$$

Als Anwendungsbeispiel für ein statisch unbestimmtes System betrachten wir einen abgesetzten Stab (Querschnittsflächen A_1 bzw. A_2), der ohne Vorspannung zwischen zwei starren Wänden gelagert ist (Abb. 1.8a). Gesucht sind die Lagerreaktionen, wenn der Stab im Bereich ① gleichförmig um ΔT erwärmt wird.

Es treten *zwei* Lagerkräfte auf (Abb. 1.8b). Zu ihrer Ermittlung steht nur *eine* Gleichgewichtsbedingung zur Verfügung:

$$\rightarrow: \quad B - C = 0\,.$$

Daher müssen wir die Verformungen in die Rechnung einbeziehen. Für die Längenänderungen in den beiden Teilbereichen ① und ② gilt nach (1.16) mit der konstanten Normalkraft $N = -B = -C$:

$$\Delta l_1 = \frac{N\,l}{EA_1} + \alpha_T\,\Delta T\,l\,, \quad \Delta l_2 = \frac{N\,l}{EA_2}$$

(der Stab wird im Bereich ② nicht erwärmt).

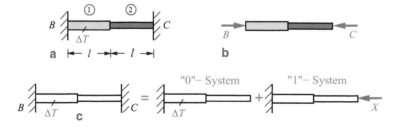

Abb. 1.8 Stab zwischen zwei starren Wänden

Der Stab ist zwischen *starren* Wänden eingespannt. Daher muss seine gesamte Längenänderung Δl Null sein. Dies liefert die *geometrische Bedingung*

$$\Delta l = \Delta l_1 + \Delta l_2 = 0.$$

Eine solche Bedingung wird auch **Verträglichkeitsbedingung (Kompatibilitätsbedingung)** genannt. Einsetzen ergibt

$$\frac{N\,l}{EA_1} + \alpha_T \Delta T\, l + \frac{N\,l}{EA_2} = 0 \quad \rightarrow \quad B = C = -N = \frac{EA_1 A_2\, \alpha_T \Delta T}{A_1 + A_2}.$$

Wir können die Aufgabe auch auf folgende Weise lösen. In einem ersten Schritt erzeugen wir aus dem gegebenen, statisch unbestimmten System ein statisch bestimmtes System. Dies geschieht dadurch, dass wir eines der Lager, z. B. das Lager C, entfernen. Die Wirkung des Lagers auf den Stab ersetzen wir durch die noch unbekannte Lagerkraft $C = X$. Die Größe X wird **statisch Unbestimmte** genannt.

Nun werden zwei verschiedene Belastungsfälle betrachtet. Der Stab unter der gegebenen Belastung (Temperaturerhöhung im Bereich ①) heißt „0"-System (Abb. 1.8c). Durch die Temperaturänderung verlängert sich im „0"-System der Stab im Bereich ① um $\Delta l_1^{(0)}$ (reine Wärmedehnung, Normalkraft $N = 0$), während er im Bereich ② seine Länge beibehält. Die Verschiebung $u_C^{(0)}$ des rechten Endpunktes des Stabes ist daher durch

$$u_C^{(0)} = \Delta l_1^{(0)} = \alpha_T \Delta T\, l$$

gegeben.

Im zweiten Lastfall wirkt auf den Stab nur die statisch Unbestimmte X. Dieses System nennt man „1"-System. Für die Verschiebung des rechten Endpunktes im „1"-System gilt

$$u_C^{(1)} = \Delta l_1^{(1)} + \Delta l_2^{(1)} = -\frac{X\,l}{EA_1} - \frac{X\,l}{EA_2}.$$

Im ursprünglichen System wirken sowohl die gegebene Belastung als auch die Kraft X. Wir müssen daher die beiden Lastfälle überlagern (**Superposition**). Die gesamte Verschiebung an der Stelle C folgt damit zu

$$u_C = u_C^{(0)} + u_C^{(1)}.$$

Da aber die starre Wand im wirklichen System bei C keine Verschiebung erlaubt, muss die geometrische Bedingung

$$u_C = 0$$

erfüllt sein. Aus ihr folgt durch Einsetzen die statisch Unbestimmte:

$$\alpha_T \Delta T\, l - \frac{X\,l}{EA_1} - \frac{X\,l}{EA_2} = 0 \quad \to \quad X = C = \frac{EA_1\,A_2\,\alpha_T\,\Delta T}{A_1 + A_2}\,.$$

Gleichgewicht (vgl. Abb. 1.8b) liefert schließlich die zweite Lagerreaktion $B = C$.

Beispiel 1.3

In einem Hohlzylinder aus Kupfer (Querschnittsfläche A_{Cu}, Elastizitätsmodul E_{Cu}) befindet sich ein Vollzylinder gleicher Länge aus Stahl (Querschnittsfläche A_{St}, Elastizitätsmodul E_{St}). Beide Zylinder werden durch die Kraft F über eine starre Platte gestaucht (Bild a).
  Wie groß sind die Spannungen in den Zylindern? Wie groß ist die Zusammendrückung?

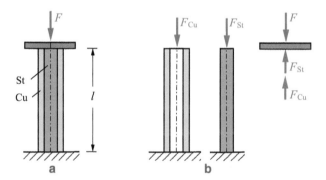

Lösung Wir bezeichnen die Druckkräfte auf den Kupfer- bzw. auf den Stahlzylinder mit F_{Cu} bzw. F_{St} (Bild b). Dann liefert das Kräftegleichgewicht an der Platte

$$F_{\text{Cu}} + F_{\text{St}} = F\,. \tag{a}$$

Hieraus können die beiden unbekannten Kräfte nicht ermittelt werden: das System ist statisch unbestimmt. Eine zweite Gleichung erhalten wir, wenn wir die

Verformung des Systems berücksichtigen. Die Verkürzungen der Zylinder (hier positiv gezählt) sind nach (1.18) durch

$$\Delta l_{Cu} = \frac{F_{Cu}\, l}{EA_{Cu}}, \quad \Delta l_{St} = \frac{F_{St}\, l}{EA_{St}} \qquad (b)$$

gegeben. Dabei ist für $E_{Cu} A_{Cu}$ kurz EA_{Cu} (= Dehnsteifigkeit des Kupferzylinders) gesetzt worden. Analog ist EA_{St} die Dehnsteifigkeit des Stahlzylinders. Da die Platte starr ist, lautet die geometrische Bedingung

$$\Delta l_{Cu} = \Delta l_{St}. \qquad (c)$$

Auflösen von (a) bis (c) ergibt

$$F_{Cu} = \frac{EA_{Cu}}{EA_{Cu} + EA_{St}}\, F, \quad F_{St} = \frac{EA_{St}}{EA_{Cu} + EA_{St}}\, F. \qquad (d)$$

Daraus folgen nach (1.2) die Druckspannungen in den Zylindern:

$$\underline{\underline{\sigma_{Cu} = \frac{E_{Cu}}{EA_{Cu} + EA_{St}}\, F}}, \quad \underline{\underline{\sigma_{St} = \frac{E_{St}}{EA_{Cu} + EA_{St}}\, F}}.$$

Durch Einsetzen von (d) in (b) erhalten wir schließlich die Zusammendrückung

$$\underline{\underline{\Delta l_{Cu} = \Delta l_{St} = \frac{F\, l}{EA_{Cu} + EA_{St}}}}. \blacktriangleleft$$

Beispiel 1.4

Über einen Stahlbolzen ①, der ein Gewinde mit der Ganghöhe h trägt, wird eine Kupferhülse ② der Länge l geschoben und durch eine Schraubenmutter ohne Vorspannung fixiert (Bild a). Anschließend wird die Mutter um n Umdrehungen angezogen, und das System wird um ΔT erwärmt. Gegeben sind die Dehnsteifigkeiten und die Wärmeausdehnungskoeffizienten für den Bolzen und für die Hülse.

Wie groß ist die Kraft im Bolzen?

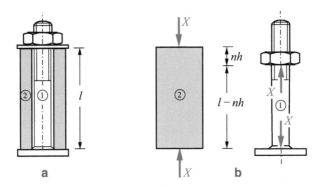

a   b

Lösung Wenn die Mutter angezogen wird, übt sie eine Druckkraft X auf die Hülse aus, die sich dadurch verkürzt. Die zugehörige Gegenkraft wirkt über die Mutter auf den Bolzen und verlängert ihn. Wir legen diese Kräfte durch Trennen von Bolzen und Hülse frei (Bild b).
Die Kraft X kann aus Gleichgewichtsbedingungen allein nicht bestimmt werden. Das Problem ist daher statisch unbestimmt, und wir müssen die Verformungen berücksichtigen. Die Länge des Bolzens im getrennten Zustand nach Anziehen der Mutter ist durch $l_1 = l - n\,h$ gegeben (Bild b). Für seine Verlängerung erhalten wir daher bei einer Berücksichtigung der Wärmedehnung

$$\Delta l_1 = \frac{X(l - n\,h)}{EA_1} + \alpha_{T1}\Delta T(l - n\,h)$$

bzw. (wegen $n\,h \ll l$)

$$\Delta l_1 = \frac{X\,l}{EA_1} + \alpha_{T1}\Delta T\,l.$$

Die Längenänderung der Hülse beträgt mit $l_2 = l$

$$\Delta l_2 = -\frac{X\,l}{EA_2} + \alpha_{T2}\Delta T\,l.$$

Da die Längen von Bolzen und Hülse nach der Verformung übereinstimmen müssen, gilt die geometrische Bedingung

$$l_1 + \Delta l_1 = l_2 + \Delta l_2 \quad \rightarrow \quad \Delta l_1 - \Delta l_2 = l_2 - l_1 = n\,h.$$

Einsetzen liefert die gesuchte Kraft:

$$X\left(\frac{l}{EA_1} + \frac{l}{EA_2}\right) + (\alpha_{T1} - \alpha_{T2})\Delta T\, l = n\, h$$

$$\rightarrow \quad X = \frac{n\, h - (\alpha_{T1} - \alpha_{T2})\Delta T\, l}{\left(\frac{1}{EA_1} + \frac{1}{EA_2}\right)l}. \quad \blacktriangleleft$$

1.5 Statisch bestimmte Stabsysteme

Die Methoden zur Ermittlung von Spannungen und Verformungen beim Einzelstab können auf die Untersuchung von Stabsystemen übertragen werden. Wir beschränken uns in diesem Abschnitt auf statisch bestimmte Systeme. Bei ihnen können zunächst aus den Gleichgewichtsbedingungen die Stabkräfte ermittelt werden. Anschließend lassen sich die Spannungen in den Stäben und die Längenänderungen bestimmen. Aus den Längenänderungen folgen dann die Verschiebungen einzelner Knoten des Systems. Da wir voraussetzen, dass die Längenänderungen der Stäbe klein im Vergleich zu ihren Längen sind, dürfen wir die Gleichgewichtsbedingungen am *unverformten* System aufstellen.

Wie man dabei vorgeht, sei am Beispiel des Stabzweischlags nach Abb. 1.9a dargestellt. Beide Stäbe haben die gleiche Dehnsteifigkeit EA. Gesucht ist die Verschiebung des Knotens C, wenn dort eine vertikale Kraft F angreift. Wir bestimmen zunächst die Stabkräfte S_1 und S_2. Sie folgen aus den Gleichgewichtsbedingungen (Abb. 1.9b)

$$\uparrow:\quad S_2\sin\alpha - F = 0 \qquad \rightarrow \quad S_1 = -\frac{F}{\tan\alpha}, \quad S_2 = \frac{F}{\sin\alpha}.$$
$$\leftarrow:\quad S_1 + S_2\cos\alpha = 0$$

Nach (1.17) sind dann die Längenänderungen der Stäbe durch

$$\Delta l_1 = \frac{S_1 l_1}{EA} = -\frac{F\, l}{EA}\frac{1}{\tan\alpha}, \quad \Delta l_2 = \frac{S_2 l_2}{EA} = \frac{F\, l}{EA}\frac{1}{\sin\alpha\cos\alpha}$$

gegeben. Der Stab 1 wird kürzer (Druckstab), der Stab 2 verlängert sich (Zugstab). Die neue Lage C' des Knotens C ergibt sich durch folgende Überlegung: durch gedankliches Lösen der Verbindung in C machen wir das System beweglich. Dann können sich die Stäbe 1 bzw. 2 um die Punkte A bzw. B drehen. Die Endpunkte der

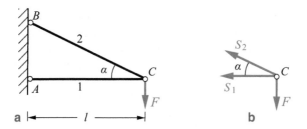

a

b

Abb. 1.9 Stabzweischlag unter Belastung

Stäbe bewegen sich dabei auf Kreisbogen, deren Radien die Längen $l_1 + \Delta l_1$ bzw. $l_2 + \Delta l_2$ haben. Der Punkt C' liegt im Schnittpunkt dieser Kreisbogen (Abb. 1.10a). Die Längenänderungen der Stäbe sind sehr klein im Vergleich zu den Stablängen. Daher kann man mit guter Näherung die Kreisbogen durch ihre Tangenten ersetzen. Dies führt auf den **Verschiebungsplan** nach Abb. 1.10b. Bei maßstäblicher Zeichnung des Verschiebungsplans kann die Verschiebung des Knotens C abgelesen werden. Wenn wir die Aufgabe grafoanalytisch lösen wollen, so genügt eine Skizze. Aus ihr erhalten wir für die Horizontalverschiebung u und die Vertikalverschiebung v:

$$
\begin{aligned}
u &= |\Delta l_1| = \frac{F l}{E A} \frac{1}{\tan \alpha}\,, \\
v &= \frac{\Delta l_2}{\sin \alpha} + \frac{u}{\tan \alpha} = \frac{F l}{E A} \frac{1 + \cos^3 \alpha}{\sin^2 \alpha \cos \alpha}\,.
\end{aligned}
\tag{1.21}
$$

Abb. 1.10 Verschiebungsplan

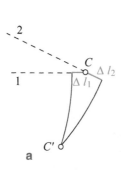

a

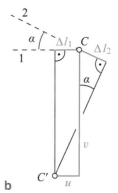

b

Die Ermittlung der Verschiebungen von Knoten eines Fachwerks aus den Längenänderungen der einzelnen Stäbe ist im allgemeinen aufwendig und nur bei Fachwerken mit einer geringen Anzahl von Stäben zu empfehlen. Bei Fachwerken mit vielen Stäben ist die Anwendung von Energiemethoden vorteilhafter (vgl. Kap. 6).

Wenn die Stäbe nicht zu einem Fachwerk verbunden, sondern an starren Körpern angeschlossen sind, dann kann man durch sinngemäßes Vorgehen die Verschiebungen einzelner Punkte des Systems ermitteln.

Beispiel 1.5

Ein starrer Balken (Gewicht G) wird auf drei elastischen Stäben gleicher Dehnsteifigkeit EA gelagert (Bild a).

Welchen Neigungswinkel hat der Balken nach der Montage?

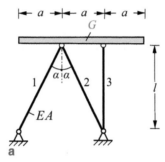

Lösung Wir berechnen zuerst die Stabkräfte aus den Gleichgewichtsbedingungen (Bild b):

$$S_1 = S_2 = -\frac{G}{4\cos\alpha}, \quad S_3 = -\frac{G}{2}.$$

Mit $l_1 = l_2 = l/\cos\alpha$ und $l_3 = l$ folgen daraus die Längenänderungen der Stäbe:

$$\Delta l_1 = \Delta l_2 = \frac{S_1 l_1}{EA} = -\frac{G\,l}{4EA\cos^2\alpha}, \quad \Delta l_3 = \frac{S_3 l_3}{EA} = -\frac{G\,l}{2\,EA}.$$

Der Punkt B des Balkens senkt sich um den Wert $v_B = |\Delta l_3|$ ab. Zur Ermittlung der Absenkung v_A des Punktes A skizzieren wir einen Verschiebungsplan (Bild c). Hierzu tragen wir die Stabverkürzungen Δl_1 bzw. Δl_2 in Richtung des jeweiligen Stabes auf und errichten die Lote. Deren Schnittpunkt liefert die neue

Lage A' des Punktes A. Seine Absenkung ist demnach durch $v_A = |\Delta l_1|/\cos\alpha$ gegeben.

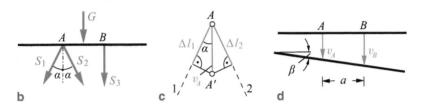

b   c   d

Da v_A und v_B verschieden sind, ist der Balken nach der Montage geneigt. Der Neigungswinkel β ergibt sich nach Bild d und wegen $\tan\beta \approx \beta$ (kleine Deformationen) sowie mit $l = a\cot\alpha$ zu

$$\underline{\underline{\beta}} = \frac{v_B - v_A}{a} = \underline{\underline{\frac{2\cos^3\alpha - 1}{4\cos^3\alpha}\,\frac{G\cot\alpha}{EA}}}.$$

Wenn $\cos^3\alpha > \frac{1}{2}$ (bzw. $< \frac{1}{2}$) ist, dann ist der Balken nach rechts (links) geneigt. Im Sonderfall $\cos^3\alpha = \frac{1}{2}$, d. h. $\alpha = 37{,}5°$, bleibt er nach der Montage waagerecht. ◄

Beispiel 1.6

Ein Fachwerk, das aus drei Stahlstäben ($E = 2 \cdot 10^5$ MPa) besteht, wird durch die Kraft $F = 20$ kN belastet (Bild a).

Wie groß müssen die Querschnittsflächen der Stäbe mindestens sein, wenn die Spannungen nicht größer als $\sigma_{zul} = 150$ MPa und die Verschiebung des Lagers B kleiner als 0,5 ‰ der Länge des Stabes 3 sein sollen?

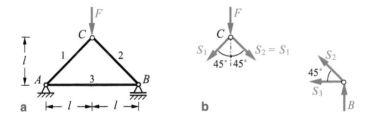

a   b

Lösung Wir berechnen zuerst die Stabkräfte. Aus den Gleichgewichtsbedingungen am Knoten C und am Lager B (Bild b) erhalten wir (Symmetrie beachten)

$$S_1 = S_2 = -\frac{\sqrt{2}}{2} F, \quad S_3 = \frac{F}{2}.$$

Damit die zulässige Spannung nicht überschritten wird, muss gelten:

$$|\sigma_1| = \frac{|S_1|}{A_1} \leq \sigma_{\text{zul}}, \quad |\sigma_2| = \frac{|S_2|}{A_2} \leq \sigma_{\text{zul}}, \quad \sigma_3 = \frac{S_3}{A_3} \leq \sigma_{\text{zul}}.$$

Daraus folgt für die mindestens erforderlichen Querschnittsflächen

$$\underline{\underline{A_1 = A_2}} = \frac{|S_1|}{\sigma_{\text{zul}}} = \underline{\underline{94,3\,\text{mm}^2}}, \quad A_3 = \frac{S_3}{\sigma_{\text{zul}}} = \underline{\underline{66,7\,\text{mm}^2}}. \tag{a}$$

Es ist außerdem die Bedingung zu erfüllen, dass die Verschiebung des Lagers B kleiner als 0,5 ‰ der Länge des Stabes 3 sein soll. Diese Verschiebung ist gleich der Verlängerung $\Delta l_3 = S_3\, l_3/E A_3$ des Stabes 3 (das Lager A verschiebt sich nicht!). Aus $\Delta l_3 < 0,5 \cdot 10^{-3}\, l_3$ folgt damit

$$\frac{\Delta l_3}{l_3} = \frac{S_3}{E A_3} < 0,5 \cdot 10^{-3} \quad \rightarrow \quad \underline{\underline{A_3}} > \frac{2\, S_3}{E} 10^3 = \frac{F}{E} 10^3 = \underline{\underline{100\,\text{mm}^2}}.$$

Durch Vergleich mit (a) erkennt man, dass $A_3 = 100\,\text{mm}^2$ die erforderliche Querschnittsfläche ist. ◀

1.6 Statisch unbestimmte Stabsysteme

Bei statisch unbestimmten Stabsystemen können die Stabkräfte nicht aus den Gleichgewichtsbedingungen allein ermittelt werden, da diese weniger Gleichungen liefern als Unbekannte vorhanden sind. Wir müssen dann zur Lösung von Aufgaben alle Grundgleichungen gemeinsam betrachten: die Gleichgewichtsbedingungen, das Elastizitätsgesetz und die Geometrie der Verformung (Kompatibilität).

Als Anwendungsbeispiel betrachten wir das aus drei Stäben bestehende, symmetrische Stabsystem nach Abb. 1.11a (Dehnsteifigkeiten $E A_1$, $E A_2$, $E A_3 = E A_1$). Die Stäbe sind spannungsfrei für $F = 0$. Das System ist *einfach* statisch

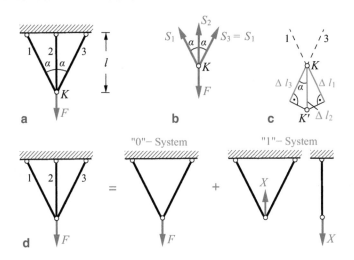

Abb. 1.11 Stabdreischlag

unbestimmt (man kann eine Kraft in der Ebene nicht eindeutig nach drei Richtungen zerlegen, vgl. Band 1). Die zwei Gleichgewichtsbedingungen am Knoten K liefern (Abb. 1.11b)

$$\rightarrow: \qquad -S_1 \sin\alpha + S_3 \sin\alpha = 0 \quad \rightarrow \quad S_1 = S_3 \,,$$

$$\uparrow: \quad S_1 \cos\alpha + S_2 + S_3 \cos\alpha - F = 0 \quad \rightarrow \quad S_1 = S_3 = \frac{F - S_2}{2\cos\alpha}\,. \qquad \text{(a)}$$

Die Stabverlängerungen sind durch

$$\Delta l_1 = \Delta l_3 = \frac{S_1 l_1}{E A_1}\,, \quad \Delta l_2 = \frac{S_2 l}{E A_2} \qquad \text{(b)}$$

gegeben. Zum Aufstellen der Verträglichkeitsbedingung zeichnen wir einen Verschiebungsplan (Abb. 1.11c). Aus ihm lesen wir ab:

$$\Delta l_1 = \Delta l_2 \cos\alpha\,. \qquad \text{(c)}$$

Mit (a), (b) und $l_1 = l / \cos\alpha$ folgt aus (c)

$$\frac{(F - S_2) l}{2 E A_1 \cos^2\alpha} = \frac{S_2 l}{E A_2} \cos\alpha\,.$$

Auflösen liefert

$$S_2 = \frac{F}{1 + 2\,\dfrac{EA_1}{EA_2}\cos^3\alpha}\,.$$

Die beiden anderen Stabkräfte erhalten wir dann aus (a) zu

$$S_1 = S_3 = \frac{\dfrac{EA_1}{EA_2}\cos^2\alpha}{1 + 2\,\dfrac{EA_1}{EA_2}\cos^3\alpha}\,F\,.$$

Damit liegen auch die Verlängerungen der Stäbe fest. Daraus ergibt sich für die Vertikalverschiebung v des Kraftangriffspunktes

$$v = \Delta l_2 = \frac{S_2\,l}{EA_2} = \frac{\dfrac{F\,l}{EA_2}}{1 + 2\,\dfrac{EA_1}{EA_2}\cos^3\alpha}\,.$$

Die Aufgabe kann auch mit der Methode der Superposition gelöst werden. Durch Entfernen des Stabes 2 erhalten wir einen (statisch bestimmten) Stabzweischlag (Abb. 1.11d). Die Belastung in diesem „0"-System besteht aus der gegebenen Kraft F. Die Kräfte $S_1^{(0)}$ und $S_3^{(0)}$ in den Stäben 1 und 3 folgen aus den Gleichgewichtsbedingungen zu

$$S_1^{(0)} = S_3^{(0)} = \frac{F}{2\cos\alpha}\,.$$

Mit $l_1 = l\,/\cos\alpha$ lauten dann die Stabverlängerungen

$$\Delta l_1^{(0)} = \Delta l_3^{(0)} = \frac{S_1^{(0)}\,l_1}{EA_1} = \frac{F\,l}{2\,EA_1\cos^2\alpha}\,. \tag{d}$$

Im „1"-System wirkt die statisch Unbestimmte X auf den Stabzweischlag und entgegengesetzt auf den Stab 2 (actio = reactio). Wir erhalten

$$S_1^{(1)} = S_3^{(1)} = -\frac{X}{2\cos\alpha}\,, \qquad S_2^{(1)} = X\,,$$

$$\Delta l_1^{(1)} = \Delta l_3^{(1)} = -\frac{Xl}{2\,EA_1\cos^2\alpha}\,, \qquad \Delta l_2^{(1)} = \frac{Xl}{EA_2}\,. \tag{e}$$

Die gesamte Verlängerung der Stäbe ergibt sich durch Superposition der beiden Lastfälle:

$$\Delta l_1 = \Delta l_3 = \Delta l_1^{(0)} + \Delta l_1^{(1)}\,, \qquad \Delta l_2 = \Delta l_2^{(1)}\,. \tag{f}$$

Die Verträglichkeitsbedingung (c) wird auch hier aus dem Verschiebungsplan (Abb. 1.11c) abgelesen. Aus ihr folgt mit (d) bis (f) die unbekannte Stabkraft $X = S_2^{(1)} = S_2$:

$$\frac{Fl}{2\,EA_1 \cos^2 \alpha} - \frac{Xl}{2\,EA_1 \cos^2 \alpha} = \frac{Xl}{EA_2} \cos \alpha$$

$$\rightarrow \quad X = S_2 = \frac{F}{1 + 2\,\dfrac{EA_1}{EA_2}\cos^3 \alpha}.$$

Die Stabkräfte S_1 und S_3 erhalten wir durch Überlagerung der beiden Lastfälle zu

$$S_1 = S_3 = S_1^{(0)} + S_1^{(1)} = \frac{\dfrac{EA_1}{EA_2}\cos^2 \alpha}{1 + 2\,\dfrac{EA_1}{EA_2}\cos^3 \alpha}\,F.$$

Ein Stabsystem heißt n-fach statisch unbestimmt, wenn die Zahl der Unbekannten um n größer ist als die Zahl der Gleichgewichtsbedingungen. Zur Berechnung der Stabkräfte werden daher bei einem n-fach unbestimmten System zusätzlich zu den Gleichgewichtsbedingungen noch n Verträglichkeitsbedingungen benötigt. Auflösen aller Gleichungen liefert dann die Stabkräfte.

Man kann ein n-fach statisch unbestimmtes System auch dadurch behandeln, dass man es durch Entfernen von n Stäben auf ein statisch bestimmtes System zurückführt (die Wirkung dieser Stäbe wird durch die statisch Unbestimmten $S_i = X_i$ ersetzt). Man betrachtet $n + 1$ Lastfälle: im „0"-System wirkt nur die gegebene Belastung, im „i"-System ($i = 1, 2, \ldots, n$) jeweils nur die statisch Unbestimmte X_i. Wenn man für jeden (statisch bestimmten) Lastfall mit Hilfe des Elastizitätsgesetzes die Längenänderungen der Stäbe ermittelt und in die Verträglichkeitsbedingungen einsetzt, erhält man n Gleichungen für die n unbekannten Stabkräfte X_i. Die übrigen Stabkräfte können anschließend durch Superposition der Lastfälle berechnet werden.

Beispiel 1.7

Ein starrer, gewichtsloser Balken hängt an drei vertikalen Stäben gleicher Dehnsteifigkeit (Bild a).
    Wie groß sind die Stabkräfte, wenn

a) die Kraft F wirkt ($\Delta T = 0$),
b) der Stab 1 um ΔT erwärmt wird ($F = 0$)?

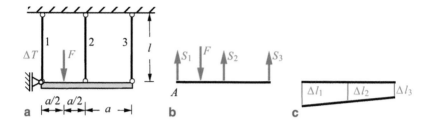

Lösung Das System ist einfach statisch unbestimmt; für die *drei* Stabkräfte S_j (Bild b) stehen nur *zwei* unabhängige Gleichgewichtsbedingungen zur Verfügung. Im Fall a) lauten sie

$$\uparrow: \qquad S_1 + S_2 + S_3 - F = 0 ,$$

$$\overset{\frown}{A}: \quad -\frac{a}{2} F + a\,S_2 + 2a\,S_3 = 0 . \tag{a}$$

Die Längenänderungen der Stäbe lauten für $\Delta T = 0$:

$$\Delta l_1 = \frac{S_1\,l}{EA} , \qquad \Delta l_2 = \frac{S_2\,l}{EA} , \qquad \Delta l_3 = \frac{S_3\,l}{EA} . \tag{b}$$

Aus einem Verschiebungsplan (Bild c) lesen wir als geometrische Bedingung ab (Strahlensatz):

$$\Delta l_2 = \frac{\Delta l_1 + \Delta l_3}{2} . \tag{c}$$

Damit stehen sechs Gleichungen für die drei Stabkräfte und die drei Stabverlängerungen zur Verfügung. Auflösen liefert

$$\underline{\underline{S_1 = \frac{7}{12}F}} , \qquad \underline{\underline{S_2 = \frac{1}{3}F}} , \qquad \underline{\underline{S_3 = \frac{1}{12}F}} .$$

Im Fall b) lauten die Gleichgewichtsbedingungen

$$\uparrow: \quad S_1 + S_2 + S_3 = 0 ,$$

$$\overset{\frown}{A}: \quad aS_2 + 2aS_3 = 0 , \tag{a$'$}$$

und die Längenänderungen der Stäbe sind

$$\Delta l_1 = \frac{S_1\,l}{EA} + \alpha_T \Delta T\,l , \qquad \Delta l_2 = \frac{S_2\,l}{EA} , \qquad \Delta l_3 = \frac{S_3\,l}{EA} . \tag{b$'$}$$

Die geometrische Bedingung (c) gilt auch hier. Auflösen von (a'), (b') und (c) liefert

$$S_1 = S_3 = -\frac{1}{6} E A \, \alpha_T \Delta T \,, \quad S_2 = \frac{1}{3} E A \, \alpha_T \Delta T \,. \; \blacktriangleleft$$

Beispiel 1.8

Der bei der Herstellung um den Wert δ zu kurz geratene Stab 3 soll mit dem Knoten C verbunden werden (Bild a). Dabei gilt $\delta \ll l$.

a) Welche horizontale Montagekraft F ist dazu nötig (Bild b)?
b) Wie groß sind die Stabkräfte nach der Montage?

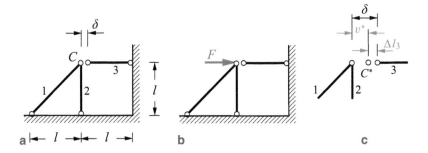

a $\;\longmapsto\; l \;\longrightarrow\!\longmapsto\; l \;\longrightarrow\!$ b   c

---

Lösung

a) Durch die Montagekraft F wird der Knoten C verschoben. Damit sich der Stab 3 mit dem Knoten verbinden lässt, muss die Horizontalkomponente dieser Verschiebung gleich dem Wert δ sein. Die dazu notwendige Kraft folgt mit $\alpha = 45°$ aus (1.21):

$$v = \frac{F\,l}{EA} \frac{1 + \sqrt{2}/4}{\sqrt{2}/4} = \delta \quad \rightarrow \quad F = \frac{EA\,\delta}{(2\sqrt{2} + 1)\,l} \,.$$

b) Nach der Montage wird die Kraft F entfernt. Dann verschiebt sich der Knoten C nochmals. Da auf ihn nun die Stabkraft S_3 wirkt, geht er nicht mehr in die Lage vor der Montage (Ausgangslage) zurück, sondern er nimmt eine Lage C^* ein, deren horizontaler Abstand von der Ausgangslage durch

$$v^* = \frac{S_3\,l}{EA}\,\frac{1 + \sqrt{2}/4}{\sqrt{2}/4}$$

gegeben ist. Nach Bild c gilt die geometrische Bedingung

$$v^* + \Delta l_3 = \delta\,,$$

wobei

$$\Delta l_3 = \frac{S_3(l - \delta)}{EA} \approx \frac{S_3 l}{EA}$$

die Verlängerung des Stabes 3 ist. Damit folgt

$$\frac{S_3\,l}{EA}\,\frac{1 + \sqrt{2}/4}{\sqrt{2}/4} + \frac{S_3\,l}{EA} = \delta \quad \rightarrow \quad \underline{\underline{S_3 = \frac{EA\,\delta}{2(\sqrt{2} + 1)l}}}\,.$$

Aus den Gleichgewichtsbedingungen am Knoten ergeben sich dann die anderen Stabkräfte zu

$$\underline{\underline{S_1 = \sqrt{2}\,S_3}}\,, \quad \underline{\underline{S_2 = -\,S_3}}\,. \quad \blacktriangleleft$$

Zusammenfassung

- Normalspannung in einem Schnitt senkrecht zur Stabachse:

$$\sigma = N/A \,,$$

N Normalkraft, A Querschnittsfläche.
- Dehnung:

$$\varepsilon = \mathrm{d}u/\mathrm{d}x \,, \quad |\varepsilon| \ll 1 \,,$$

u Verschiebung eines Querschnitts.
Sonderfall gleichförmiger Dehnung: $\varepsilon = \Delta l / l$.
- Hookesches Gesetz:

$$\sigma = E\,\varepsilon \,,$$

E Elastizitätsmodul.
- Längenänderung:

$$\Delta l = \int\limits_0^l \left(\frac{N}{EA} + \alpha_T \Delta T \right) \mathrm{d}x \,,$$

EA Dehnsteifigkeit, α_T thermischer Ausdehnungskoeffizient, ΔT Temperaturänderung.
Sonderfälle:

$$N = F, \quad \Delta T = 0, \quad EA = \text{const} \quad \rightarrow \quad \Delta l = \frac{Fl}{EA} \,,$$
$$N = 0, \quad \Delta T = \text{const} \quad\quad\quad \rightarrow \quad \Delta l = \alpha_T \Delta T\, l \,.$$

- Statisch bestimmtes Stabsystem: Normalkräfte, Spannungen, Dehnungen, Längenänderungen und Verschiebungen können der Reihe nach aus Gleichgewicht, Elastizitätsgesetz und Kinematik ermittelt werden. Temperaturänderungen verursachen keine Spannungen.
- Statisch unbestimmtes Stabsystem: Alle Gleichungen (Gleichgewicht, Elastizitätsgesetz und Kinematik) müssen gleichzeitig betrachtet werden. Temperaturänderungen verursachen i. a. Wärmespannungen.

Spannungszustand

2

Inhaltsverzeichnis

▶ **Lernziele**   Im ersten Kapitel wurden Spannungen in Stäben untersucht. Wir wollen nun diese Überlegungen auf allgemeinere Tragwerke erweitern. Dazu führen wir zunächst den **Spannungstensor** ein. Anschließend betrachten wir den ebenen Spannungszustand in Scheiben. Er ist durch die Spannungskomponenten in zwei senkrecht aufeinander stehenden Schnitten gegeben. Dabei zeigt sich unter anderem, dass die Normal- bzw. die Schubspannungen für ausgezeichnete Schnittrichtungen extremal sind.

Die Studierenden sollen lernen, wie man den Spannungszustand bei ebenen Problemen analysiert und die Spannungen für verschiedene Schnittrichtungen ermittelt.

© Springer-Verlag GmbH Deutschland, ein Teil von Springer Nature 2021   35
D. Gross et al., *Technische Mechanik 2*, https://doi.org/10.1007/978-3-662-61862-2_2

2.1 Spannungsvektor und Spannungstensor

Bisher wurden Spannungen nur in Stäben bestimmt. Wir wollen sie nun auch in anderen Tragwerken ermitteln und betrachten dazu einen Körper, der beliebig belastet ist, zum Beispiel durch Einzelkräfte F_i und Flächenlasten p (Abb. 2.1a). Die äußere Belastung verursacht innere Kräfte. Bei einem Schnitt $s - s$ durch den Körper sind die inneren Kräfte (Spannungen) über die gesamte Schnittfläche A verteilt. Diese Spannungen sind im allgemeinen über die Schnittfläche veränderlich (im Gegensatz zum Zugstab, bei dem sie über den Querschnitt konstant sind, vgl. Abschn. 1.1).

Wir müssen daher die Spannung in einem beliebigen Punkt P der Schnittfläche definieren. Auf ein Flächenelement ΔA, in dem P enthalten ist, wirkt eine Schnittkraft ΔF (vgl. Abb. 2.1b) (Beachte: nach dem Wechselwirkungsgesetz wirkt eine gleich große, entgegengesetzt gerichtete Kraft auf die gegenüberliegende Schnittfläche). Durch den Quotienten $\Delta F / \Delta A$ (Kraft pro Fläche) wird die mittlere Spannung für das Flächenelement definiert. Wir setzen nun voraus, dass das Verhältnis $\Delta F / \Delta A$ für den Grenzübergang $\Delta A \to 0$ gegen einen endlichen Wert strebt:

$$t = \lim_{\Delta A \to 0} \frac{\Delta F}{\Delta A} = \frac{\mathrm{d}F}{\mathrm{d}A}. \qquad (2.1)$$

Diesen Grenzwert nennt man den **Spannungsvektor** t.

Man kann den Spannungsvektor in eine Komponente normal zur Schnittfläche und eine Komponente in der Schnittfläche (tangential) zerlegen. Die Normalkom-

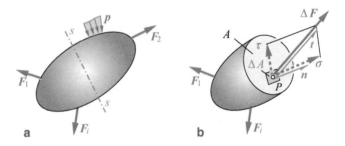

Abb. 2.1 Spannungsvektor

ponente heißt **Normalspannung** σ, die Tangentialkomponente nennt man **Schubspannung** τ.

Der Spannungsvektor t ist im allgemeinen von der Lage des Punktes P in der Schnittfläche (d. h. vom Ort) abhängig. Die Spannungsverteilung in der Schnittfläche ist bekannt, wenn der Spannungsvektor t für alle Punkte von A angegeben werden kann. Durch t wird allerdings der **Spannungszustand** in einem Punkt P der Schnittfläche noch nicht ausreichend beschrieben. Legt man nämlich durch P Schnitte in *verschiedenen Richtungen*, so wirken dort entsprechend der unterschiedlichen Orientierung der Flächenelemente unterschiedliche Schnittkräfte. Die Spannungen sind demnach auch von der Schnittrichtung (charakterisiert durch den Normalenvektor n) abhängig (vgl. zum Beispiel die Spannungen (1.3) bei unterschiedlichen Schnittrichtungen in einem Zugstab).

Man kann zeigen, dass der Spannungszustand in einem Punkt P durch die drei Spannungsvektoren in drei senkrecht aufeinander stehenden Schnittflächen festgelegt wird. Diese Schnittflächen lassen wir zweckmäßig mit den Koordinatenebenen eines kartesischen Koordinatensystems zusammenfallen. Um sie anschaulich darzustellen, denken wir sie uns als die Seitenflächen eines infinitesimalen Quaders mit den Kantenlängen dx, dy und dz in der Umgebung von P (Abb. 2.2a). In jeder der sechs Flächen wirkt ein Spannungsvektor, den wir in seine Komponenten senkrecht zur Schnittfläche (= Normalspannung) und in der Schnittfläche (= Schubspannung) zerlegen. Die Schubspannung wird dann noch in die Komponenten nach den Koordinatenrichtungen zerlegt. Zur Kennzeichnung der Komponenten verwenden wir Doppelindizes: der erste Index gibt jeweils die Richtung der Flächennormale an, während der zweite Index die Richtung der Spannungskomponente charakterisiert. So ist zum Beispiel τ_{yx} eine Schubspannung in einer Flä-

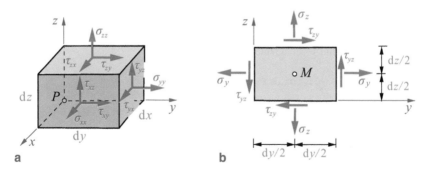

Abb. 2.2 Spannungstensor

che, deren Normale in y-Richtung zeigt; die Spannung selbst zeigt in x-Richtung (Abb. 2.2a).

Bei den Normalspannungen kann man die Schreibweise vereinfachen. Hier haben die Flächennormale und die Spannung jeweils die gleiche Richtung. Daher stimmen die beiden Indizes immer überein, und es genügt, nur einen Index anzugeben:

$$\sigma_{xx} = \sigma_x \,, \quad \sigma_{yy} = \sigma_y \,, \quad \sigma_{zz} = \sigma_z \,.$$

Wir werden im folgenden nur noch diese kürzere Schreibweise verwenden.

Mit diesen Bezeichnungen lautet der Spannungsvektor zum Beispiel für die Schnittfläche, deren Normale in y-Richtung zeigt:

$$\boldsymbol{t} = \tau_{yx}\,\boldsymbol{e}_x + \sigma_y\,\boldsymbol{e}_y + \tau_{yz}\,\boldsymbol{e}_z \,. \tag{2.2}$$

Für die Spannungen gibt es eine *Vorzeichenkonvention* analog zu der bei den Schnittgrößen (vgl. Band 1, Abschnitt 7.1):

Positive Spannungen zeigen an einem **positiven (negativen)** Schnittufer in die **positive (negative)** Koordinatenrichtung.

Danach beanspruchen positive (negative) Normalspannungen den infinitesimalen Quader auf Zug (Druck). In Abb. 2.2a sind die positiven Spannungen an den positiven Schnittufern eingezeichnet.

Durch das Zerlegen der Spannungsvektoren in ihre Komponenten haben wir drei Normalspannungen (σ_x, σ_y, σ_z) sowie sechs Schubspannungen (τ_{xy}, τ_{xz}, τ_{yx}, τ_{yz}, τ_{zx}, τ_{zy}) erhalten. Die Schubspannungen sind jedoch nicht alle unabhängig voneinander. Um dies zu zeigen, bilden wir das Momentengleichgewicht um eine zur x-Achse parallele Achse durch den Mittelpunkt des Quaders (vgl. Abb. 2.2b). Da Gleichgewichtsaussagen nur für Kräfte gelten, müssen wir die Spannungen mit den zugeordneten Flächenelementen multiplizieren:

$$\overset{\frown}{M}\colon \quad 2\frac{\mathrm{d}y}{2}(\tau_{yz}\,\mathrm{d}x\,\mathrm{d}z) - 2\frac{\mathrm{d}z}{2}(\tau_{zy}\,\mathrm{d}x\,\mathrm{d}y) = 0 \quad \rightarrow \quad \tau_{yz} = \tau_{zy} \,.$$

Entsprechende Beziehungen erhält man aus dem Momentengleichgewicht um die anderen Achsen:

$$\tau_{xy} = \tau_{yx} \,, \quad \tau_{xz} = \tau_{zx} \,, \quad \tau_{yz} = \tau_{zy} \,. \tag{2.3}$$

Demnach gilt:

> Schubspannungen in zwei senkrecht aufeinander stehenden Schnitten (z. B. τ_{xy} und τ_{yx}) sind gleich.

Man nennt sie einander **zugeordnete Schubspannungen**. Da sie das gleiche Vorzeichen besitzen, zeigen sie entweder auf die gemeinsame Quaderkante zu oder sie sind beide von ihr weggerichtet (vgl. Abb. 2.2). Wegen (2.3) gibt es nur sechs unabhängige Spannungen.

Man kann die Komponenten der einzelnen Spannungsvektoren in einer Matrix anordnen:

$$\boldsymbol{\sigma} = \begin{bmatrix} \sigma_x & \tau_{xy} & \tau_{xz} \\ \tau_{yx} & \sigma_y & \tau_{yz} \\ \tau_{zx} & \tau_{zy} & \sigma_z \end{bmatrix} = \begin{bmatrix} \sigma_x & \tau_{xy} & \tau_{xz} \\ \tau_{xy} & \sigma_y & \tau_{yz} \\ \tau_{xz} & \tau_{yz} & \sigma_z \end{bmatrix}. \tag{2.4}$$

Die Hauptdiagonale wird von den Normalspannungen gebildet; die übrigen Elemente sind die Schubspannungen. Wegen (2.3) ist die Matrix (2.4) *symmetrisch*.

Die Größe $\boldsymbol{\sigma}$ heißt **Spannungstensor** (den Begriff **Tensor** werden wir in Abschn. 2.2.1 erläutern). Die Elemente in (2.4) sind die Komponenten des Spannungstensors. Durch die Spannungsvektoren für drei senkrecht aufeinander stehende Schnitte und damit durch den Spannungstensor (2.4) ist der *Spannungszustand* in einem Punkt eindeutig festgelegt.

2.2 Ebener Spannungszustand

Wir wollen nun den Spannungszustand in einer **Scheibe** untersuchen. Hierunter versteht man ein ebenes Flächentragwerk, dessen Dicke t klein gegen die Längen der Seiten ist und das nur *in* seiner Ebene belastet wird (Abb. 2.3). Die Ober- und die Unterseite der Scheibe sind unbelastet. Da keine Kräfte in z-Richtung auftreten, können wir mit hinreichender Genauigkeit annehmen, dass auch die Spannungen in dieser Richtung verschwinden:

$$\tau_{xz} = \tau_{yz} = \sigma_z = 0.$$

Abb. 2.3 Ebener Span-
nungszustand

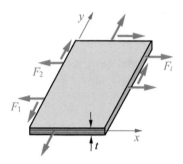

Wegen der geringen Dicke dürfen wir außerdem voraussetzen, dass die Spannun-
gen σ_x, σ_y und $\tau_{xy} = \tau_{yx}$ über die Dicke der Scheibe konstant sind. Eine solche
Spannungsverteilung heißt **ebener Spannungszustand**. Für ihn verschwinden die
letzte Zeile und die letzte Spalte in der Matrix (2.4), und es bleibt

$$\sigma = \begin{bmatrix} \sigma_x & \tau_{xy} \\ \tau_{xy} & \sigma_y \end{bmatrix}.$$

Im allgemeinen hängen die Spannungen von den Koordinaten x und y ab. Wenn
die Spannungen nicht vom Ort abhängen, heißt der Spannungszustand **homogen**.

2.2.1 Koordinatentransformation

Bisher wurden die Spannungen in einem Punkt einer Scheibe in Schnitten parallel
zu den Koordinatenachsen betrachtet. Wir wollen nun zeigen, wie man die Spannungen in einem beliebigen Schnitt senkrecht zur Scheibe aus diesen Spannungen
ermitteln kann. Dazu betrachten wir ein aus der Scheibe herausgeschnittenes in-
finitesimales Dreieck der Dicke t (Abb. 2.4). Die Schnittrichtungen sind durch
das x, y-Koordinatensystem sowie den Winkel φ charakterisiert. Wir führen ein
ξ, η-System ein, das gegenüber dem x, y-System um den Winkel φ gedreht ist und
dessen ξ-Achse normal zur schrägen Schnittfläche steht. Dabei zählen wir φ *entgegen* dem Uhrzeigersinn positiv.
    Entsprechend den Koordinatenrichtungen bezeichnen wir die Spannungen
in der schrägen Schnittfläche mit σ_ξ und $\tau_{\xi\eta}$. Diese Schnittfläche ist durch
$dA = d\eta\, t$ gegeben. Die beiden anderen Schnittflächen haben die Größen $dA \sin\varphi$

Abb. 2.4 Koordinaten-transformation

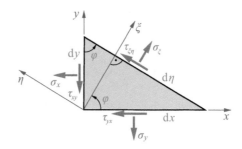

bzw. $dA \cos \varphi$. Das Kräftegleichgewicht in ξ- und in η-Richtung liefert dann

$\nearrow$: $\quad \sigma_\xi \, dA - (\sigma_x \, dA \cos \varphi) \cos \varphi - (\tau_{xy} \, dA \cos \varphi) \sin \varphi$

$\qquad -(\sigma_y \, dA \sin \varphi) \sin \varphi - (\tau_{yx} \, dA \sin \varphi) \cos \varphi = 0$,

$\nwarrow$: $\quad \tau_{\xi\eta} \, dA + (\sigma_x \, dA \cos \varphi) \sin \varphi - (\tau_{xy} \, dA \cos \varphi) \cos \varphi$

$\qquad -(\sigma_y \, dA \sin \varphi) \cos \varphi + (\tau_{yx} \, dA \sin \varphi) \sin \varphi = 0$.

Mit $\tau_{yx} = \tau_{xy}$ erhält man daraus

$$\sigma_\xi = \sigma_x \cos^2 \varphi + \sigma_y \sin^2 \varphi + 2 \, \tau_{xy} \sin \varphi \cos \varphi \,,$$
$$\tau_{\xi\eta} = -(\sigma_x - \sigma_y) \sin \varphi \cos \varphi + \tau_{xy} (\cos^2 \varphi - \sin^2 \varphi) \,. \tag{2.5a}$$

Wir wollen nun zusätzlich noch die Normalspannung σ_η ermitteln. Sie wirkt auf eine Schnittfläche, deren Normale in η-Richtung zeigt. Der Schnittwinkel für diese Fläche ist durch $\varphi + \pi/2$ gegeben. Wir erhalten daher σ_η, wenn wir in der ersten Gleichung (2.5a) die Normalspannung σ_ξ durch σ_η und den Winkel φ durch $\varphi + \pi/2$ ersetzen. Mit $\cos(\varphi + \pi/2) = -\sin \varphi$ und $\sin(\varphi + \pi/2) = \cos \varphi$ folgt dann

$$\sigma_\eta = \sigma_x \sin^2 \varphi + \sigma_y \cos^2 \varphi - 2 \, \tau_{xy} \cos \varphi \sin \varphi \,. \tag{2.5b}$$

Es ist üblich, die Gleichungen (2.5a), (2.5b) noch umzuformen. Unter Verwendung von

$$\cos^2 \varphi = \frac{1}{2}(1 + \cos 2\varphi) \,, \quad 2 \sin \varphi \cos \varphi = \sin 2\varphi \,,$$
$$\sin^2 \varphi = \frac{1}{2}(1 - \cos 2\varphi) \,, \quad \cos^2 \varphi - \sin^2 \varphi = \cos 2\varphi$$

erhalten wir schließlich

$$\sigma_\xi = \frac{1}{2}(\sigma_x + \sigma_y) + \frac{1}{2}(\sigma_x - \sigma_y)\cos 2\varphi + \tau_{xy}\sin 2\varphi ,$$

$$\sigma_\eta = \frac{1}{2}(\sigma_x + \sigma_y) - \frac{1}{2}(\sigma_x - \sigma_y)\cos 2\varphi - \tau_{xy}\sin 2\varphi , \qquad (2.6)$$

$$\tau_{\xi\eta} = \qquad\qquad - \frac{1}{2}(\sigma_x - \sigma_y)\sin 2\varphi + \tau_{xy}\cos 2\varphi .$$

Die Spannungen σ_x, σ_y und τ_{xy} sind die Komponenten des Spannungstensors im x, y-System. Mit (2.6) können aus ihnen die Komponenten σ_ξ, σ_η und $\tau_{\xi\eta}$ im ξ, η-System berechnet werden. Man nennt (2.6) die **Transformationsgleichungen** für die Komponenten des Spannungstensors. In Abb. 2.5 sind die Spannungen im x, y-System und im ξ, η-System jeweils an einem Element eingetragen. Man beachte, dass die Spannungen in jedem der Koordinatensysteme den gleichen Spannungszustand in einem Punkt der Scheibe repräsentieren.

Eine Größe, deren Komponenten *zwei* Koordinatenindizes besitzen und beim Übergang von einem Koordinatensystem zu einem dazu gedrehten Koordinatensystem nach einer bestimmten Vorschrift transformiert werden, heißt **Tensor 2. Stufe**. Für den Spannungstensor ist diese Vorschrift beim Übergang vom x, y-System zum ξ, η-System durch die Transformationsgleichungen (2.6) gegeben. Weitere Tensoren 2. Stufe werden wir in den Abschn. 3.1 und 4.2 kennen lernen. Es sei angemerkt, dass auch die Komponenten von Vektoren Transformationsgleichungen erfüllen. Da Vektorkomponenten nur *einen* Index besitzen, nennt man Vektoren auch Tensoren 1. Stufe.

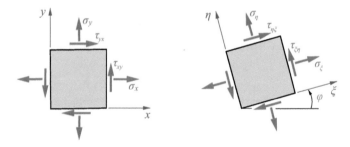

Abb. 2.5 Spannungen am Element

Wenn man die ersten beiden Gleichungen in (2.6) addiert, so erhält man

$$\sigma_\xi + \sigma_\eta = \sigma_x + \sigma_y \,. \tag{2.7}$$

Demnach hat die Summe der Normalspannungen in jedem Koordinatensystem den gleichen Wert. Man bezeichnet daher die Summe $\sigma_x + \sigma_y$ als eine **Invariante** des Spannungstensors. Man kann sich durch Einsetzen davon überzeugen, dass die Determinante $\sigma_x\sigma_y - \tau_{xy}^2$ der Matrix des Spannungstensors eine weitere Invariante darstellt.

Wir betrachten noch den Sonderfall, dass im x, y-System die Normalspannungen gleich sind ($\sigma_x = \sigma_y$) und die Schubspannungen verschwinden ($\tau_{xy} = 0$). Dann folgt nach (2.6)

$$\sigma_\xi = \sigma_\eta = \sigma_x = \sigma_y, \quad \tau_{\xi\eta} = 0 \,.$$

Die Normalspannungen sind demnach in *allen* Schnittrichtungen gleich (d. h. unabhängig von φ), während die Schubspannungen immer verschwinden. Man nennt einen solchen Spannungszustand **hydrostatisch**, da der Druck in einem Punkt einer ruhenden Flüssigkeit ebenfalls in allen Richtungen gleich ist (s. Band 4, Abschnitt 1.2).

Es sei angemerkt, dass man auch Schnitte führen kann, bei denen der Normalenvektor der Schnittfläche nicht in der Scheibenebene liegt (schräger Schnitt). Darauf wollen wir hier nicht eingehen, sondern verweisen auf Band 4, Abschnitt 2.1.

2.2.2 Hauptspannungen

Die Spannungen σ_ξ, σ_η und $\tau_{\xi\eta}$ hängen nach (2.6) von der Schnittrichtung – d. h. vom Winkel φ – ab. Wir untersuchen nun, für welche Winkel diese Spannungen Extremalwerte annehmen und wie groß diese sind.

Die Normalspannungen werden extremal für $d\sigma_\xi/d\varphi = 0$ bzw. für $d\sigma_\eta/d\varphi = 0$. Beide Bedingungen führen auf

$$-(\sigma_x - \sigma_y)\sin 2\varphi + 2\tau_{xy}\cos 2\varphi = 0 \,.$$

Daraus folgt für den Winkel $\varphi = \varphi^*$, bei dem ein Extremalwert auftritt

$$\tan 2\varphi^* = \frac{2\tau_{xy}}{\sigma_x - \sigma_y} \,. \tag{2.8}$$

Die Tangensfunktion ist mit π periodisch. Daher gibt es wegen $\tan 2\varphi^* = \tan 2(\varphi^* + \pi/2)$ zwei senkrecht aufeinander stehende Schnittrichtungen φ^* und $\varphi^* + \pi/2$, für die (2.8) erfüllt ist. Diese Schnittrichtungen werden **Hauptrichtungen** genannt.

Die zu diesen Schnittrichtungen gehörenden Normalspannungen erhält man, indem man die Bedingung (2.8) für φ^* in σ_ξ bzw. σ_η nach (2.6) einführt. Dabei verwendet man die trigonometrischen Umformungen

$$\cos 2\varphi^* = \frac{1}{\sqrt{1 + \tan^2 2\varphi^*}} = \frac{\sigma_x - \sigma_y}{\sqrt{(\sigma_x - \sigma_y)^2 + 4\tau_{xy}^2}},$$

$$\sin 2\varphi^* = \frac{\tan 2\varphi^*}{\sqrt{1 + \tan^2 2\varphi^*}} = \frac{2\tau_{xy}}{\sqrt{(\sigma_x - \sigma_y)^2 + 4\tau_{xy}^2}}. \tag{2.9}$$

Mit den Bezeichnungen σ_1 und σ_2 für die Extremwerte der Spannungen ergibt sich

$$\sigma_{1,2} = \frac{1}{2}(\sigma_x + \sigma_y) \pm \frac{\frac{1}{2}(\sigma_x - \sigma_y)^2}{\sqrt{(\sigma_x - \sigma_y)^2 + 4\tau_{xy}^2}} \pm \frac{2\tau_{xy}^2}{\sqrt{(\sigma_x - \sigma_y)^2 + 4\tau_{xy}^2}}$$

bzw.

$$\sigma_{1,2} = \frac{\sigma_x + \sigma_y}{2} \pm \sqrt{\left(\frac{\sigma_x - \sigma_y}{2}\right)^2 + \tau_{xy}^2}. \tag{2.10}$$

Die beiden Normalspannungen σ_1 und σ_2 werden **Hauptspannungen** genannt. Es ist üblich, sie so zu nummerieren, dass $\sigma_1 > \sigma_2$ gilt (positives Vorzeichen der Wurzel für σ_1).

Bei konkreten Problemen liefert (2.8) zwei Zahlenwerte für die Winkel φ^* und $\varphi^* + \pi/2$. Die Zuordnung dieser beiden Winkel zu den Spannungen σ_1 und σ_2 kann zum Beispiel dadurch erfolgen, dass man einen davon in die erste Gleichung von (2.6) einsetzt. Dann erhält man als zugehörige Normalspannung entweder σ_1 oder σ_2.

Wenn man die Winkel φ^* bzw. $\varphi^* + \pi/2$ in die Gleichung für $\tau_{\xi\eta}$ nach (2.6) einsetzt, so erhält man $\tau_{\xi\eta} = 0$. Demnach verschwinden die Schubspannungen in den Schnittrichtungen, für welche die Normalspannungen ihre Extremalwerte σ_1 und σ_2 annehmen. Wenn umgekehrt in einem Schnitt keine Schubspannung auftritt, so ist die in diesem Schnitt wirkende Normalspannung eine Hauptspannung.

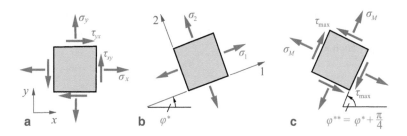

Abb. 2.6 Hauptspannungen und maximale Schubspannung

Ein Koordinatensystem, dessen Achsen zu den Hauptrichtungen parallel sind, nennt man **Hauptachsensystem**. Wir bezeichnen die Achsen mit 1 und 2: die 1-Achse zeige in Richtung von σ_1 (erste Hauptrichtung), die 2-Achse in Richtung von σ_2 (zweite Hauptrichtung). In Abb. 2.6a bzw. b sind die Spannungen an einem Element im x, y-System bzw. im Hauptachsensystem dargestellt.

Wir bestimmen nun noch die Extremalwerte der Schubspannung und die zugehörigen Schnittrichtungen. Aus der Bedingung

$$\frac{\mathrm{d}\tau_{\xi\eta}}{\mathrm{d}\varphi} = 0 \quad \rightarrow \quad -(\sigma_x - \sigma_y)\cos 2\,\varphi - 2\,\tau_{xy}\sin 2\,\varphi = 0$$

folgt für den Winkel $\varphi = \varphi^{**}$, bei dem ein Extremalwert auftritt:

$$\tan 2\,\varphi^{**} = -\frac{\sigma_x - \sigma_y}{2\,\tau_{xy}}\,. \tag{2.11}$$

Hieraus erhält man die zwei Winkel φ^{**} und $\varphi^{**} + \pi/2$. Durch Vergleich von (2.11) mit (2.8) erkennt man, dass wegen $\tan 2\,\varphi^{**} = -1/\tan 2\,\varphi^{*}$ die Richtungen $2\varphi^{**}$ und $2\varphi^{*}$ senkrecht aufeinander stehen. Dies bedeutet, dass die Richtung φ^{**} extremaler Schubspannung zu den Richtungen φ^{*} extremaler Normalspannung unter 45° geneigt sind.

Die Extremalwerte der Schubspannung nennt man auch **Hauptschubspannungen**. Sie ergeben sich durch Einsetzen von (2.11) in (2.6) unter Verwendung von (2.9) zu

$$\tau_{\max} = \pm\sqrt{\left(\frac{\sigma_x - \sigma_y}{2}\right)^2 + \tau_{xy}^2}\,. \tag{2.12a}$$

Da sie sich nur durch das Vorzeichen (ihre Richtungen) unterscheiden, spricht man von *maximalen Schubspannungen*. Mit Hilfe der Hauptspannungen (2.10) kann man τ_{max} auch in der Form

$$\tau_{max} = \pm \frac{1}{2}(\sigma_1 - \sigma_2) \qquad (2.12b)$$

schreiben.

Die Richtung der maximalen Schubspannungen findet man, indem man als Verdrehwinkel des ξ, η-Systems den Winkel φ^{**} wählt. Durch Einsetzen von φ^{**} in die dritte Gleichung von (2.6) erhält man dann $\tau_{\xi\eta} = \tau_{max}$ einschließlich des Vorzeichens.

Einsetzen von φ^{**} in eine der Gleichungen (2.6) für die Normalspannungen liefert einen von Null verschiedenen Wert, den wir mit σ_M bezeichnen:

$$\sigma_M = \frac{1}{2}(\sigma_x + \sigma_y) = \frac{1}{2}(\sigma_1 + \sigma_2). \qquad (2.13)$$

In den Schnitten extremaler Schubspannungen verschwinden demnach die Normalspannungen im allgemeinen *nicht*. Abb. 2.6c zeigt die Spannungen in den entsprechenden Schnitten.

Beispiel 2.1

In einem Blech wirkt ein homogener Spannungszustand mit den Spannungen $\sigma_x = -64$ MPa, $\sigma_y = 32$ MPa und $\tau_{xy} = -20$ MPa. In Bild a sind die Spannungen mit den Richtungen eingezeichnet, wie sie im Blech wirken.

Man bestimme

a) die Spannungen in einem Schnitt unter $60°$ zur x-Achse,
b) die Hauptspannungen und die Hauptrichtungen,
c) die Hauptschubspannungen sowie die zugehörigen Schnittrichtungen.

Die Spannungen sind jeweils an einem Element zu skizzieren.

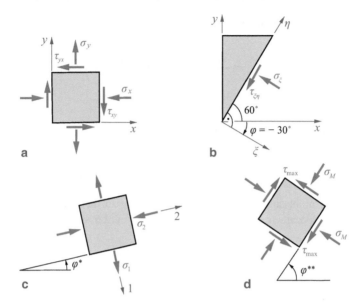

Lösung

a) Wir schneiden das Blech in der gegebenen Richtung. Zur Charakterisierung des Schnitts führen wir analog zu Abb. 2.5 ein ξ, η-System ein, bei dem die ξ-Achse normal auf dem Schnitt steht (Bild b). Da es aus dem x, y-System durch Drehung um 30° *im* Uhrzeigersinn hervorgeht, ist der Drehwinkel negativ: $\varphi = -30°$. Damit erhalten wir nach (2.6) für die Spannungen

$$\underline{\underline{\sigma_\xi}} = \frac{1}{2}(-64 + 32) + \frac{1}{2}(-64 - 32)\cos(-60°) - 20\sin(-60°)$$

$$= \underline{\underline{-22,7\,\text{MPa}}},$$

$$\underline{\underline{\tau_{\xi\eta}}} = -\frac{1}{2}(-64 - 32)\sin(-60°) - 20\cos(-60°) = \underline{\underline{-51,6\,\text{MPa}}}.$$

Beide Spannungen sind negativ. Sie sind mit entsprechendem Richtungssinn in Bild b eingezeichnet.

b) Die Hauptspannungen ergeben sich nach (2.10) zu

$$\sigma_{1,2} = \frac{-64+32}{2} \pm \sqrt{\left(\frac{-64-32}{2}\right)^2 + (-20)^2}$$

$$\rightarrow \quad \underline{\underline{\sigma_1 = 36\,\text{MPa}}}, \quad \underline{\underline{\sigma_2 = -68\,\text{MPa}}}. \tag{a}$$

Aus (2.8) folgt für eine zugehörige Hauptrichtung

$$\tan 2\varphi^* = \frac{2(-20)}{-64-32} = 0{,}417 \quad \rightarrow \quad \underline{\underline{\varphi^* = 11{,}3°}}.$$

Um zu entscheiden, welche Hauptspannung zu dieser Schnittrichtung gehört, setzen wir φ^* in die erste Gleichung von (2.6) ein und erhalten

$$\sigma_\xi(\varphi^*) = \frac{1}{2}(-64+32) + \frac{1}{2}(-64-32)\cos(22{,}6°) - 20\sin(22{,}6°)$$

$$= -68\,\text{MPa} = \sigma_2.$$

Demnach gehört die Hauptspannung σ_2 zum Winkel φ^*. Die Hauptspannung σ_1 wirkt in einem Schnitt senkrecht dazu (Bild c).

c) Die Hauptschubspannungen ergeben sich mit (a) aus (2.12b) zu

$$\underline{\underline{\tau_{\max}}} = \pm\frac{1}{2}(36+68) = \underline{\underline{\pm 52\,\text{MPa}}}.$$

Die zugehörigen Schnittrichtungen sind zu den Hauptrichtungen um 45° geneigt. Somit erhalten wir

$$\underline{\underline{\varphi^{**} = 56{,}3°}}.$$

Die Richtung von $\tau_{\max}$ ergibt sich durch Einsetzen von φ^{**} in (2.6) aus dem positiven Vorzeichen von $\tau_{\xi\eta}(\varphi^{**})$. Die zugehörigen Normalspannungen sind nach (2.13) durch

$$\sigma_M = \frac{1}{2}(-64+32) = -16\,\text{MPa}$$

gegeben. Die Spannungen sind in Bild d mit ihren wirklichen Richtungen dargestellt. ◄

2.2.3 Mohrscher Spannungskreis

Aus den Spannungen σ_x, σ_y und τ_{xy} können mit Hilfe der Transformationsglei-chungen (2.6) die Spannungen σ_ξ, σ_η und $\tau_{\xi\eta}$ für ein ξ, η-System berechnet werden. Diese Gleichungen erlauben aber auch eine einfache geometrische Darstellung. Dazu ordnen wir die Beziehungen (2.6) für σ_ξ und $\tau_{\xi\eta}$ zunächst um:

$$\sigma_\xi - \frac{1}{2}(\sigma_x + \sigma_y) = \frac{1}{2}(\sigma_x - \sigma_y)\cos 2\varphi + \tau_{xy}\sin 2\varphi,$$

$$\tau_{\xi\eta} = -\frac{1}{2}(\sigma_x - \sigma_y)\sin 2\varphi + \tau_{xy}\cos 2\varphi. \tag{2.14}$$

Durch Quadrieren und Addieren kann der Winkel φ eliminiert werden:

$$\left[\sigma_\xi - \frac{1}{2}(\sigma_x + \sigma_y)\right]^2 + \tau_{\xi\eta}^2 = \left(\frac{\sigma_x - \sigma_y}{2}\right)^2 + \tau_{xy}^2. \tag{2.15}$$

Wenn man in (2.14) statt der Gleichung für σ_ξ die entsprechende für σ_η nimmt, so findet man, dass in (2.15) σ_ξ durch σ_η ersetzt wird. Deshalb werden im folgenden die Indizes ξ und η weggelassen.

Der Ausdruck auf der rechten Seite von (2.15) ist bei gegebenen Spannungen σ_x, σ_y und τ_{xy} ein fester Wert, den wir mit r^2 abkürzen:

$$r^2 = \left(\frac{\sigma_x - \sigma_y}{2}\right)^2 + \tau_{xy}^2. \tag{2.16}$$

Mit $\sigma_M = \frac{1}{2}(\sigma_x + \sigma_y)$ und (2.16) wird dann aus (2.15)

$$(\sigma - \sigma_M)^2 + \tau^2 = r^2. \tag{2.17}$$

Dies ist die Gleichung eines Kreises in der σ, τ-Ebene: die Punkte (σ, τ) liegen auf dem nach Otto Mohr (1835–1918) benannten **Spannungskreis** mit dem Mit-telpunkt $(\sigma_M, 0)$ und dem Radius r (Abb. 2.7a).
Durch Umformen von (2.16) erhält man

$$r^2 = \frac{1}{4}\left[(\sigma_x + \sigma_y)^2 - 4(\sigma_x\sigma_y - \tau_{xy}^2)\right].$$

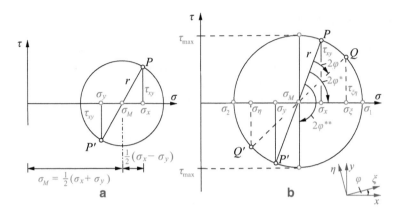

Abb. 2.7 Mohrscher Spannungskreis

Da die Ausdrücke in den runden Klammern invariant sind (vgl. Abschn. 2.2.1), ist auch r eine Invariante.

Der Spannungskreis lässt sich konstruieren, wenn die Spannungen σ_x, σ_y und τ_{xy} bekannt sind. Dazu brauchen wir σ_M und r nicht zu berechnen; man kann den Kreis mit den gegebenen Spannungen unmittelbar zeichnen. Hierzu werden zunächst auf der σ-Achse die Spannungen σ_x und σ_y unter Beachtung ihrer Vorzeichen eingezeichnet. In diesen Punkten wird dann die Schubspannung τ_{xy} nach folgender Regel aufgetragen: vorzeichenrichtig über σ_x und mit umgekehrtem Vorzeichen über σ_y. Mit P und P' liegen zwei Punkte des Kreises fest (Abb. 2.7a). Der Schnittpunkt ihrer Verbindungslinie mit der Abszisse liefert den Kreismittelpunkt, und damit kann der Kreis gezeichnet werden.

Der Spannungszustand in einem Punkt einer Scheibe wird durch den Mohrschen Spannungskreis beschrieben; zu jedem Schnitt gehört ein Punkt auf dem Kreis. So gehören zum Beispiel der Punkt P zu dem Schnitt, in dem σ_x und τ_{xy} wirken, und der Punkt P' zu dem dazu senkrechten Schnitt. Aus dem Spannungskreis können die Spannungen in beliebigen Schnitten sowie die Extremalwerte der Spannungen und die zugehörigen Schnittrichtungen bestimmt werden. Die Hauptspannungen σ_1 und σ_2 sowie die Hauptschubspannung τ_{max} sind unmittelbar ablesbar (Abb. 2.7b).

Wir wollen nun zeigen, dass man die Spannungen σ_ξ, σ_η und $\tau_{\xi\eta}$ in einem um den Winkel φ (positiv *entgegen* dem Uhrzeigersinn) gegenüber dem x, y-System gedrehten ξ, η-System auf folgende Weise erhält: der Punkt Q, der zu einem Schnitt mit den Spannungen σ_ξ und $\tau_{\xi\eta}$ gehört, ergibt sich durch Antragen des *doppelten* Winkels – d. h. 2φ – in *entgegengesetzter* Drehrichtung (Abb. 2.7b); der zum dazu senkrechten Schnitt gehörende Punkt Q' liegt Q gegenüber. Die Hauptrichtungen sowie die Richtungen der Hauptschubspannungen sind schließlich durch die Winkel φ^* und φ^{**} gegeben.

Zum Beweis lesen wir zunächst aus den Abb. 2.7a,b ab:

$$\tan 2\,\varphi^* = \frac{2\,\tau_{xy}}{\sigma_x - \sigma_y}\,, \quad \frac{1}{2}\left(\sigma_x - \sigma_y\right) = r\,\cos 2\varphi^*\,, \quad \tau_{xy} = r\,\sin 2\varphi^*.$$

Wenn man dies in die Transformationsgleichungen für σ_ξ und σ_η einsetzt, erhält man

$$\sigma_\xi = \frac{1}{2}(\sigma_x + \sigma_y) + r\,\cos 2\varphi^*\cos 2\varphi + r\,\sin 2\varphi^*\sin 2\varphi$$

$$= \frac{1}{2}(\sigma_x + \sigma_y) + r\,\cos\left(2\varphi^* - 2\varphi\right),$$

$$\tau_{\xi\eta} = -r\,\cos 2\varphi^*\sin 2\varphi + r\,\sin 2\varphi^*\cos 2\varphi$$

$$= r\,\sin\left(2\varphi^* - 2\varphi\right).$$

Dies kann man aber auch aus Abb. 2.7b ablesen, d. h. der Mohrsche Kreis ist die geometrische Darstellung der Transformationsgleichungen.

Wenn man den Mohrschen Kreis zur Lösung von Problemen anwenden will, so müssen drei Bestimmungsstücke gegeben sein (zum Beispiel σ_x, τ_{xy}, σ_1). Bei grafischen Lösungen ist dabei ein Maßstab für die Spannungen zu wählen.

Wir betrachten abschließend noch drei Sonderfälle. Bei **einachsigem Zug** (Abb. 2.8a) gilt $\sigma_x = \sigma_0 > 0$, $\sigma_y = 0$, $\tau_{xy} = 0$. Da die Schubspannung Null ist, sind $\sigma_1 = \sigma_x = \sigma_0$ und $\sigma_2 = \sigma_y = 0$ die Hauptspannungen. Der Mohrsche Kreis tangiert die τ-Achse und liegt rechts von ihr. Die maximale Schubspannung $\tau_{\max} = \sigma_0/2$ tritt in Schnitten unter 45° zur x-Achse auf (vgl. auch Abschn. 1.1).

Liegt ein Spannungszustand mit $\sigma_x = 0$, $\sigma_y = 0$ und $\tau_{xy} = \tau_0$ vor, so spricht man von **reinem Schub**. Dann fällt wegen $\sigma_M = 0$ der Mittelpunkt des Mohrschen Kreises mit dem Ursprung des Koordinatensystems zusammen (Abb. 2.8b). Die Hauptspannungen sind $\sigma_1 = \tau_0$ und $\sigma_2 = -\tau_0$; sie treten in Schnitten unter 45° zur x-Achse auf.

Im Falle eines **hydrostatischen Spannungszustandes** gilt $\sigma_x = \sigma_y = \sigma_0$ und $\tau_{xy} = 0$. Dann entartet der Mohrsche Spannungskreis zu einem Punkt auf der σ-Achse (Abb. 2.8c). Die Normalspannungen haben für alle Schnittrichtungen den gleichen Wert $\sigma_\xi = \sigma_\eta = \sigma_0$, und die Schubspannungen verschwinden (vgl. Abschn. 2.2.1).

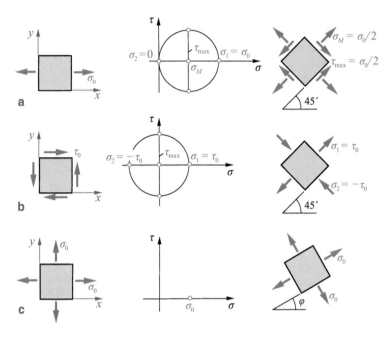

Abb. 2.8 Sonderfälle

Beispiel 2.2

Ein ebener Spannungszustand ist durch $\sigma_x = 50\,\text{MPa}$, $\sigma_y = -20\,\text{MPa}$ und $\tau_{xy} = 30\,\text{MPa}$ gegeben.
Man bestimme mit Hilfe eines Mohrschen Kreises

a) die Hauptspannungen und die Hauptrichtungen,
b) die Normal- und die Schubspannung in einer Schnittfläche, deren Normale den Winkel $\varphi = 30°$ mit der x-Achse bildet.

Die Ergebnisse sind in Schnittbildern zu skizzieren.

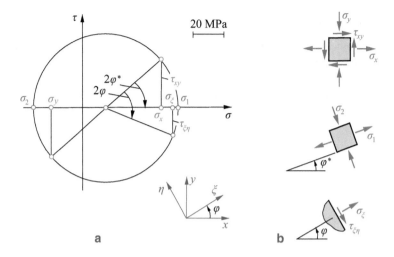

a   b

Lösung

a) Aus den gegebenen Spannungen kann nach Festlegung eines Maßstabs der Mohrsche Kreis konstruiert werden (die gegebenen Spannungen sind in Bild a durch grüne Kreise markiert). Die Hauptspannungen und die Hauptrichtungen lassen sich daraus direkt ablesen:

$$\underline{\underline{\sigma_1 = 61\,\text{MPa}}}, \quad \underline{\underline{\sigma_2 = -31\,\text{MPa}}}, \quad \underline{\underline{\varphi^* = 20°}}.$$

b) Zur Bestimmung der Spannungen in der gedrehten Schnittfläche führen wir ein ξ, η-Koordinatensystem ein, dessen ξ-Achse mit der Normalen zusammenfällt. Die gesuchten Spannungen σ_ξ und $\tau_{\xi\eta}$ erhalten wir, wenn wir im Mohrschen Kreis den Winkel 2φ entgegengesetzt zur Richtung von φ antragen. Wir lesen ab:

$$\underline{\underline{\sigma_\xi = 58{,}5\,\text{MPa}}}, \quad \underline{\underline{\tau_{\xi\eta} = -15{,}5\,\text{MPa}}}.$$

Die Spannungen mit ihren wirklichen Richtungen und die zugehörigen Schnitte sind in Bild b veranschaulicht. ◄

Beispiel 2.3

Von einem ebenen Spannungszustand sind die beiden Hauptspannungen $\sigma_1 = 40\,\text{MPa}$ und $\sigma_2 = -20\,\text{MPa}$ gegeben.

Welche Lage hat ein x, y-Koordinatensystem, in dem $\sigma_x = 0$ und $\tau_{xy} > 0$ ist in Bezug auf die Hauptachsen, und wie groß sind σ_y und τ_{xy}?

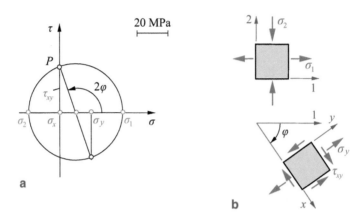

a

b

Lösung Mit den gegebenen Hauptspannungen σ_1 und σ_2 lässt sich der Mohrsche Kreis maßstäblich zeichnen (Bild a). Aus ihm kann die Lage des gesuchten x, y-Systems entnommen werden: dem Winkel 2φ entgegen dem Uhrzeigersinn (vom Punkt σ_1 zum Punkt P) im Mohrschen Kreis entspricht der Winkel φ im Uhrzeigersinn zwischen der 1-Achse und der x-Achse. Wir lesen für den Winkel und die gesuchten Spannungen ab:

$$2\varphi = 110° \quad \rightarrow \quad \underline{\underline{\varphi = 55°}}, \quad \underline{\underline{\sigma_y = 20\,\text{MPa}}}, \quad \underline{\underline{\tau_{xy} = 28\,\text{MPa}}}.$$

Die Spannungen und die Koordinatensysteme sind in Bild b skizziert. ◄

2.2.4 Dünnwandiger Kessel

Als Anwendungsbeispiel für den ebenen Spannungszustand betrachten wir nun einen *dünnwandigen*, zylindrischen Kessel (Abb. 2.9a) mit dem Radius r und der Wandstärke t. Er stehe unter einem Innendruck p. Der Innendruck verursacht in der Wand des Kessels Spannungen (Abb. 2.9b), die wir ermitteln wollen.

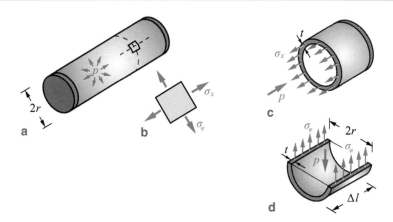

Abb. 2.9 Dünnwandiger zylindrischer Kessel

In hinreichender Entfernung von den Deckeln ist der Spannungszustand unabhängig vom Ort (homogen). Wegen $t \ll r$ dürfen die Spannungen in radialer Richtung vernachlässigt werden. In der Mantelfläche des Kessels liegt daher lokal näherungsweise ein ebener Spannungszustand vor (das Element nach Abb. 2.9b ist zwar gekrümmt, es wird aber durch ein Element in der Tangentialebene ersetzt). Der Spannungszustand kann durch die Spannungen in zwei zueinander senkrechten Schnitten beschrieben werden.

Zuerst schneiden wir den Kessel senkrecht zu seiner Achse (Abb. 2.9c). Da der Druck im Gas überall gleich ist, herrscht auch auf der gesamten Schnittfläche πr^2 der Druck p. Nehmen wir an, dass die Längsspannung σ_x wegen $t \ll r$ über die Wanddicke gleichförmig verteilt ist, so liefert das Kräftegleichgewicht (Abb. 2.9c)

$$\sigma_x 2 \pi r t - p \pi r^2 = 0$$

bzw.

$$\sigma_x = \frac{1}{2} p \frac{r}{t}. \qquad (2.18)$$

Wir schneiden nun ein Halbkreisrohr der Länge Δl gemäß Abb. 2.9d aus dem Kessel. In den horizontalen Schnittflächen wirken die Umfangsspannungen σ_φ, die über die Dicke ebenfalls konstant sind. Mit der vom Gas auf das Halbkreisrohr ausgeübten Kraft $p\,2\,r\Delta l$ liefert dann die Gleichgewichtsbedingung in vertikaler Richtung

$$2\sigma_\varphi\,t\,\Delta l - p\,2\,r\Delta l = 0$$

bzw.

$$\sigma_\varphi = p\,\frac{r}{t}. \tag{2.19}$$

Wir erkennen, dass die Umfangsspannung σ_φ doppelt so groß ist wie die Längsspannung σ_x. Dies ist der Grund weshalb zylindrische Kessel unter Innendruck in der Regel durch Rissbildung in Längsrichtung versagen. Ein einfaches Beispiel ist ein zu lange gekochtes Wiener Würstchen, das in Längsrichtung platzt.

Die beiden Gleichungen (2.18) und (2.19) für σ_x und σ_φ werden **Kesselformeln** genannt. Wegen $t \ll r$ gilt nach (2.18) bzw. (2.19) für die Spannungen $\sigma_x, \sigma_\varphi \gg p$. Daher ist die zu Beginn dieses Abschnittes getroffene Annahme gerechtfertigt, dass die Spannungen σ_r in radialer Richtung vernachlässigt werden dürfen ($|\sigma_r| \leq p$). Ein Kessel kann als *dünnwandig* angesehen werden, wenn gilt $r > 5t$.

Die Kesselformeln sind auch bei Kesseln unter Außendruck anwendbar. Dann muss nur das Vorzeichen von p geändert werden: in der Kesselwand herrschen Druckspannungen.

Da in beiden Schnitten keine Schubspannungen auftreten (Symmetrie), sind die Spannungen σ_x und σ_φ Hauptspannungen: $\sigma_1 = \sigma_\varphi = p\,r/t, \sigma_2 = \sigma_x = p\,r/(2t)$. Die maximale Schubspannung folgt nach (2.12b) zu

$$\tau_{\max} = \frac{1}{2}(\sigma_1 - \sigma_2) = \frac{1}{4}\,p\,\frac{r}{t}\,;$$

sie wirkt in Schnitten unter 45°. Es sei angemerkt, dass in der Nähe der Deckel kompliziertere Spannungszustände herrschen, die einer elementaren Behandlung nicht zugänglich sind.

Bei einem dünnwandigen, kugelförmigen Kessel vom Radius r (Abb. 2.10a) treten unter einem Innendruck p die Spannungen σ_t und σ_φ in der Kesselwand auf (Abb. 2.10b). Wenn wir den Kessel durch einen Schnitt nach Abb. 2.10c halbieren, so erhalten wir aus der Gleichgewichtsbedingung

$$\sigma_t\,2\,\pi\,r\,t - p\,\pi\,r^2 = 0 \quad \rightarrow \quad \sigma_t = \frac{1}{2}\,p\,\frac{r}{t}.$$

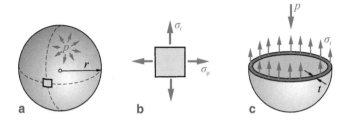

Abb. 2.10 Dünnwandiger kugelförmiger Kessel

Ein dazu senkrechter Schnitt liefert entsprechend

$$\sigma_\varphi \, 2 \, \pi \, r \, t - p \, \pi \, r^2 = 0 \quad \rightarrow \quad \sigma_\varphi = \frac{1}{2} \, p \, \frac{r}{t} \, .$$

Demnach gilt

$$\sigma_t = \sigma_\varphi = \frac{1}{2} \, p \, \frac{r}{t} \, . \tag{2.20}$$

Bei einem kugelförmigen, dünnwandigen Kessel wirkt daher in der Kesselwand in jeder beliebigen Richtung eine Spannung der Größe $p \, r / (2 \, t)$.

2.3 Gleichgewichtsbedingungen

Nach Abschn. 2.1 wird der Spannungszustand in einem Punkt eines Körpers durch den Spannungstensor beschrieben. Die Komponenten des Spannungstensors sind in Abb. 2.2a veranschaulicht. Sie sind im allgemeinen nicht unabhängig voneinander, sondern durch die *Gleichgewichtsbedingungen* miteinander verknüpft.

Zur Herleitung dieser Bedingungen betrachten wir zunächst in Abb. 2.11 ein aus einer Scheibe (Dicke t) herausgeschnittenes Element mit den zugehörigen Spannungen (ebener Spannungszustand). Da die Spannungen im allgemeinen von x und y abhängen, sind sie auf gegenüberliegenden Flächen nicht gleich groß; sie unterscheiden sich durch infinitesimale Zuwächse. So wirkt zum Beispiel auf der linken Schnittfläche die Normalspannung σ_x und auf der rechten Fläche die Spannung $\sigma_x + \frac{\partial \sigma_x}{\partial x} \, dx$ (erste Glieder der Taylor-Reihe, vgl. auch Abschn. 3.1). Das Symbol

Abb. 2.11 Gleichgewicht
am Element

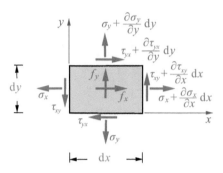

$\partial/\partial x$ kennzeichnet die partielle Ableitung nach x. Außerdem wird das Element
durch die Volumenkraft f mit den Komponenten f_x und f_y belastet.
Das Kräftegleichgewicht in x-Richtung liefert

$$-\sigma_x \, \mathrm{d}y \, t - \tau_{yx} \, \mathrm{d}x \, t + \left(\sigma_x + \frac{\partial \sigma_x}{\partial x} \, \mathrm{d}x\right) \mathrm{d}y \, t$$

$$+ \left(\tau_{yx} + \frac{\partial \tau_{yx}}{\partial y} \, \mathrm{d}y\right) \mathrm{d}x \, t + f_x \, \mathrm{d}x \, \mathrm{d}y \, t = 0$$

bzw.

$$\frac{\partial \sigma_x}{\partial x} + \frac{\partial \tau_{yx}}{\partial y} + f_x = 0 \,. \tag{2.21a}$$

Entsprechend erhält man aus dem Kräftegleichgewicht in y- Richtung

$$\frac{\partial \tau_{xy}}{\partial x} + \frac{\partial \sigma_y}{\partial y} + f_y = 0 \,. \tag{2.21b}$$

Die Gleichungen (2.21a), (2.21b) heißen **Gleichgewichtsbedingungen**. Sie
sind *zwei* gekoppelte partielle Differentialgleichungen für die *drei* Komponenten
σ_x, σ_y und $\tau_{xy} = \tau_{yx}$ des Spannungstensors (*ebener* Spannungszustand). Aus

ihnen kann der Spannungszustand nicht eindeutig ermittelt werden: das Problem
ist statisch unbestimmt.

Für einen *räumlichen* Spannungszustand erhält man entsprechend die Gleichgewichtsbedingungen

$$\frac{\partial \sigma_x}{\partial x} + \frac{\partial \tau_{yx}}{\partial y} + \frac{\partial \tau_{zx}}{\partial z} + f_x = 0 \,,$$

$$\frac{\partial \tau_{xy}}{\partial x} + \frac{\partial \sigma_y}{\partial y} + \frac{\partial \tau_{zy}}{\partial z} + f_y = 0 \,, \qquad (2.22)$$

$$\frac{\partial \tau_{xz}}{\partial x} + \frac{\partial \tau_{yz}}{\partial y} + \frac{\partial \sigma_z}{\partial z} + f_z = 0 \,.$$

Dies sind drei gekoppelte partielle Differentialgleichungen für die sechs Komponenten des Spannungstensors.

Bei einem *homogenen* Spannungszustand sind die Komponenten des Spannungstensors konstant. Dann verschwinden alle partiellen Ableitungen in (2.21a),
(2.21b) bzw. (2.22). Die Gleichgewichtsbedingungen sind in diesem Fall nur dann
erfüllt, wenn $f_x = f_y = f_z = 0$ gilt. Daher ist ein homogener Spannungszustand
unter der Wirkung von Volumenkräften (bzw. von Massenkräften) nicht möglich.

Es sei angemerkt, dass aus dem Momentengleichgewicht am Element auch bei
Berücksichtigung der Spannungszuwächse die Symmetrie des Spannungstensors
folgt (vgl. Abschn. 2.1).

Zusammenfassung

- Der Spannungszustand in einem Punkt eines Körpers ist durch den Spannungstensor $\boldsymbol{\sigma}$ gegeben. Er hat im räumlichen Fall 3×3 Komponenten (beachte Symmetrie). Im ebenen Spannungszustand (ESZ) reduziert er sich auf

$$\boldsymbol{\sigma} = \begin{bmatrix} \sigma_x & \tau_{xy} \\ \tau_{yx} & \sigma_y \end{bmatrix} \quad \text{mit} \quad \tau_{xy} = \tau_{yx}\,.$$

- Vorzeichenkonvention: positive Spannungen zeigen an einem positiven (negativen) Schnittufer in positive (negative) Koordinatenrichtungen.
- Transformationsbeziehungen (ESZ):

$$\sigma_\xi = \frac{1}{2}(\sigma_x + \sigma_y) + \frac{1}{2}(\sigma_x - \sigma_y)\cos 2\varphi + \tau_{xy} \sin 2\varphi\,,$$

$$\sigma_\eta = \frac{1}{2}(\sigma_x + \sigma_y) - \frac{1}{2}(\sigma_x - \sigma_y)\cos 2\varphi - \tau_{xy} \sin 2\varphi\,,$$

$$\tau_{\xi\eta} = -\frac{1}{2}(\sigma_x - \sigma_y)\sin 2\varphi + \tau_{xy} \cos 2\varphi\,.$$

Die Achsen ξ, η sind zu x, y um den Winkel φ gedreht.
- Hauptspannungen und -richtungen (ESZ):

$$\sigma_{1,2} = \frac{1}{2}(\sigma_x + \sigma_y) \pm \sqrt{\frac{1}{4}(\sigma_x - \sigma_y)^2 + \tau_{xy}^2}\,,$$

$$\tan 2\varphi^* = \frac{2\tau_{xy}}{\sigma_x - \sigma_y} \quad \rightarrow \quad \varphi_1^*,\ \varphi_2^* = \varphi_1^* \pm \pi/2\,.$$

Hauptspannungen sind extremale Spannungen; in den zugehörigen Schnitten sind die Schubspannungen Null.
- Maximale Schubspannungen und ihre Richtungen (ESZ):

$$\tau_{\max} = \sqrt{\frac{1}{4}(\sigma_x - \sigma_y)^2 + \tau_{xy}^2}\,, \quad \varphi^{**} = \varphi^* \pm \pi/4\,.$$

- Der Mohrsche Kreis erlaubt die geometrische Darstellung der Koordinatentransformation.
- Gleichgewichtsbedingungen für die Spannungen (ESZ):

$$\frac{\partial \sigma_x}{\partial x} + \frac{\partial \tau_{yx}}{\partial y} + f_x = 0\,, \quad \frac{\partial \tau_{xy}}{\partial x} + \frac{\partial \sigma_y}{\partial y} + f_y = 0\,.$$

Im räumlichen Fall gibt es drei Gleichgewichtsbedingungen.

Verzerrungszustand, Elastizitätsgesetz   3

Inhaltsverzeichnis

► **Lernziele** Die Deformation eines Stabes haben wir im ersten Kapitel durch die Dehnung und die Verschiebung beschrieben. Wir wollen diese kinematischen Größen jetzt auf den räumlichen Fall verallgemeinern. Zu diesem Zweck führen wir neben dem **Verschiebungsvektor** den **Verzerrungstensor** ein, durch welchen Längen- und Winkeländerungen beschrieben werden. Daneben werden wir das bereits bekannte eindimensionale Hookesche Gesetz auf den zwei- bzw. den dreidimensionalen Fall erweitern. Schließlich lernen wir Hypothesen kennen, mit deren Hilfe man bei einem räumlichen Spannungszustand die Beanspruchung des Materials beurteilen kann. Die Studierenden sollen lernen, wie man aus den Deformationsgrößen die Spannungen – und umgekehrt – bestimmen kann.

© Springer-Verlag GmbH Deutschland, ein Teil von Springer Nature 2021   61
D. Gross et al., *Technische Mechanik 2*, https://doi.org/10.1007/978-3-662-61862-2_3

3.1 Verzerrungszustand

Bei der einachsigen Deformation eines Zugstabes wurden als kinematische Größen die Verschiebung u und die Dehnung $\varepsilon = du/dx$ eingeführt (Abschn. 1.2).
Wir wollen nun untersuchen, wie man die Verformung von flächenförmigen oder
räumlich ausgedehnten Körpern beschreiben kann. Dabei beschränken wir uns zunächst auf Verformungen in der Ebene und betrachten hierzu eine Scheibe, in der
zwei gegeneinander geneigte Quadrate ① und ② markiert sind (Abb. 3.1). Wenn
die Scheibe z. B. durch eine Normalspannung σ beansprucht wird, dann erfährt
ein Punkt P eine Verschiebung $\boldsymbol{u}$ aus seiner ursprünglichen Lage in eine neue Lage P'. Der **Verschiebungsvektor** $\boldsymbol{u}$ ist ortsabhängig. Daher ändern sich bei der
Verschiebung die Seitenlängen (Quadrat ①) bzw. die Seitenlängen und die Winkel
(Quadrat ②).

Im folgenden betrachten wir die Änderungen der Seitenlängen und der Winkel.
Dabei beschränken wir uns auf *kleine* Deformationen. Abb. 3.2 zeigt ein infini-
tesimales Rechteck $PQRS$ mit den Seitenlängen dx und dy im undeformierten
Zustand. Bei der Verformung geht es in die neue Lage $P'Q'R'S'$ über. Der Verschiebungsvektor $\boldsymbol{u}(x, y)$ des Punktes $P(x, y)$ hat die Komponenten $u(x, y)$ bzw.
$v(x, y)$ in x- bzw. in y-Richtung. Die Verschiebung eines zu P benachbarten
Punktes kann mit Hilfe von Taylor-Reihen bestimmt werden. Für die von den beiden Variablen x und y abhängigen Funktionen u und v gilt dann

$$u(x + dx, y + dy) = u(x, y) + \frac{\partial u(x, y)}{\partial x}dx + \frac{\partial u(x, y)}{\partial y}dy + \dots ,$$

$$v(x + dx, y + dy) = v(x, y) + \frac{\partial v(x, y)}{\partial x}dx + \frac{\partial v(x, y)}{\partial y}dy + \dots .$$

Dabei kennzeichnen $\partial/\partial x$ bzw. $\partial/\partial y$ die partiellen Ableitungen nach den Variablen x bzw. y.

Die Reihen vereinfachen sich für die Punkte Q und S. Da sich beim Fortschrei-
ten von P nach Q die y-Koordinate nicht ändert ($dy = 0$), verschiebt sich der

Abb. 3.1 Deformierte
Scheibe

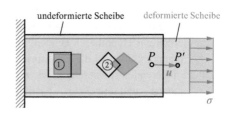

Abb. 3.2 Verschiebungen der Eckpunkte eines infinitesimalen Rechtecks

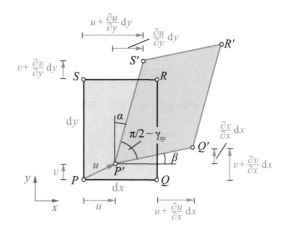

Punkt Q bei Vernachlässigung von Gliedern höherer Ordnung um $u + \partial u/\partial x\, dx$ bzw. $v + \partial v/\partial x\, dx$ in x- bzw. in y-Richtung (Abb. 3.2). Entsprechend erhalten wir für den Punkt S wegen $dx = 0$ die Verschiebungskomponenten $u + \partial u/\partial y\, dy$ bzw. $v + \partial v/\partial y\, dy$.

Bei der Verformung geht die Strecke $\overline{PQ}$ in die Strecke $\overline{P'Q'}$ über. Da wir uns auf kleine Deformationen ($\beta \ll 1$) beschränken, ist die Länge von $\overline{P'Q'}$ näherungsweise gleich der Länge der Projektion auf die x-Achse (Abb. 3.2):

$$\overline{P'Q'} \approx dx + \left(u + \frac{\partial u}{\partial x}\, dx\right) - u = dx + \frac{\partial u}{\partial x}\, dx\,.$$

Wenn wir analog zu Abschn. 1.2 die **Dehnung** ε_x in x-Richtung als das Verhältnis von Längenänderung zu Ausgangslänge einführen, so erhalten wir

$$\varepsilon_x = \frac{\overline{P'Q'} - \overline{PQ}}{\overline{PQ}} = \frac{\left(dx + \frac{\partial u}{\partial x}\, dx\right) - dx}{dx} = \frac{\partial u}{\partial x}\,.$$

Entsprechend geht die Strecke $\overline{PS}$ in die Strecke

$$\overline{P'S'} \approx dy + \left(v + \frac{\partial v}{\partial y}\, dy\right) - v = dy + \frac{\partial v}{\partial y}\, dy$$

über. Die Dehnung ε_y in y-Richtung ist dann durch

$$\varepsilon_y = \frac{\overline{P'S'} - \overline{PS}}{\overline{PS}} = \frac{\left(\mathrm{d}y + \frac{\partial v}{\partial y}\,\mathrm{d}y\right) - \mathrm{d}y}{\mathrm{d}y} = \frac{\partial v}{\partial y}$$

gegeben. Demnach gibt es in einer Scheibe die beiden Dehnungen

$$\varepsilon_x = \frac{\partial u}{\partial x}, \quad \varepsilon_y = \frac{\partial v}{\partial y}. \tag{3.1}$$

Die Änderung des ursprünglich rechten Winkels bei der Verformung ist nach Abb. 3.2 durch α und β gegeben. Wir lesen ab:

$$\tan \alpha = \frac{\frac{\partial u}{\partial y}\,\mathrm{d}y}{\mathrm{d}y + \frac{\partial v}{\partial y}\,\mathrm{d}y}, \quad \tan \beta = \frac{\frac{\partial v}{\partial x}\,\mathrm{d}x}{\mathrm{d}x + \frac{\partial u}{\partial x}\,\mathrm{d}x}.$$

Wegen der Beschränkung auf kleine Deformationen wird daraus bei Vernachlässigung der zweiten Terme in den Nennern ($\varepsilon_x, \varepsilon_y \ll 1$)

$$\alpha = \frac{\partial u}{\partial y}, \quad \beta = \frac{\partial v}{\partial x}.$$

Bezeichnen wir die gesamte Winkeländerung mit γ_{xy}, dann erhalten wir

$$\gamma_{xy} = \alpha + \beta$$

oder

$$\gamma_{xy} = \frac{\partial u}{\partial y} + \frac{\partial v}{\partial x}. \tag{3.2}$$

Die Größe γ wird **Gleitung** oder **Scherung (Winkelverzerrung)** genannt; die Indizes x und y geben an, dass γ_{xy} die Winkeländerung in der x, y-Ebene beschreibt. Vertauscht man x mit y und u mit v, so erkennt man: $\gamma_{yx} = \gamma_{xy}$.

Unter **Verzerrungen** versteht man sowohl die Dehnungen als auch die Gleitungen. Sie sind durch die **kinematischen Beziehungen** (3.1) und (3.2) mit den Verschiebungen verknüpft. Wenn die Verschiebungen gegeben sind, können die Verzerrungen nach (3.1) und (3.2) durch Differenzieren berechnet werden.

Durch ε_x, ε_y und γ_{xy} ist der **ebene Verzerrungszustand** im Punkt P festgelegt. Man kann zeigen, dass die Dehnungen ε_x und ε_y sowie die *halbe* Winkeländerung $\varepsilon_{xy} = \gamma_{xy}/2$ Komponenten eines symmetrischen Tensors $\boldsymbol{\varepsilon}$ sind. Dieser Tensor heißt **Verzerrungstensor**; er lässt sich als Matrix schreiben:

$$\boldsymbol{\varepsilon} = \begin{bmatrix} \varepsilon_x & \varepsilon_{xy} \\ \varepsilon_{yx} & \varepsilon_y \end{bmatrix} = \begin{bmatrix} \varepsilon_x & \frac{1}{2}\gamma_{xy} \\ \frac{1}{2}\gamma_{xy} & \varepsilon_y \end{bmatrix} .$$

Die Hauptdiagonale wird von den Dehnungen gebildet, in der Nebendiagonalen stehen die halben Gleitungen.

Die in Abschn. 2.2 angegebenen Eigenschaften des Spannungstensors bei einem ebenen Spannungszustand können sinngemäß auf den Verzerrungstensor übertragen werden. Wir erhalten die Komponenten ε_ξ, ε_η und $\varepsilon_{\xi\eta} = \gamma_{\xi\eta}/2$ in einem um den Winkel φ (positiv entgegen dem Uhrzeigersinn) gedrehten ξ, η-Koordinatensystem aus den Komponenten ε_x, ε_y und $\gamma_{xy}/2$ mit Hilfe der Transformationsbeziehungen (2.6). Dabei sind die Spannungen durch die Verzerrungen zu ersetzen:

$$\varepsilon_\xi = \frac{1}{2}(\varepsilon_x + \varepsilon_y) + \frac{1}{2}(\varepsilon_x - \varepsilon_y)\cos 2\varphi + \frac{1}{2}\gamma_{xy}\sin 2\varphi ,$$

$$\varepsilon_\eta = \frac{1}{2}(\varepsilon_x + \varepsilon_y) - \frac{1}{2}(\varepsilon_x - \varepsilon_y)\cos 2\varphi - \frac{1}{2}\gamma_{xy}\sin 2\varphi , \qquad (3.3)$$

$$\frac{1}{2}\gamma_{\xi\eta} = \qquad\qquad -\frac{1}{2}(\varepsilon_x - \varepsilon_y)\sin 2\varphi + \frac{1}{2}\gamma_{xy}\cos 2\varphi .$$

Der Verzerrungstensor hat (wie der Spannungstensor) zwei senkrecht aufeinander stehende Hauptrichtungen, die sich in Analogie zu (2.8) aus der folgenden Gleichung bestimmen lassen:

$$\tan 2\varphi^* = \frac{\gamma_{xy}}{\varepsilon_x - \varepsilon_y} . \qquad (3.4)$$

Die Hauptdehnungen ε_1 und ε_2 lauten (vgl. (2.10))

$$\varepsilon_{1,2} = \frac{\varepsilon_x + \varepsilon_y}{2} \pm \sqrt{\left(\frac{\varepsilon_x - \varepsilon_y}{2}\right)^2 + \left(\frac{1}{2}\gamma_{xy}\right)^2}. \tag{3.5}$$

Analog zum Mohrschen Spannungskreis kann man einen **Mohrschen Verzerrungskreis** einführen. Dabei sind die Spannungen σ und τ durch die Verzerrungen ε und $\gamma/2$ zu ersetzen.

Ein *räumlicher* Verformungszustand kann durch die Änderungen der Kantenlängen und der Winkel infinitesimaler Quader beschrieben werden. Der Verschiebungsvektor $\boldsymbol{u}$ hat im Raum die Komponenten u, v und w. Dabei hängen die Verschiebungen jetzt von den drei Koordinaten x, y und z ab. Aus ihnen lassen sich die Dehnungen

$$\varepsilon_x = \frac{\partial u}{\partial x}, \quad \varepsilon_y = \frac{\partial v}{\partial y}, \quad \varepsilon_z = \frac{\partial w}{\partial z} \tag{3.6a}$$

sowie die Gleitungen

$$\gamma_{xy} = \frac{\partial u}{\partial y} + \frac{\partial v}{\partial x}, \quad \gamma_{xz} = \frac{\partial u}{\partial z} + \frac{\partial w}{\partial x}, \quad \gamma_{yz} = \frac{\partial v}{\partial z} + \frac{\partial w}{\partial y} \tag{3.6b}$$

bestimmen. Sie bilden die Komponenten des symmetrischen Verzerrungstensors $\boldsymbol{\varepsilon}$ und können wie der Spannungstensor (2.4) in einer Matrix angeordnet werden:

$$\boldsymbol{\varepsilon} = \begin{bmatrix} \varepsilon_x & \varepsilon_{xy} & \varepsilon_{xz} \\ \varepsilon_{yx} & \varepsilon_y & \varepsilon_{yz} \\ \varepsilon_{zx} & \varepsilon_{zy} & \varepsilon_z \end{bmatrix} = \begin{bmatrix} \varepsilon_x & \frac{1}{2}\gamma_{xy} & \frac{1}{2}\gamma_{xz} \\ \frac{1}{2}\gamma_{xy} & \varepsilon_y & \frac{1}{2}\gamma_{yz} \\ \frac{1}{2}\gamma_{xz} & \frac{1}{2}\gamma_{yz} & \varepsilon_z \end{bmatrix}. \tag{3.7}$$

Die Hauptdiagonale wird dabei von den Dehnungen gebildet; die übrigen Elemente sind die halben Gleitungen.

Es sei darauf hingewiesen, dass man die zweiten und die dritten Gleichungen in (3.6a) und (3.6b) aus der jeweils ersten auch einfach durch *zyklische Vertauschung* erhalten kann (man ersetzt dabei x durch y, y durch z und z durch x sowie u durch v, v durch w und w durch u).

3.2 Elastizitätsgesetz

Die Verzerrungen in einem Bauteil sind von der Belastung und damit von den Spannungen abhängig. Nach Kap. 1 sind Spannungen und Verzerrungen durch das Elastizitätsgesetz verknüpft. Es hat im einachsigen Fall (Stab) die Form $\sigma = E\,\varepsilon$, wobei E der Elastizitätsmodul ist.

Wir wollen nun das Elastizitätsgesetz für den ebenen Spannungszustand angeben. Dabei beschränken wir uns auf Werkstoffe, die **homogen** und **isotrop** sind. Ein homogener Werkstoff hat an jeder Stelle die gleichen Eigenschaften; bei einem isotropen Werkstoff sind die Eigenschaften in allen Richtungen gleich. Ein Beispiel für ein *anisotropes* Material ist Holz: durch die Faserung sind die Steifigkeiten in verschiedenen Richtungen unterschiedlich.

Zur Herleitung des Elastizitätsgesetzes betrachten wir ein aus einer Scheibe herausgeschnittenes Rechteck, in dem nach Abb. 3.3 nur eine Normalspannung σ_x wirkt. Dann gilt entsprechend (1.8)

$$\varepsilon_x = \frac{1}{E}\,\sigma_x \,.$$

Messungen zeigen, dass die Spannung σ_x nicht nur eine Vergrößerung der Länge, sondern gleichzeitig eine Verkleinerung der Breite des Rechtecks bewirkt. Daher tritt auch eine Dehnung ε_y in y-Richtung auf. Diesen Vorgang nennt man **Querkontraktion**. Der Betrag der Querdehnung ε_y ist proportional zur Längsdehnung ε_x; es gilt:

$$\varepsilon_y = -\nu\,\varepsilon_x \,. \tag{3.8}$$

Der dimensionslose Faktor ν heißt **Querkontraktionszahl** oder nach Siméon Denis Poisson (1781–1840) **Poissonsche Zahl**. Diese Zahl ist eine Materialkonstante und aus Experimenten zu bestimmen. Für die meisten metallischen Werkstoffe gilt $\nu \approx 0{,}3$.

Die Spannung σ_x verursacht demnach die Dehnungen $\varepsilon_x = \sigma_x/E$ und $\varepsilon_y = -\nu\,\sigma_x/E$. Entsprechend erzeugt eine Spannung σ_y die Dehnungen $\varepsilon_x = -\nu\,\sigma_y/E$

Abb. 3.3 Zur Herleitung des Elastizitätsgesetzes

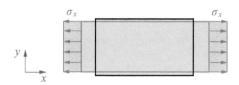

Abb. 3.4 Durch Schub-
spannungen belastete
Scheibe

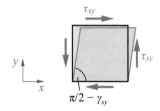

und $\varepsilon_y = \sigma_y/E$. Wirken sowohl σ_x als auch σ_y, so erhalten wir die gesamten Dehnungen durch Superposition:

$$\varepsilon_x = \frac{1}{E}(\sigma_x - \nu\,\sigma_y)\,, \quad \varepsilon_y = \frac{1}{E}(\sigma_y - \nu\,\sigma_x)\,. \tag{3.9}$$

Es sei angemerkt, dass die Spannungen σ_x und σ_y auch zu einer Querkontraktion in z-Richtung führen:

$$\varepsilon_z = -\frac{\nu}{E}\sigma_x - \frac{\nu}{E}\sigma_y = -\frac{\nu}{E}(\sigma_x + \sigma_y)\,.$$

Demnach ruft ein ebener Spannungszustand einen räumlichen Verzerrungszustand hervor. Da wir hier nur die Verformungen *in* der Ebene untersuchen, wird die Dehnung in z-Richtung im folgenden nicht mehr betrachtet.

Wenn man eine Scheibe (Abb. 3.4) nur durch Schubspannungen τ_{xy} belastet (reiner Schub), so stellt man im Experiment einen linearen Zusammenhang zwischen der Gleitung γ_{xy} und der Schubspannung τ_{xy} fest:

$$\tau_{xy} = G\,\gamma_{xy}\,. \tag{3.10}$$

Der Proportionalitätsfaktor G heißt **Schubmodul**. Er ist ein Materialparameter und kann experimentell in einem Schubversuch oder in einem Torsionsversuch ermittelt werden. Der Schubmodul G hat die gleiche Dimension wie der Elastizitätsmodul E, d. h. Kraft/Fläche, und er wird z. B. in N/mm^2 angegeben. Man kann zeigen, dass für isotrope elastische Werkstoffe nur *zwei unabhängige* Materialkonstanten existieren. Zwischen den drei Konstanten E, G und ν besteht der Zusammenhang

$$G = \frac{E}{2(1+\nu)}\,. \tag{3.11}$$

Die Beziehungen (3.9) und (3.10) stellen das **Hookesche Gesetz** für einen ebenen Spannungszustand dar:

$$\varepsilon_x = \frac{1}{E}(\sigma_x - \nu\,\sigma_y)\,,$$
$$\varepsilon_y = \frac{1}{E}(\sigma_y - \nu\,\sigma_x)\,, \qquad (3.12a)$$
$$\gamma_{xy} = \frac{1}{G}\,\tau_{xy}\,.$$

Man kann (3.12a) nach den Spannungen auflösen und erhält

$$\sigma_x = \frac{E}{1-\nu^2}(\varepsilon_x + \nu\,\varepsilon_y)\,,$$
$$\sigma_y = \frac{E}{1-\nu^2}(\varepsilon_y + \nu\,\varepsilon_x)\,, \qquad (3.12b)$$
$$\tau_{xy} = G\,\gamma_{xy}\,.$$

Wenn man (3.12a) in (3.4) zur Bestimmung der Hauptrichtungen des Verzerrungstensors einsetzt, so erhält man mit (3.11)

$$\tan 2\,\varphi^* = \frac{\frac{1}{G}\,\tau_{xy}}{\frac{1}{E}(\sigma_x - \nu\,\sigma_y) - \frac{1}{E}(\sigma_y - \nu\,\sigma_x)} = \frac{E\,\tau_{xy}}{G(1+\nu)(\sigma_x - \sigma_y)}$$
$$= \frac{2\,\tau_{xy}}{\sigma_x - \sigma_y}\,.$$

Durch Vergleich mit (2.8) erkennt man, dass (bei einem isotropen elastischen Werkstoff) die Hauptrichtungen des Verzerrungstensors mit denen des Spannungstensors übereinstimmen.

Das Hookesche Gesetz (3.12a) bzw. (3.12b) gilt in jedem beliebigen kartesischen Koordinatensystem. Speziell in einem Hauptachsensystem lautet es

$$\varepsilon_1 = \frac{1}{E}(\sigma_1 - \nu\,\sigma_2)\,, \quad \varepsilon_2 = \frac{1}{E}(\sigma_2 - \nu\,\sigma_1)\,. \qquad (3.13)$$

Ohne auf die Herleitung einzugehen, wollen wir noch das Hookesche Gesetz im Raum angeben. Dabei sollen außerdem Temperaturänderungen berücksichtigt werden. Wie Experimente zeigen, führt eine Temperaturänderung ΔT bei isotropem Material nur zu Dehnungen:

$$\varepsilon_{xT} = \varepsilon_{yT} = \varepsilon_{zT} = \alpha_T \Delta T \, .$$

Winkeländerungen treten infolge ΔT nicht auf. Dann lautet das Hookesche Gesetz in Verallgemeinerung von (3.12a)

$$\varepsilon_x = \frac{1}{E}[\sigma_x - \nu(\sigma_y + \sigma_z)] + \alpha_T \Delta T \, ,$$

$$\varepsilon_y = \frac{1}{E}[\sigma_y - \nu(\sigma_z + \sigma_x)] + \alpha_T \Delta T \, ,$$

$$\varepsilon_z = \frac{1}{E}[\sigma_z - \nu(\sigma_x + \sigma_y)] + \alpha_T \Delta T \, , \qquad (3.14)$$

$$\gamma_{xy} = \frac{1}{G}\tau_{xy} \, , \quad \gamma_{xz} = \frac{1}{G}\tau_{xz} \, , \quad \gamma_{yz} = \frac{1}{G}\tau_{yz} \, .$$

Beispiel 3.1

In einem Stahlblech wurden mit Hilfe einer Dehnungsmessstreifenrosette die Dehnungen $\varepsilon_a = 12 \cdot 10^{-4}$, $\varepsilon_b = 2 \cdot 10^{-4}$ und $\varepsilon_c = -2 \cdot 10^{-4}$ in den drei Richtungen a, b und c gemessen (Bild a).

Man bestimme die Hauptdehnungen, die Hauptspannungen und die Hauptrichtungen.

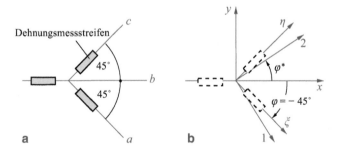

Lösung Wir führen die beiden Koordinatensysteme x, y und ξ, η nach Bild b ein. Mit dem Winkel $\varphi = -45°$ folgt aus den ersten zwei Transformationsgleichungen (3.3)

$$\varepsilon_\xi = \frac{1}{2}(\varepsilon_x + \varepsilon_y) - \frac{1}{2}\gamma_{xy}, \quad \varepsilon_\eta = \frac{1}{2}(\varepsilon_x + \varepsilon_y) + \frac{1}{2}\gamma_{xy}.$$

Addieren bzw. Subtrahieren liefert

$$\varepsilon_\xi + \varepsilon_\eta = \varepsilon_x + \varepsilon_y, \quad \varepsilon_\eta - \varepsilon_\xi = \gamma_{xy}.$$

Mit $\varepsilon_\xi = \varepsilon_a$, $\varepsilon_\eta = \varepsilon_c$ und $\varepsilon_x = \varepsilon_b$ folgen daraus

$$\varepsilon_y = \varepsilon_a + \varepsilon_c - \varepsilon_b = 8 \cdot 10^{-4}, \quad \gamma_{xy} = \varepsilon_c - \varepsilon_a = -14 \cdot 10^{-4}.$$

Die Hauptdehnungen und die Hauptrichtungen erhalten wir nach (3.5) und (3.4):

$$\varepsilon_{1,2} = (5 \pm \sqrt{9 + 49}) \cdot 10^{-4} \quad \rightarrow \quad \underline{\varepsilon_1 = 12{,}6 \cdot 10^{-4}}, \quad \underline{\varepsilon_2 = -2{,}6 \cdot 10^{-4}},$$

$$\tan 2\varphi^* = \frac{-14}{-6} = 2{,}33 \quad \rightarrow \quad \underline{\underline{\varphi^* = 33{,}4°}}.$$

Durch Einsetzen in (3.3) kann man feststellen, dass zu diesem Winkel die Hauptdehnung ε_2 gehört. Die Hauptachsen 1 und 2 sind in Bild b dargestellt. Auflösen von (3.13) nach den Spannungen liefert

$$\sigma_1 = \frac{E}{1 - \nu^2}(\varepsilon_1 + \nu\,\varepsilon_2), \quad \sigma_2 = \frac{E}{1 - \nu^2}(\varepsilon_2 + \nu\,\varepsilon_1).$$

Mit $E = 2{,}1 \cdot 10^5\,\mathrm{MPa}$ und $\nu = 0{,}3$ ergibt sich

$$\underline{\underline{\sigma_1 = 273\,\mathrm{MPa}}}, \quad \underline{\underline{\sigma_2 = 27\,\mathrm{MPa}}}. \quad \blacktriangleleft$$

Beispiel 3.2

Ein Stahlquader mit quadratischer Grundfläche ($h = 60\,\text{mm}$, $a = 40\,\text{mm}$) passt im unbelasteten Zustand genau in einen Hohlraum mit starren Wänden (Bild a). Wie ändert sich seine Höhe, wenn er

a) durch eine Kraft $F = 160\,\text{kN}$ belastet wird, oder
b) gleichmäßig um $\Delta T = 100\,°\text{C}$ erwärmt wird?

Dabei soll angenommen werden, dass die Kraft F gleichförmig über die Deckfläche verteilt wird und der Quader an den Seitenflächen reibungsfrei gleiten kann.

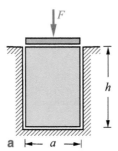
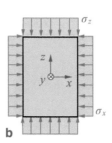

Lösung

a) Im Quader herrscht ein homogener, räumlicher Spannungszustand. Die von der Druckkraft F hervorgerufene Spannung σ_z in vertikaler Richtung (vgl. Bild b) ist bekannt:

$$\sigma_z = -\frac{F}{a^2}.$$

Da der Quader in x- und in y-Richtung keine Dehnungen erfahren kann, gilt

$$\varepsilon_x = \varepsilon_y = 0.$$

Wenn man dies in die ersten zwei Gleichungen des Hookeschen Gesetzes (3.14) einsetzt, so erhält man mit $\Delta T = 0$:

$$\begin{aligned}\sigma_x - \nu\,(\sigma_y + \sigma_z) &= 0 \\ \sigma_y - \nu\,(\sigma_z + \sigma_x) &= 0\end{aligned} \quad \rightarrow \quad \sigma_x = \sigma_y = \frac{\nu}{1 - \nu}\,\sigma_z.$$

Damit folgt aus der dritten Gleichung (3.14) die Dehnung in vertikaler Richtung:

$$\varepsilon_z = \frac{1}{E}[\sigma_z - \nu(\sigma_x + \sigma_y)] = \frac{\sigma_z}{E}\left(1 - \frac{2\nu^2}{1-\nu}\right) = -\frac{F}{a^2 E}\frac{(1+\nu)(1-2\nu)}{1-\nu}.$$

Die Dehnung ε_z ist konstant. Sie ist daher gleich der Höhenänderung Δh bezogen auf die Höhe h (vgl. Abschn. 1.2): $\varepsilon_z = \Delta h / h$. Daraus ergibt sich mit $E = 2,1 \cdot 10^5$ MPa und $\nu = 0,3$ die Höhenänderung

$$\underline{\underline{\Delta h}} = \varepsilon_z h = -\frac{F\,h}{a^2\,E}\frac{(1+\nu)(1-2\nu)}{1-\nu} = \underline{\underline{-0,02\,\text{mm}}}.$$

b) Nun werde der Quader um ΔT erwärmt, ohne dass auf der Deckfläche eine Druckkraft wirkt ($F = 0$). Dann verschwindet die Spannung in vertikaler Richtung:

$$\sigma_z = 0.$$

Da sich der Quader in x- und in y-Richtung nicht ausdehnen kann, gilt weiterhin $\varepsilon_x = \varepsilon_y = 0$. Die ersten zwei Gleichungen des Hookeschen Gesetzes (3.14) liefern nun

$$\begin{aligned}\sigma_x - \nu\,\sigma_y + E\,\alpha_T\,\Delta T = 0 \\ \sigma_y - \nu\,\sigma_x + E\,\alpha_T\,\Delta T = 0\end{aligned} \quad \rightarrow \quad \sigma_x = \sigma_y = -\frac{E\,\alpha_T\,\Delta T}{1-\nu}.$$

Damit folgt aus der dritten Gleichung (3.14) die Dehnung in vertikaler Richtung zu

$$\varepsilon_z = -\frac{\nu}{E}(\sigma_x + \sigma_y) + \alpha_T\,\Delta T = \frac{1+\nu}{1-\nu}\alpha_T\,\Delta T.$$

Dies ergibt mit $\alpha_T = 1,2 \cdot 10^{-5}/^\circ$C die Höhenänderung

$$\underline{\underline{\Delta h}} = \varepsilon_z\,h = \frac{1+\nu}{1-\nu}\alpha_T\,\Delta T\,h = \underline{\underline{0,13\,\text{mm}}}. \quad \blacktriangleleft$$

3.3 Festigkeitshypothesen

Für einen Stab unter Zugbelastung kann man aus dem Spannungs-Dehnungs-Diagramm entnehmen, bei welcher Spannung (oder Dehnung) ein Versagen der Tragfähigkeit des Stabes (zum Beispiel plastisches Fließen oder Bruch) eintritt. Um ein solches Versagen auszuschließen, führt man eine zulässige Spannung σ_{zul} ein und fordert, dass die Spannung σ im Stab nicht größer als σ_{zul} wird: $\sigma \leq \sigma_{\text{zul}}$ (vgl. Kap. 1).

In einem beliebigen Bauteil herrscht ein räumlicher Spannungszustand. Auch hier stellt sich die Frage, bei welcher Beanspruchung das Bauteil seine Tragfähigkeit verliert. Da es keine Versuchsanordnung gibt, mit der sich diese Frage allgemein beantworten lässt, stellt man mit Hilfe von theoretischen Überlegungen und speziellen Experimenten Hypothesen auf. Bei einer solchen **Festigkeitshypothese** berechnet man nach einer bestimmten Vorschrift aus den im Bauteil auftretenden Normal- und Schubspannungen eine Spannung σ_V. Diese Spannung soll, wenn man sie an einem Zugstab aufbringt, den Werkstoff genau so stark beanspruchen wie der gegebene räumliche Spannungszustand den betrachteten Körper. Man kann somit die Beanspruchung im Bauteil mit der in einem Zugstab vergleichen; aus diesem Grund heißt σ_V **Vergleichsspannung**. Damit das Bauteil seine Tragfähigkeit nicht verliert, darf daher die Vergleichsspannung nicht größer als die zulässige Spannung sein:

$$\sigma_V \leq \sigma_{\text{zul}} \, . \tag{3.15}$$

Wir wollen im folgenden drei verschiedene Festigkeitshypothesen angeben, wobei wir uns auf *ebene* Spannungszustände (ESZ) beschränken.

1) **Normalspannungshypothese**: Hier wird angenommen, dass für die Materialbeanspruchung die größte Normalspannung maßgeblich ist:

$$\sigma_V = \sigma_1 \, . \tag{3.16}$$

2) **Schubspannungshypothese**: Dieser Hypothese liegt die Annahme zugrunde, dass die Materialbeanspruchung durch die maximale Schubspannung charakterisiert werden kann. Nach (2.12b) ist im ebenen Zustand $\tau_{\max} = \frac{1}{2}(\sigma_1 - \sigma_2)$; in einem Zugstab, der durch σ_V belastet wird, ist die maximale Schubspannung nach (1.3) durch $\tau_{\max} = \frac{1}{2}\sigma_V$ gegeben. Gleichsetzen liefert

$$\tau_{\max} = \frac{1}{2}(\sigma_1 - \sigma_2) = \frac{1}{2}\sigma_V \quad \rightarrow \quad \sigma_V = \sigma_1 - \sigma_2 \, .$$

Mit (2.10) erhält man daraus

$$\sigma_V = \sqrt{(\sigma_x - \sigma_y)^2 + 4\,\tau_{xy}^2} \, . \tag{3.17}$$

Diese Hypothese wurde 1864 von Henri Édouard Tresca (1814–1885) aufgestellt und wird häufig nach ihm benannt (Anmerkung: Die Beziehung $\sigma_V =$

$\sigma_1 - \sigma_2$ für den ebenen Fall gilt nur, wenn beide Spannungen unterschiedliche Vorzeichen haben. Andernfalls muss als σ_V die betragsmäßig größte Spannung σ_1 oder σ_2 gewählt werden).

3) **Hypothese der Gestaltänderungsenergie**: Hierbei wird angenommen, dass die Materialbeanspruchung durch denjenigen Energieanteil charakterisiert wird, der zur Änderung der „Gestalt" (bei gleichbleibendem Volumen) benötigt wird. Wir geben die Vergleichsspannungen an, ohne auf die Herleitung einzugehen:

$$\sigma_V = \sqrt{\sigma_1^2 + \sigma_2^2 - \sigma_1\sigma_2}$$

bzw. unter Verwendung von (2.10)

$$\sigma_V = \sqrt{\sigma_x^2 + \sigma_y^2 - \sigma_x\sigma_y + 3\tau_{xy}^2}. \tag{3.18}$$

Diese Hypothese wird auch nach Maxymilian Tytus Huber (1872–1950), Richard von Mises (1883–1953) und Heinrich Hencky (1885–1951) benannt.

Bei zähen Werkstoffen stimmt die Hypothese der Gestaltänderungsenergie am besten mit Experimenten überein, während bei sprödem Material die Normalspannungshypothese bessere Ergebnisse liefert.

Im Beispiel 5.3 wird die Hypothese der Gestaltänderungsenergie zur Dimensionierung einer Welle angewendet, die auf Biegung und Torsion beansprucht wird.

Zusammenfassung

- Der Deformationszustand in einem Punkt eines Körpers wird durch den Verschiebungsvektor $\boldsymbol{u}$ und durch den Verzerrungstensor $\boldsymbol{\varepsilon}$ beschrieben. Letzterer hat im räumlichen Fall 3×3 Komponenten (beachte Symmetrie). Im ebenen Verzerrungszustand (EVZ) reduziert er sich auf

$$\boldsymbol{\varepsilon} = \begin{bmatrix} \varepsilon_x & \varepsilon_{xy} \\ \varepsilon_{yx} & \varepsilon_y \end{bmatrix} = \begin{bmatrix} \varepsilon_x & \frac{1}{2}\gamma_{xy} \\ \frac{1}{2}\gamma_{yx} & \varepsilon_y \end{bmatrix} \quad \text{mit} \quad \varepsilon_{xy} = \varepsilon_{yx} \, .$$

- Zusammenhang zwischen den Verschiebungen u, v, den Dehnungen ε_x, ε_y und der Winkeländerung γ_{xy}:

$$\varepsilon_x = \frac{\partial u}{\partial x}, \quad \varepsilon_y = \frac{\partial v}{\partial y}, \quad \gamma_{xy} = \frac{\partial u}{\partial y} + \frac{\partial v}{\partial x} \, .$$

- Die Transformationsbeziehungen sowie die Gleichungen zur Bestimmung der Hauptdehnungen und Hauptdehnungsrichtungen sind analog zu denen für die Spannungen. Entsprechendes gilt für den Mohrschen Verzerrungskreis.
- Die Hauptspannungsrichtungen und Hauptdehnungsrichtungen stimmen beim isotropen elastischen Material überein.
- Hookesches Gesetz (dreidimensional):

$$E\varepsilon_x = \sigma_x - \nu(\sigma_y + \sigma_z) + E\alpha_T \Delta T \, , \quad G\gamma_{xy} = \tau_{xy} \, .$$

Je zwei weitere Gleichungen ergeben sich durch zyklische Vertauschung.
- Zusammenhang zwischen G, E und ν bei isotropem Werkstoff:

$$G = \frac{E}{2(1 + \nu)} \, .$$

- Zur Beurteilung der Materialbeanspruchung bestimmt man im zwei- bzw. im dreidimensionalen Fall mit Hilfe einer Festigkeitshypothese eine Vergleichsspannung σ_V.
Beispiel: Gestaltänderungsenergiehypothese (v. Mises) im ESZ

$$\sigma_V = \sqrt{\sigma_x^2 + \sigma_y^2 - \sigma_x\sigma_y + 3\tau_{xy}^2} \, .$$

Balkenbiegung

4

Inhaltsverzeichnis

▶ **Lernziele** In diesem Kapitel werden die Grundgleichungen der Balkentheorie behandelt. Es wird gezeigt, wie man mit ihrer Hilfe die Durchbiegung von Balken und die dabei auftretenden Spannungen bestimmt. Diese Theorie versetzt uns auch in die Lage, statisch unbestimmt gelagerte Balken zu analysieren. Die Studierenden sollen lernen, wie man die Gleichungen zur Lösung von konkreten Problemen zweckmäßig anwendet.

© Springer-Verlag GmbH Deutschland, ein Teil von Springer Nature 2021
D. Gross et al., *Technische Mechanik 2*, https://doi.org/10.1007/978-3-662-61862-2_4

4.1 Einführung

Wir wollen uns in diesem Kapitel mit einem der wichtigsten Konstruktionsele-
mente – dem Balken – befassen. Hierunter versteht man ein stabförmiges Bauteil,
dessen Querschnittsabmessungen sehr viel kleiner sind als seine Länge und das
im Unterschied zum Stab jedoch *senkrecht* zu seiner Längsachse belastet ist. Unter
der Wirkung der äußeren Lasten deformiert sich der ursprünglich gerade elastische
Balken (Abb. 4.1a); man spricht in diesem Fall von einer **Biegung** des Balkens. In
den Querschnitten treten dabei verteilte innere Kräfte – die Spannungen – auf, deren Resultierende die Querkraft Q und das Biegemoment M sind (vgl. Band 1).
Es ist Ziel der **Balkentheorie**, Gleichungen zur Berechnung der Spannungen und
der Deformationen bereitzustellen.

Wir betrachten zunächst einen Balken mit einfach-symmetrischem Querschnitt
und führen ein Koordinatensystem ein (Abb. 4.1b). In Übereinstimmung mit
Band 1 zeigt die x-Achse (Balkenachse) in Balkenlängsrichtung und geht durch
die Flächenschwerpunkte S aller Querschnitte (eine Begründung hierfür werden
wir in Abschn. 4.3 geben). Die z-Achse zeigt nach unten, und y bildet mit x und
z ein Rechtssystem.

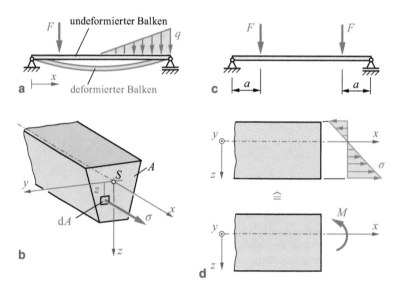

Abb. 4.1 Zur reinen Biegung

Der Balken sei zunächst so belastet, dass als einzige Schnittgröße ein Biegemoment M auftritt. Die entsprechende Beanspruchung nennt man **reine Biegung**. So ist zum Beispiel der Träger nach Abb. 4.1c zwischen den beiden Kräften F auf reine Biegung beansprucht. In einem solchen Fall wirken in den Querschnitten nur Normalspannungen σ in x-Richtung (Abb. 4.1b,d). Sie sind, wie wir in den Abschn. 4.3 und 4.4 zeigen werden, unabhängig von y und in z-Richtung linear über den Querschnitt verteilt. Mit einem Proportionalitätsfaktor c gilt

$$\sigma(z) = c\,z\,. \tag{4.1}$$

Das Biegemoment M ist äquivalent zum Moment der verteilten Normalspannungen bezüglich der y-Achse (Abb. 4.1d). Es ergibt sich mit der infinitesimalen Kraft $dF = \sigma\,dA$ aus dem infinitesimalen Moment $dM = z\,dF = z\,\sigma\,dA$ (Abb. 4.1b) zu

$$M = \int z\,\sigma\,dA\,. \tag{4.2}$$

Einsetzen von (4.1) liefert

$$M = c\int z^2\,dA\,.$$

Führen wir mit

$$I = \int z^2\,dA \tag{4.3}$$

das *Flächenträgheitsmoment* I ein, so ergibt sich $c = M/I$. Damit folgt aus (4.1) der Zusammenhang zwischen der Spannung und dem Biegemoment:

$$\sigma = \frac{M}{I}\,z\,. \tag{4.4}$$

Wie man aus (4.4) ablesen kann, hängt die Spannung an einer beliebigen Stelle z nicht nur vom Moment M, sondern auch vom Flächenträgheitsmoment I ab. Letzteres ist eine *geometrische* Größe des Querschnitts, die bei der Biegung eine wesentliche Rolle spielt. Der Name „Flächenträgheitsmoment" leitet sich vom „Trägheitsmoment" eines Körpers ab. Diese dem Flächenträgheitsmoment ähnliche Größe tritt in der Kinetik (vgl. Band 3) auf und beschreibt die Trägheitswirkung einer Masse bei der Drehung. Wir werden uns im nächsten Abschnitt eingehender mit den Eigenschaften von Flächenträgheitsmomenten befassen.

4.2 Flächenträgheitsmomente

4.2.1 Definition

Wir betrachten in Abb. 4.2 eine Fläche A in der y, z-Ebene. Die Bezeichnung der Achsen und die Achsenrichtungen (z nach unten, y nach links) wählen wir dabei in Anlehnung an die Verhältnisse bei einem Balkenquerschnitt. Der Koordinatenursprung 0 liege an einer beliebigen Stelle.

Bei der Bestimmung der Koordinaten $y_s = \frac{1}{A} \int y \, \mathrm{d}A$, $z_s = \frac{1}{A} \int z \, \mathrm{d}A$ des Flächenschwerpunktes treten die **Flächenmomente erster Ordnung** oder **statischen Momente**

$$S_y = \int z \, \mathrm{d}A, \quad S_z = \int y \, \mathrm{d}A \qquad (4.5)$$

bezüglich der y-Achse bzw. der z-Achse auf (vgl. Band 1, Abschnitt 4.3). Sie enthalten die Abstände y bzw. z des Flächenelementes $\mathrm{d}A$ in der ersten Potenz.

Flächenintegrale, welche die Abstände des Flächenelementes in zweiter Potenz oder als Produkt enthalten, bezeichnet man als **Flächenmomente zweiter Ordnung** oder **Flächenträgheitsmomente**. Sie sind rein geometrische Größen und wie folgt definiert:

$$I_y = \int z^2 \, \mathrm{d}A, \quad I_z = \int y^2 \, \mathrm{d}A, \qquad (4.6a)$$

$$I_{yz} = I_{zy} = - \int y z \, \mathrm{d}A, \qquad (4.6b)$$

$$I_p = \int r^2 \, \mathrm{d}A = \int (z^2 + y^2) \, \mathrm{d}A = I_y + I_z. \qquad (4.6c)$$

Abb. 4.2 Flächenträgheitsmomente

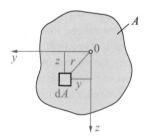

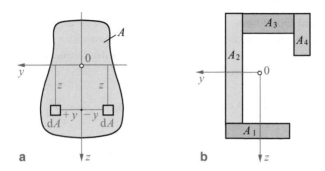

a

b

Abb. 4.3 Fläche mit Symmetrieachse und zusammengesetzte Fläche

Man nennt I_y bzw. I_z das **axiale Flächenträgheitsmoment** bezüglich der y- bzw. der z-Achse, I_{yz} das **Deviationsmoment** oder **Zentrifugalmoment** und I_p das **polare Flächenträgheitsmoment**. Flächenträgheitsmomente haben die Dimension Länge^4; sie werden z. B. in Vielfachen der Einheit cm^4 angegeben.

Die Größe eines Flächenträgheitsmoments ist von der Lage des Koordinatenursprungs und von der Richtung der Achsen abhängig. Während I_y, I_z und I_p immer positiv sind (die Integrale enthalten Abstände quadratisch), kann I_{yz} positiv, negativ oder Null sein (die Integrale enthalten das Produkt von y und z, das nicht positiv sein muss). Letzteres tritt insbesondere dann ein, wenn die Fläche A symmetrisch bezüglich einer der Achsen ist. So existiert zum Beispiel bei Symmetrie bezüglich der z-Achse (Abb. 4.3a) zu jedem Flächenelement dA mit positivem Abstand y ein Element mit gleichem negativen Abstand. Das Integral (4.6b) über die gesamte Fläche ist daher Null.

In manchen Fällen ist es zweckmäßig, an Stelle der Flächenträgheitsmomente die zugeordneten **Trägheitsradien** zu verwenden. Sie werden definiert durch

$$i_y = \sqrt{\frac{I_y}{A}}, \quad i_z = \sqrt{\frac{I_z}{A}}, \quad i_p = \sqrt{\frac{I_p}{A}} \tag{4.7}$$

und haben die Dimension einer Länge. Aus (4.7) folgt zum Beispiel $I_y = i_y^2 A$. Demnach kann man i_y als denjenigen Abstand von der y-Achse interpretieren, in dem man sich die Fläche A „konzentriert" denken muss, damit sie das Trägheitsmoment I_y besitzt.

Häufig ist eine Fläche A aus Teilflächen A_i zusammengesetzt (Abb. 4.3b), deren Trägheitsmomente man kennt. In diesem Fall errechnet sich z. B. das Trägheitsmoment bezüglich der y-Achse aus den Trägheitsmomenten I_{y_i} der einzelnen Teilflächen bzgl. derselben Achse:

$$I_y = \int_A z^2 \, dA = \int_{A_1} z^2 \, dA + \int_{A_2} z^2 \, dA + \ldots = \sum I_{y_i} \, .$$

Analog erhält man auch die anderen Flächenträgheitsmomente durch Summation:

$$I_z = \sum I_{z_i} \, , \quad I_{yz} = \sum I_{yz_i} \, .$$

In einem Anwendungsbeispiel berechnen wir die Flächenmomente zweiter Ordnung für ein Rechteck (Breite b, Höhe h) bezüglich der seitenparallelen Achsen y und z durch den Schwerpunkt S (Abb. 4.4a). Zur Bestimmung von I_y wählen wir ein Flächenelement dA nach Abb. 4.4b, bei dem alle Punkte den gleichen Abstand z von der y-Achse haben. Damit erhalten wir

$$I_y = \int z^2 \, dA = \int_{-h/2}^{+h/2} z^2 \, (b \, dz) = \frac{b \, z^3}{3} \Big|_{-h/2}^{+h/2} = \frac{b \, h^3}{12} \, . \qquad (4.8a)$$

Durch Vertauschen von b und h ergibt sich

$$I_z = \frac{h \, b^3}{12} \, . \qquad (4.8b)$$

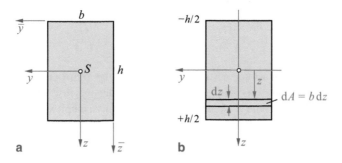

Abb. 4.4 Flächenträgheitsmoment eines Rechtecks

Da im Beispiel die z-Achse eine Symmetrieachse ist, verschwindet das Deviationsmoment:

$$I_{yz} = 0 \qquad (4.8c)$$

(in diesem Beispiel ist auch die y-Achse eine Symmetrieachse). Das polare Trägheitsmoment errechnen wir nach (4.6c) zweckmäßig mit Hilfe der schon bekannten Größen I_y und I_z:

$$I_p = I_y + I_z = \frac{b\,h^3}{12} + \frac{h\,b^3}{12} = \frac{b\,h}{12}(h^2 + b^2). \qquad (4.8d)$$

Die Trägheitsradien folgen aus (4.7) mit der Fläche $A = b\,h$ und der Länge $d = \sqrt{b^2 + h^2}$ der Rechteckdiagonalen zu

$$i_y = \frac{h}{2\sqrt{3}}, \quad i_z = \frac{b}{2\sqrt{3}}, \quad i_p = \frac{d}{2\sqrt{3}}. \qquad (4.8e)$$

In einem weiteren Beispiel bestimmen wir die Trägheitsmomente für eine Kreisfläche (Radius R) mit dem Koordinatenursprung im Mittelpunkt (Abb. 4.5a). Da wegen der Symmetrie die Trägheitsmomente für alle Achsen gleich sind, gilt mit (4.6c)

$$I_y = I_z = \frac{1}{2}\,I_p. \qquad (4.9)$$

Das Deviationsmoment I_{yz} ist Null (Symmetrie). Wir berechnen hier zuerst I_p und wählen dazu als Flächenelement einen infinitesimalen Kreisring (Abb. 4.5b). Bei ihm haben alle Punkte den gleichen Abstand r vom Ursprung. Damit erhalten wir

$$I_p = \int r^2 \, dA = \int_0^R r^2 (2\,\pi\,r\,dr) = \frac{\pi}{2}\,R^4, \qquad (4.10a)$$

und mit (4.9) ergibt sich

$$I_y = I_z = \frac{\pi}{4}\,R^4. \qquad (4.10b)$$

Die Trägheitsradien folgen mit der Fläche $A = \pi R^2$ zu

$$i_y = i_z = \frac{R}{2}, \quad i_p = \frac{R}{\sqrt{2}}. \qquad (4.10c)$$

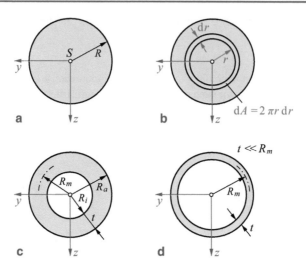

Abb. 4.5 Kreisfläche und Kreisring

Aus den Ergebnissen für den Vollkreis lassen sich die Trägheitsmomente für den Kreisring (Außenradius R_a, Innenradius R_i) nach Abb. 4.5c durch Differenzbildung gewinnen:

$$I_p = \frac{\pi}{2} R_a^4 - \frac{\pi}{2} R_i^4 = \frac{\pi}{2}(R_a^4 - R_i^4),$$
$$I_y = I_z = \frac{\pi}{4} R_a^4 - \frac{\pi}{4} R_i^4 = \frac{\pi}{4}(R_a^4 - R_i^4). \tag{4.11}$$

Führt man einen mittleren Radius $R_m = \frac{1}{2}(R_a + R_i)$ und die Dicke $t = R_a - R_i$ ein, so kann man die Klammern in (4.11) in der Form $R_a^4 - R_i^4 = 4R_m^3 t(1 + t^2/(4R_m^2))$ schreiben. Ist die Dicke t sehr viel kleiner als der mittlere Radius R_m, so ist das Glied $t^2/(4R_m^2)$ vernachlässigbar. Für den *dünnwandigen* Kreisring ($t \ll R_m$) nach Abb. 4.5d erhalten wir dann

$$I_p \approx 2\pi R_m^3 t, \quad I_y = I_z \approx \pi R_m^3 t. \tag{4.12}$$

Flächenträgheitsmomente für typische Querschnittsformen sind in Tab. 4.1 zusammengestellt.

Tab. 4.1 Flächenträgheitsmomente

Fläche	I_y	I_z	I_{yz}	I_p	$I_{\bar y}$
Rechteck	$\dfrac{b\,h^3}{12}$	$\dfrac{h\,b^3}{12}$	0	$\dfrac{b\,h}{12}(h^2+b^2)$	$\dfrac{b\,h^3}{3}$
Quadrat	$\dfrac{a^4}{12}$	$\dfrac{a^4}{12}$	0	$\dfrac{a^4}{6}$	$\dfrac{a^4}{3}$
Dreieck	$\dfrac{b\,h^3}{36}$	$\dfrac{b\,h}{36}(b^2-b\,a+a^2)$	$-\dfrac{b\,h^2}{72}(b-2\,a)$	$\dfrac{b\,h}{36}(h^2+b^2-b\,a+a^2)$	$\dfrac{b\,h^3}{12}$

Tab. 4.1 (Fortsetzung)

Fläche	I_y	I_z	I_{yz}	I_p	$I_{\bar{y}}$
Kreis	$\dfrac{\pi R^4}{4}$	$\dfrac{\pi R^4}{4}$	0	$\dfrac{\pi R^4}{2}$	$\dfrac{5\pi}{4} R^4$
Dünner Kreisring $t \ll R_m$	$\pi R_m^3\, t$	$\pi R_m^3\, t$	0	$2\,\pi R_m^3\, t$	$3\,\pi R_m^3\, t$
Halbkreis	$\dfrac{R^4}{72\,\pi}(9\,\pi^2 - 64)$	$\dfrac{\pi R^4}{8}$	0	$\dfrac{R^4}{36\,\pi}(9\,\pi^2 - 32)$	$\dfrac{\pi R^4}{8}$
Ellipse	$\dfrac{\pi}{4}\,a\,b^3$	$\dfrac{\pi}{4}\,b\,a^3$	0	$\dfrac{\pi\,a\,b}{4}(a^2 + b^2)$	$\dfrac{5\pi}{4}\,a\,b^3$

Beispiel 4.1

Es sind die Flächenträgheitsmomente und die Trägheitsradien einer Ellipse für ein Achsensystem durch den Mittelpunkt M nach Bild a zu bestimmen.

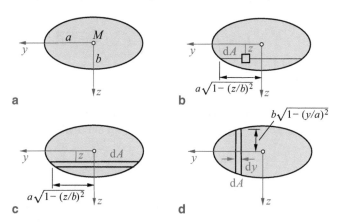

a   **b**   **c**   **d**

Lösung Die Berandung der Fläche wird durch die Ellipsengleichung $(y/a)^2 + (z/b)^2 = 1$ beschrieben. Wir bestimmen zunächst I_y, wobei wir drei verschiedene Wege einschlagen wollen.

a) Wählt man ein Flächenelement $dA = dy\,dz$ (Bild b), dann hat man in einem Doppelintegral über die beiden Variablen y, z zu integrieren. Zuerst integrieren wir über y (mit den aus der Ellipsengleichung folgenden variablen Grenzen $\pm a\sqrt{1-(z/b)^2}$) und dann über z (mit den festen Grenzen $\pm b$):

$$I_y = \int z^2\,dA = \int_{-b}^{+b} z^2 \left\{ \int_{-a\sqrt{1-(z/b)^2}}^{+a\sqrt{1-(z/b)^2}} dy \right\} dz = 2a\int_{-b}^{+b} z^2\sqrt{1-(z/b)^2}\,dz\;.$$

Unter Verwendung der Substitution $z = b\sin\frac{\varphi}{2}$ folgt daraus

$$\underline{\underline{I_y}} = a\,b^3 \int_{-\pi}^{+\pi} \sin^2\frac{\varphi}{2}\cos^2\frac{\varphi}{2}\,d\varphi = \underline{\underline{\frac{\pi}{4}a\,b^3}}\;. \tag{a}$$

b) Die Integration über y lässt sich vermeiden, wenn man als Flächenelement
einen infinitesimalen Streifen verwendet, dessen Punkte alle den gleichen
Abstand z von der y-Achse haben (Bild c). Mit $dA = 2a\sqrt{1 - (z/b)^2}\,dz$
ergibt sich hier sofort das unter a) auftretende Integral

$$I_y = \int z^2\,dA = 2a\int_{-b}^{+b} z^2\sqrt{1 - (z/b)^2}\,dz\,,$$

woraus das schon bekannte Ergebnis (a) folgt.

c) Man kann I_y auch bestimmen, indem man sich die Ellipse aus infinitesimalen Rechtecken nach Bild d zusammengesetzt denkt. Mit der Breite dy und
der Höhe $2b\sqrt{1 - (y/a)^2}$ gilt nach (4.8a) für ein solches Rechteck

$$dI_y = \frac{1}{12}8b^3(1 - y^2/a^2)^{3/2}\,dy\,.$$

Das gesamte Trägheitsmoment ergibt sich nun durch „Summation" der infinitesimalen Trägheitsmomente (mit der Substitution $y = a\sin\psi$):

$$I_y = \int dI_y = \frac{8}{12}b^3\int_{-a}^{+a}(1 - y^2/a^2)^{3/2}\,dy$$

$$= \frac{2}{3}b^3 a\int_{-\pi/2}^{+\pi/2}\cos^4\psi\,d\psi = \frac{\pi}{4}a\,b^3\,.$$

Das Trägheitsmoment I_z ergibt sich aus I_y durch Vertauschen von a und b:

$$\underline{\underline{I_z = \frac{\pi}{4}b\,a^3}}\,. \tag{b}$$

Da y und z Symmetrieachsen sind, ist das Deviationsmoment I_{yz} gleich
Null. Das polare Flächenträgheitsmoment wird nach (4.6c)

$$\underline{\underline{I_p}} = I_y + I_z = \frac{\pi}{4}a\,b(a^2 + b^2)\,,$$

und die Trägheitsradien folgen nach (4.7) mit der Ellipsenfläche $A = \pi a\,b$ zu

$$\underline{\underline{i_y = \frac{b}{2}}}\,,\quad \underline{\underline{i_z = \frac{a}{2}}}\,,\quad \underline{\underline{i_p = \frac{1}{2}\sqrt{a^2 + b^2}}}\,. \quad \blacktriangleleft$$

4.2.2 Parallelverschiebung der Bezugsachsen

Zwischen den Trägheitsmomenten bezüglich paralleler Achsen bestehen Zusammenhänge, die wir hier untersuchen wollen. Dazu betrachten wir in Abb. 4.6 die beiden parallelen Achsensysteme y, z und $\bar{y}, \bar{z}$, wobei nun vorausgesetzt wird, dass y und z Schwerachsen sind. Mit den Beziehungen

$$\bar{y} = y + \bar{y}_s\,, \quad \bar{z} = z + \bar{z}_s$$

gilt dann für die Trägheitsmomente bezüglich des $\bar{y}, \bar{z}$-Systems

$$I_{\bar{y}} = \int \bar{z}^2\,\mathrm{d}A = \int (z + \bar{z}_s)^2\,\mathrm{d}A = \int z^2\,\mathrm{d}A + 2\,\bar{z}_s \int z\,\mathrm{d}A + \bar{z}_s^2 \int \mathrm{d}A\,,$$

$$I_{\bar{z}} = \int \bar{y}^2\,\mathrm{d}A = \int (y + \bar{y}_s)^2\,\mathrm{d}A = \int y^2\,\mathrm{d}A + 2\,\bar{y}_s \int y\,\mathrm{d}A + \bar{y}_s^2 \int \mathrm{d}A\,,$$

$$I_{\bar{y}\bar{z}} = -\int \bar{y}\bar{z}\,\mathrm{d}A = -\int (y + \bar{y}_s)(z + \bar{z}_s)\,\mathrm{d}A$$

$$= -\int y\,z\,\mathrm{d}A - \bar{y}_s \int z\,\mathrm{d}A - \bar{z}_s \int y\,\mathrm{d}A - \bar{y}_s\bar{z}_s \int \mathrm{d}A\,.$$

Berücksichtigt man, dass die statischen Momente $\int z\,\mathrm{d}A$ und $\int y\,\mathrm{d}A$ bezüglich der Schwerachsen y, z verschwinden, so folgen daraus mit $A = \int \mathrm{d}A$, $I_y = \int z^2\,\mathrm{d}A$ usw. die Gleichungen

$$\begin{aligned} I_{\bar{y}} &= I_y + \bar{z}_s^2 A\,, \\ I_{\bar{z}} &= I_z + \bar{y}_s^2 A\,, \\ I_{\bar{y}\bar{z}} &= I_{yz} - \bar{y}_s\bar{z}_s A\,. \end{aligned} \qquad (4.13)$$

Abb. 4.6 Parallelverschiebung des Bezugsystems

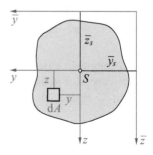

Die Beziehungen (4.13) zwischen den Trägheitsmomenten bezüglich der Schwer-achsen und denen bezüglich dazu paralleler Achsen werden nach Jacob Steiner (1796–1863) als **Steinerscher Satz** bezeichnet, obwohl sie schon Christiaan Huygens (1629–1695) bekannt waren. Die „Steiner-Glieder" $\bar{z}_s^2 A$ und $\bar{y}_s^2 A$ sind immer positiv. Demnach sind bei parallelen Achsen die axialen Trägheitsmomente bzgl. der Schwerachsen am kleinsten. Das „Steiner-Glied" $\bar{y}_s \bar{z}_s A$ beim Deviationsmoment kann je nach Lage der Achsen positiv oder negativ sein.

In einem illustrativen Beispiel wollen wir die Trägheitsmomente für die Recht-eckfläche bezüglich der Achsen $\bar{y}$, $\bar{z}$ in Abb. 4.4a bestimmen. Mit den bekannten Trägheitsmomenten (4.8) bezüglich der Schwerachsen erhält man nach (4.13)

$$I_{\bar{y}} = \frac{b\,h^3}{12} + \left(\frac{h}{2}\right)^2 b\,h = \frac{b\,h^3}{3}\,,$$

$$I_{\bar{z}} = \frac{h\,b^3}{12} + \left(\frac{b}{2}\right)^2 b\,h = \frac{h\,b^3}{3}\,,$$

$$I_{\bar{y}\bar{z}} = 0 - \frac{b}{2}\frac{h}{2}\,b\,h = -\frac{b^2 h^2}{4}\,.$$

Beispiel 4.2

Es sind die axialen Trägheitsmomente bezüglich der y- und der z-Achse für den Doppel-T-Querschnitt nach Bild a zu bestimmen.

Wie vereinfachen sich die Ergebnisse für $d, t \ll b, h$?

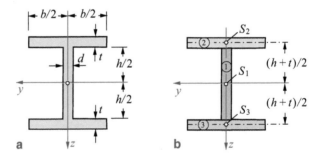

Lösung Wir zerlegen den Querschnitt in drei Rechtecke (Bild b). Das Träg-heitsmoment jedes Rechtecks setzt sich nach (4.13) aus dem Flächenmoment um die eigene Schwerachse (vgl. (4.8)) und dem entsprechenden Steiner-Glied zusammen:

$$\underline{\underline{I_y}} = \frac{d\,h^3}{12} + 2\left[\frac{b\,t^3}{12} + \left(\frac{h}{2} + \frac{t}{2}\right)^2 b\,t\right]$$

$$= \frac{d\,h^3}{12} + \frac{b\,t^3}{6} + \frac{h^2 b\,t}{2} + t^2 h\,b + \frac{b\,t^3}{2} = \underline{\underline{\frac{d\,h^3}{12} + \frac{2\,b\,t^3}{3} + \frac{h^2 b\,t}{2} + t^2 h\,b}}\,,$$

$$\underline{\underline{I_z}} = \frac{h\,d^3}{12} + 2\,\frac{t\,b^3}{12}\,.$$

Für $d, t \ll b, h$ können die Glieder, welche d, t quadratisch oder kubisch enthalten, gegenüber denen, die linear in d und t sind, vernachlässigt werden:

$$\underline{\underline{I_y \approx \frac{d\,h^3}{12} + \frac{h^2 b\,t}{2}}}\,, \quad \underline{\underline{I_z \approx \frac{t\,b^3}{6}}}\,.$$

Man erkennt, dass die Gurte bei kleinem t nur durch die Steiner-Glieder $2(h/2)^2 b\,t$ zu I_y beitragen; die Eigenträgheitsmomente $2b\,t^3/12$ sind dann vernachlässigbar. Bei I_z kann das Eigenträgheitsmoment $h\,d^3/12$ des Stegs unberücksichtigt bleiben. ◄

4.2.3 Drehung des Bezugssystems, Hauptträgheitsmomente

Wir betrachten im weiteren den Zusammenhang zwischen den Flächenträgheitsmomenten bezüglich zweier um den Winkel φ gegeneinander gedrehter Koordinatensysteme y, z und η, ζ (Abb. 4.7). Mit den Beziehungen

$$\eta = y\cos\varphi + z\sin\varphi\,, \quad \zeta = -y\sin\varphi + z\cos\varphi$$

gilt für die Trägheitsmomente bezüglich η, ζ

$$I_\eta = \int \zeta^2\, \mathrm{d}A = \sin^2\varphi \int y^2\, \mathrm{d}A + \cos^2\varphi \int z^2\, \mathrm{d}A - 2\sin\varphi\cos\varphi \int y\,z\, \mathrm{d}A\,,$$

$$I_\zeta = \int \eta^2\, \mathrm{d}A = \cos^2\varphi \int y^2\, \mathrm{d}A + \sin^2\varphi \int z^2\, \mathrm{d}A + 2\sin\varphi\cos\varphi \int y\,z\, \mathrm{d}A\,,$$

$$I_{\eta\zeta} = -\int \eta\,\zeta\, \mathrm{d}A = \sin\varphi\cos\varphi \int y^2\, \mathrm{d}A - \cos^2\varphi \int y\,z\, \mathrm{d}A + \sin^2\varphi \int y\,z\, \mathrm{d}A$$

$$- \sin\varphi\cos\varphi \int z^2\, \mathrm{d}A\,.$$

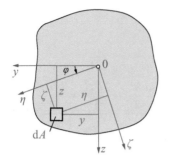 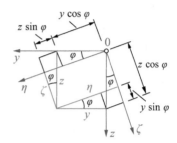

Abb. 4.7 Drehung des Bezugsystems

Mit den Trägheitsmomenten bezüglich y, z nach (4.6) und den Umformungen $\sin^2\varphi = \frac{1}{2}(1 - \cos 2\varphi)$, $\cos^2\varphi = \frac{1}{2}(1 + \cos 2\varphi)$ und $2\sin\varphi\cos\varphi = \sin 2\varphi$ ergeben sich die **Transformationsbeziehungen**

$$I_\eta = \frac{1}{2}(I_y + I_z) + \frac{1}{2}(I_y - I_z)\cos 2\varphi + I_{yz}\sin 2\varphi \,,$$

$$I_\zeta = \frac{1}{2}(I_y + I_z) - \frac{1}{2}(I_y - I_z)\cos 2\varphi - I_{yz}\sin 2\varphi \,, \qquad (4.14)$$

$$I_{\eta\zeta} = \qquad\quad -\frac{1}{2}(I_y - I_z)\sin 2\varphi + I_{yz}\cos 2\varphi \,.$$

Hieraus lassen sich die Flächenmomente bezüglich des gedrehten Systems η, ζ bestimmen, sofern diejenigen bezüglich des y, z-Systems bekannt sind.

Addiert man die ersten beiden Gleichungen in (4.14), so folgt mit (4.6c)

$$I_\eta + I_\zeta = I_y + I_z = I_p \,. \qquad (4.15)$$

Danach ändert sich die Summe der axialen Flächenmomente (entspricht dem polaren Flächenmoment) bei einer Drehung der Bezugsachsen nicht. Man bezeichnet daher $I_\eta + I_\zeta$ als eine **Invariante** der Transformation. Durch Einsetzen kann man sich davon überzeugen, dass eine weitere Invariante durch den Ausdruck $[\frac{1}{2}(I_\eta - I_\zeta)]^2 + I_{\eta\zeta}^2$ gegeben ist.

Nach (4.14) hängt die Größe eines Trägheitsmoments vom Winkel φ ab. Die axialen Trägheitsmomente werden *extremal*, wenn die Bedingungen $\mathrm{d}I_\eta/\mathrm{d}\varphi = 0$

bzw. $dI_\zeta/d\varphi = 0$ erfüllt sind. Beide Bedingungen führen auf das gleiche Ergebnis:

$$-\frac{1}{2}(I_y - I_z)\sin 2\varphi + I_{yz}\cos 2\varphi = 0 \,.$$

Daraus folgt für den Winkel $\varphi = \varphi^*$, bei dem ein Extremalwert auftritt:

$$\tan 2\varphi^* = \frac{2\,I_{yz}}{I_y - I_z} \,. \tag{4.16}$$

Wegen $\tan 2\,\varphi^* = \tan 2\,(\varphi^* + \pi/2)$ gibt es zwei senkrecht aufeinander stehende Achsen mit den Richtungswinkeln φ^* und $\varphi^* + \pi/2$, für welche die axialen Trägheitsmomente Extremwerte annehmen. Diese Achsen nennt man **Hauptachsen**. Die zugehörigen **Hauptträgheitsmomente** erhält man, indem man die Beziehung (4.16) für φ^* in (4.14) einarbeitet. Unter Verwendung der trigonometrischen Beziehungen

$$\cos 2\varphi^* = \frac{1}{\sqrt{1 + \tan^2 2\varphi^*}} = \frac{I_y - I_z}{\sqrt{(I_y - I_z)^2 + 4\,I_{yz}^2}} \,,$$

$$\sin 2\varphi^* = \frac{\tan 2\varphi^*}{\sqrt{1 + \tan^2 2\varphi^*}} = \frac{2\,I_{yz}}{\sqrt{(I_y - I_z)^2 + 4\,I_{yz}^2}}$$

ergibt sich

$$I_{1,2} = \frac{I_y + I_z}{2} \pm \sqrt{\left(\frac{I_y - I_z}{2}\right)^2 + I_{yz}^2} \,. \tag{4.17}$$

Das Hauptträgheitsmoment mit dem positiven Vorzeichen vor der Wurzel ist ein Maximum und das mit dem negativen Vorzeichen vor der Wurzel ein Minimum.

Untersucht man, für welchen Winkel das Deviationsmoment $I_{\eta\zeta}$ verschwindet, so führt die Bedingung $I_{\eta\zeta} = 0$ (vgl. (4.14)) auf den gleichen Winkel φ^* nach (4.16), den wir für die Hauptachsen gefunden hatten. Ein Achsensystem, für welches das Deviationsmoment Null ist, ist demnach ein Hauptachsensystem. Besitzt

Abb. 4.8 Drehung des
Bezugsystems bei einem
Rechteck

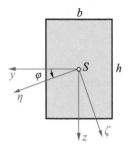

eine Fläche eine Symmetrieachse, so sind diese Achse und eine dazu senkrechte
Achse die Hauptachsen.

Als Anwendungsbeispiel betrachten wir einen Rechteckquerschnitt nach
Abb. 4.8. Wegen $I_{yz} = 0$ (vgl. (4.8c)) ist das y, z-System das Hauptachsensystem,
und die Trägheitsmomente $I_y = b\,h^3/12$, $I_z = h\,b^3/12$ sind die Hauptträgheitsmomente. Für die gedrehten Bezugsachsen η, ζ erhält man nach (4.14)

$$I_\eta = \frac{b\,h}{24}[(h^2 + b^2) + (h^2 - b^2)\cos 2\varphi]\,,$$

$$I_\zeta = \frac{b\,h}{24}[(h^2 + b^2) - (h^2 - b^2)\cos 2\varphi]\,,$$

$$I_{\eta\zeta} = -\frac{b\,h}{24}(h^2 - b^2)\sin 2\varphi\,.$$

Im Spezialfall $h = b$ (Quadrat) folgen unabhängig vom Winkel $I_\eta = I_\zeta = h^4/12$
und $I_{\eta\zeta} = 0$. Beim Quadrat ist daher jedes gedrehte System ein Hauptachsensystem.

Es sei noch darauf hingewiesen, dass die Flächenträgheitsmomente genau wie
die Spannungen Komponenten eines **Tensors** sind. Deshalb sind die Transformationsbeziehungen (4.14) und die daraus folgenden Gleichungen (4.15) bis (4.17)
analog zu denen bei den Spannungen (vgl. Abschn. 2.2). Analog zum Mohrschen
Spannungskreis lässt sich auch ein Trägheitskreis konstruieren. Dabei sind die
Normalspannungen σ_x, σ_y durch die axialen Trägheitsmomente I_y, I_z und die
Schubspannung τ_{xy} durch das Deviationsmoment I_{yz} zu ersetzen.

Beispiel 4.3

Für den dünnwandigen Querschnitt konstanter Wandstärke t ($t \ll a$) nach Bild a sind die Hauptachsen und die Hauptträgheitsmomente zu bestimmen.

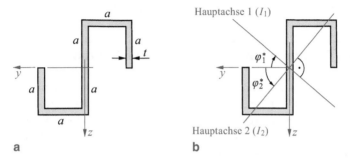

a   b

Lösung Wir bestimmen zunächst die Trägheitsmomente bezüglich des y, z-Systems, wobei wir die Fläche in Teilflächen zerlegen und Glieder kleiner Größenordnung vernachlässigen:

$$I_y = \frac{1}{12} t (2a)^3 + 2 \left\{ \frac{1}{3} t a^3 + a^2(a\,t) \right\} = \frac{10}{3} t a^3 \,,$$

$$I_z = 2 \left\{ \frac{1}{3} t a^3 + a^2(a\,t) \right\} = \frac{8}{3} t a^3 \,,$$

$$I_{yz} = 2 \left\{ -\left[\frac{a}{2} a(a\,t) \right] - \left[a \frac{a}{2}(a\,t) \right] \right\} = -2 t a^3 \,.$$

Die Hauptrichtungen erhält man nach (4.16) aus

$$\tan 2\varphi^* = \frac{2 I_{yz}}{I_y - I_z} = -\frac{2 \cdot 2 \cdot 3}{10 - 8} = -6$$

zu

$$\underline{\varphi_1^* = -40{,}3°} \,, \quad \underline{\varphi_2^* = \varphi^* + 90° = 49{,}7°} \,. \qquad \text{(a)}$$

Für die Hauptträgheitsmomente folgt nach (4.17)

$$I_{1,2} = \frac{t a^3}{3} \left[\frac{10 + 8}{2} \pm \sqrt{\left(\frac{10 - 8}{2} \right)^2 + (-6)^2} \right] = \left(3 \pm \frac{\sqrt{37}}{3} \right) t a^3$$

$$\rightarrow \quad \underline{\underline{I_1 = 5{,}03\, t a^3}} \,, \quad \underline{\underline{I_2 = 0{,}97\, t a^3}} \,. \qquad \text{(b)}$$

Die Hauptrichtungen sind in Bild b dargestellt. Welches Hauptträgheitsmoment
(b) zu welcher Richtung (a) gehört, lässt sich *formal* durch Einsetzen von (a) in
(4.14) entscheiden. In diesem Beispiel ist jedoch anschaulich klar, dass zu φ_1^*
das größte Trägheitsmoment, d. h. I_1, gehört, da die Flächenabstände für diesen
Winkel größer sind als bei der Richtung φ_2^*. ◄

4.3 Grundgleichungen der geraden Biegung

Wir wollen nun die Grundgleichungen aufstellen, die eine Bestimmung der Spannungen und der Deformationen bei der Biegung eines Balkens ermöglichen. Dabei
beschränken wir uns zunächst auf die **gerade** oder **einachsige Biegung.** Hierbei
wird vorausgesetzt, dass die Achsen y und z Hauptachsen des Querschnitts sind
($I_{yz} = 0$) und dass die äußeren Lasten nur Querkräfte Q in z-Richtung und Momente M um die y-Achse hervorrufen. Dies ist zum Beispiel der Fall, wenn der
Querschnitt symmetrisch zur z-Achse ist und die äußeren Kräfte in der x, z-Ebene
wirken.

Wir benötigen statische Aussagen, geometrische Aussagen und das Elastizitätsgesetz. Die Gleichgewichtsbedingungen (Statik) für ein Balkenelement übernehmen wir aus Band 1 (vgl. Abb. 4.9a):

$$\frac{dQ}{dx} = -q \,, \quad \frac{dM}{dx} = Q \,. \tag{4.18}$$

Dabei sind M bzw. Q die Resultanten der über den Querschnitt verteilten Normalspannung σ (in x-Richtung) bzw. der Schubspannung τ (in z-Richtung)
(Abb. 4.9b):

$$M = \int z\,\sigma\,dA \,, \tag{4.19a}$$

$$Q = \int \tau\,dA \,. \tag{4.19b}$$

Die Normalkraft

$$N = \int \sigma\,dA \tag{4.19c}$$

ist nach Voraussetzung gleich Null. Da hier nur je eine Normalspannung und eine
Schubspannung auftreten, wurde auf die Indizes bei den Spannungskomponenten
verzichtet ($\sigma = \sigma_x$, $\tau = \tau_{xz}$).

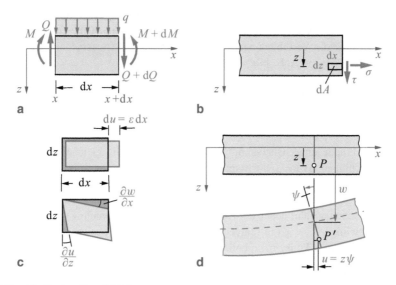

Abb. 4.9 Zu den Grundgleichungen

Die Beziehungen zwischen den Verzerrungen und den Verschiebungen übernehmen wir aus Kap. 3. Mit den Verschiebungen u in Balkenlängsrichtung x und w in z-Richtung gilt nach (3.6)

$$\varepsilon = \frac{\partial u}{\partial x}, \quad \gamma = \frac{\partial w}{\partial x} + \frac{\partial u}{\partial z}. \tag{4.20}$$

Da keine weiteren Verzerrungen benötigt werden, haben wir auch hier auf die Indizes verzichtet ($\varepsilon = \varepsilon_x$, $\gamma = \gamma_{xz}$). Die Dehnung ε und die Winkeländerung γ geben an, wie sich ein beliebiges Balkenelement mit den Seitenlängen dx und dz (Abb. 4.9b) deformiert. Die entsprechenden Deformationen sind in Abb. 4.9c dargestellt.

Der Zusammenhang zwischen der Dehnung und der Normalspannung bzw. der Winkeländerung und der Schubspannung ist durch die Elastizitätsgesetze (vgl. Abschn. 3.2)

$$\sigma = E\,\varepsilon, \quad \tau = G\,\gamma \tag{4.21}$$

gegeben. Dabei haben wir angenommen, dass die Normalspannungen σ_y und σ_z im gesamten Balken klein sind im Vergleich zu $\sigma = \sigma_x$ und daher vernachlässigt werden können.

Die Gleichungen (4.18) bis (4.21) lassen keine eindeutige Ermittlung der Spannungen und der Verschiebungen zu. Wir treffen daher noch die folgenden *Annahmen* über die Verschiebungen der Punkte eines Balkenquerschnittes an einer beliebigen Stelle x (Abb. 4.9d):

a) Die Verschiebung w ist unabhängig von z:

$$w = w(x)\,. \tag{4.22a}$$

Alle Punkte eines Querschnitts erfahren hiernach die gleiche Verschiebung (Durchbiegung) in z-Richtung; die Balkenhöhe ändert sich bei der Biegung nicht ($\varepsilon_z = \partial w/\partial z = 0$).

b) Querschnitte, die vor der Deformation eben waren, sind auch danach eben. Ein Querschnitt erfährt neben der Absenkung w eine reine Drehung um den *kleinen* Drehwinkel $\psi = \psi(x)$ (entgegen dem Uhrzeigersinn positiv gezählt). Daher wird für einen Punkt P im beliebigen Abstand z von der Balkenachse die Verschiebung u in x-Richtung

$$u(x,z) = \psi(x)\,z\,. \tag{4.22b}$$

Experimente zeigen, dass die Annahmen a) und b) für schlanke Balken mit konstantem oder schwach veränderlichem Querschnitt hinreichend genau sind und zu sehr guten Ergebnissen führen.

Einsetzen von (4.22) und (4.20) in (4.21) liefert mit der Abkürzung $d(\ )/dx = (\ )'$

$$\sigma = E\,\frac{\partial u}{\partial x} = E\,\psi'\,z\,, \tag{4.23a}$$

$$\tau = G\left(\frac{\partial w}{\partial x} + \frac{\partial u}{\partial z}\right) = G(w' + \psi)\,. \tag{4.23b}$$

Darin ist w' die Neigung der deformierten Balkenachse. Sie ist wegen $|w'| \ll 1$ gleich dem Neigungswinkel. Mit (4.23a) folgen aus (4.19a) und (4.19c) die Schnittgrößen

$$M = E\,\psi' \int z^2\,dA\,, \quad N = E\,\psi' \int z\,dA\,.$$

Wir hatten vorausgesetzt, dass die Normalkraft gleich Null ist: $N = 0$. Daher verschwindet nach der zweiten Gleichung das statische Moment $S_y = \int z\,dA$. Dies bedeutet, dass die y-Achse eine Schwerachse des Querschnitts sein muss. Hier liegt der Grund für die spezielle Wahl des Koordinatensystems (vgl. Abschn. 4.1).

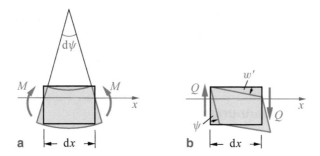

Abb. 4.10 Balkenelement unter Biegemoment bzw. Querkraft

Die erste Gleichung lässt sich mit dem Flächenträgheitsmoment $I = I_y = \int z^2 \, dA$ in der Form

$$M = EI\,\psi' \qquad (4.24)$$

schreiben. Danach ist die Änderung $d\psi$ des Drehwinkels über die Länge dx proportional zum wirkenden Moment M. Die entsprechende Verformung eines Balkenelements der Länge dx unter der Wirkung eines Moments ist in Abb. 4.10a dargestellt. Man bezeichnet (4.24) als das **Elastizitätsgesetz für das Biegemoment**; die Größe EI nennt man **Biegesteifigkeit**.

Gleichung (4.23b) liefert eine über die Querschnittsfläche konstante Schubspannung τ. Dies ist eine Folge der vereinfachenden Annahmen a) und b) und trifft in Wirklichkeit nicht zu. In Abschn. 4.6.1 wird vielmehr gezeigt, dass sich τ über die Querschnittsfläche ändert und insbesondere am oberen und am unteren Rand Null ist. Letzteres lässt sich mit Hilfe der zugeordneten Schubspannungen leicht begründen. Danach müssen die Schubspannungen in zwei senkrecht aufeinander stehenden Schnitten gleich sein. Da am oberen und am unteren Rand keine Schubspannungen in Balkenlängsrichtung wirken (keine äußere Belastung in dieser Richtung), müssen dort auch die Schubspannungen im (zum Rand senkrechten) Querschnitt verschwinden. Die ungleichförmige Verteilung von τ berücksichtigen wir beim Einsetzen von (4.23b) in (4.19b), indem wir einen Korrekturfaktor $\varkappa$ einführen:

$$Q = \varkappa\,GA(w' + \psi). \qquad (4.25)$$

Dies ist das **Elastizitätsgesetz für die Querkraft**. Unter der Wirkung der Querkraft Q erfährt ein Balkenelement eine Schubverzerrung $w' + \psi$ (Abb. 4.10b). Die Größe $\varkappa\,GA = GA_S$ bezeichnet man als **Schubsteifigkeit**, wobei $A_S = \varkappa A$ die sogenannte „Schubfläche" ist (vgl. Abschn. 4.6.2 und 6.1).

4.4 Normalspannungen

Setzt man $\psi' = M/EI$ nach (4.24) in (4.23a) ein, so erhält man für die Normalspannungen im Balkenquerschnitt (vgl. (4.4))

$$\sigma = \frac{M}{I}\,z\,. \tag{4.26}$$

Diese *lineare* Spannungsverteilung ist in Abb. 4.11 dargestellt. Bei einem positiven Moment M treten für $z > 0$ Zugspannungen und für $z < 0$ Druckspannungen auf. Für $z = 0$ $(x, y\text{-Ebene})$ ist $\sigma = 0$; wegen $\varepsilon = \sigma/E$ verschwindet dort auch die Dehnung ε. Man bezeichnet die y-Achse als **Nulllinie** des Querschnitts. Die x-Achse (Balkenachse) nennt man häufig auch **neutrale Faser**. Die dem Betrag nach größte Spannung tritt in dem Randpunkt mit dem größten Abstand z_{max} auf. Führen wir mit

$$W = \frac{I}{|z|_{max}} \tag{4.27}$$

das **Widerstandsmoment** W ein, so folgt

$$\sigma_{max} = \frac{M}{W}\,, \tag{4.28}$$

wobei für M der Betrag des Biegemomentes einzusetzen ist.

Abb. 4.11 Spannungsverteilung

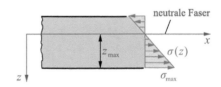

Bei der Untersuchung der Spannungen in Balken kann man sich häufig auf die Normalspannungen beschränken (die Schubspannungen sind bei vielen Problemen vernachlässigbar klein). Dabei können verschiedene Problemstellungen auftreten. Wenn zum Beispiel M, W und die zulässige Spannung σ_{zul} bekannt sind, so hat man zu überprüfen, ob die maximale Spannung σ_{max} der Bedingung

$$\sigma_{\text{max}} \leq \sigma_{\text{zul}} \quad \rightarrow \quad \frac{M}{W} \leq \sigma_{\text{zul}}$$

genügt. Man nennt dies einen **Spannungsnachweis**.

Sind M und σ_{zul} gegeben und liegt der Balkenquerschnitt noch nicht von vornherein fest, so lässt sich das erforderliche Widerstandsmoment nach der Formel

$$W_{\text{erf}} = \frac{M}{\sigma_{\text{zul}}}$$

bestimmen. Man spricht dann von der **Dimensionierung** des Querschnitts.

Wenn schließlich W und σ_{zul} vorgegeben sind, so kann die maximale äußere Belastung aus der Bedingung bestimmt werden, dass das maximale Moment M_{max} das zulässige Moment $M_{\text{zul}} = W\sigma_{\text{zul}}$ nicht überschreiten darf:

$$M_{\text{max}} \leq W\sigma_{\text{zul}} .$$

Beispiel 4.4

Ein Rohr ($R_a = 5\,\text{cm}$, $R_i = 4\,\text{cm}$, $l = 3\,\text{m}$) ist wie dargestellt einseitig eingespannt.

Wie groß darf die Kraft F sein, damit die zulässige Spannung $\sigma_{\text{zul}} = 150\,\text{MPa}$ nicht überschritten wird?

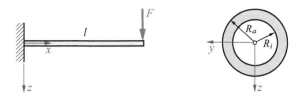

Lösung Das größte Moment tritt an der Einspannstelle auf; es hat den Betrag

$$M_{\text{max}} = l\,F .$$

Für die maximale Spannung gilt

$$\sigma_{max} = \frac{M_{max}}{W} = \frac{l\,F}{W}\,.$$

Die zulässige Kraft erhält man aus der Bedingung $\sigma_{max} \leq \sigma_{zul}$:

$$\frac{l\,F}{W} \leq \sigma_{zul} \quad \rightarrow \quad F \leq \frac{W\sigma_{zul}}{l}\,.$$

Das Widerstandsmoment für den Rohrquerschnitt errechnet sich aus dem Trägheitsmoment nach (4.11) $I = I_y = \pi(R_a^4 - R_i^4)/4$ mit $z_{max} = R_a$ zu

$$W = \frac{I}{z_{max}} = \frac{\pi(R_a^4 - R_i^4)}{4\,R_a} = 58\,cm^3\,.$$

Mit den gegebenen Zahlenwerten für σ_{zul} und l erhält man somit

$$\underline{\underline{F \leq 2,9\,kN}}\,.\ \blacktriangleleft$$

Beispiel 4.5

Der dargestellte Träger (Länge $l = 10\,m$) soll die Last $F = 200\,kN$ tragen.

Wie groß muss die Seitenlänge c des dünnwandigen quadratischen Kastenquerschnitts (konstante Wandstärke $t = 15\,mm$) sein, damit die zulässige Spannung $\sigma_{zul} = 200\,N/mm^2$ nicht überschritten wird?

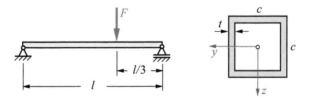

Lösung Der Querschnitt muss so dimensioniert werden, dass die Bedingung

$$W \geq \frac{M}{\sigma_{zul}} \tag{a}$$

erfüllt ist. Das größte Biegemoment tritt an der Kraftangriffsstelle auf:

$$M = \frac{2}{9} l F \, . \tag{b}$$

Für das Trägheitsmoment des dünnwandigen Querschnitts gilt

$$I \approx 2 \left[\frac{t c^3}{12} + \left(\frac{c}{2} \right)^2 c t \right] = \frac{2}{3} t c^3 \, .$$

Daraus ergibt sich für das Widerstandsmoment

$$W = \frac{I}{z_{\max}} \approx \frac{I}{c/2} = \frac{4}{3} t c^2 \, . \tag{c}$$

Einsetzen von (b) und (c) in (a) liefert

$$\frac{4}{3} t c^2 \geq \frac{2 l F}{9 \sigma_{\mathrm{zul}}} \quad \rightarrow \quad c \geq \sqrt{\frac{l F}{6 t \sigma_{\mathrm{zul}}}} \, .$$

Mit den gegebenen Zahlenwerten erhält man daraus

$$\underline{\underline{c \geq 333 \, \mathrm{mm}}} \, . \quad \blacktriangleleft$$

4.5 Biegelinie

4.5.1 Differentialgleichung der Biegelinie

Die Gleichungen (4.18), (4.24) und (4.25) sind vier Differentialgleichungen für die Schnittgrößen Q, M und die Deformationsgrößen ψ, w. Sie lassen sich vereinfachen, wenn man annimmt, dass die Schubsteifigkeit sehr groß ist. Für $\varkappa\, GA \rightarrow \infty$ folgt dann bei endlicher Querkraft Q aus (4.25)

$$w' + \psi = 0 \, . \tag{4.29}$$

Ein Balkenelement erfährt unter der Wirkung der Querkraft in diesem Fall *keine* Winkeländerung. Einen solchen Balken nennt man **schubstarr**. Geometrisch bedeutet (4.29), dass Balkenquerschnitte, die vor der Deformation senkrecht auf

Abb. 4.12 Schubstarrer
Balken

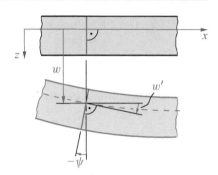

der Balkenachse standen, auch nach der Deformation senkrecht auf der deformierten Balkenachse stehen (Abb. 4.12). Man nennt dies und die Annahme vom Ebenbleiben der Querschnitte (vgl. (4.22b)) nach Jakob Bernoulli (1655–1705) die **Bernoullischen Annahmen**. Sie sind für schlanke Balken hinreichend genau und für reine Biegung ($Q = 0$) sogar exakt.

Mit (4.18), (4.24) und (4.29) stehen nun die vier Differentialgleichungen erster Ordnung

$$Q' = -q \,, \quad M' = Q \,, \quad \psi' = \frac{M}{EI} \,, \quad w' = -\psi \tag{4.30}$$

zur Bestimmung von Q, M, ψ, w bei gegebener Belastung q zur Verfügung. Durch Eliminieren von ψ erhält man aus den letzten beiden die **Differentialgleichung der Biegelinie**

$$w'' = -\frac{M}{EI} \,. \tag{4.31}$$

Aus ihr können durch Integration die Neigung $w'(x)$ und die Durchbiegung $w(x)$ – häufig **Biegelinie** genannt – bestimmt werden, wenn der Verlauf des Momentes M und die Biegesteifigkeit EI bekannt sind.

Die *Krümmung* $\varkappa_B$ der Balkenachse ist durch

$$\varkappa_B = \frac{w''}{(1 + w'^2)^{3/2}} \tag{4.32a}$$

gegeben. Bei kleiner Neigung ($w'^2 \ll 1$) folgt hieraus

$$\varkappa_B \approx w'' \,. \tag{4.32b}$$

Abb. 4.13 Vorzeichen der Krümmung

Nach (4.31) ist die Krümmung des Balkens proportional zum Moment und für $M > 0$ negativ bzw. für $M < 0$ positiv (Abb. 4.13).

Eine weitere Form der Differentialgleichung der Biegelinie erhält man unter Verwendung der ersten beiden Gleichungen von (4.30). Differenziert man $M = -EI\,w''$ einmal und setzt in $Q = M'$ ein, so folgt zunächst

$$Q = -(EI\,w'')'. \tag{4.33}$$

Nochmaliges Differenzieren liefert mit $Q' = -q$ die Differentialgleichung vierter Ordnung

$$(EI\,w'')'' = q\,, \tag{4.34a}$$

welche sich für $EI = $ const auf

$$EI\,w^{IV} = q \tag{4.34b}$$

vereinfacht. Hieraus kann die Durchbiegung w bei bekannten $q(x)$ und EI durch vierfache Integration bestimmt werden.

Die Integrationskonstanten, die bei der Integration von (4.34) auftreten, werden aus den Randbedingungen bestimmt. Wir unterscheiden dabei geometrische Randbedingungen und statische Randbedingungen. **Geometrische Randbedingungen** sind Aussagen über die geometrischen (kinematischen) Größen w bzw. w'. Dagegen sind **statische Randbedingungen** Aussagen über die statischen Größen (Kraftgrößen) Q bzw. M. Ist ein Balken an einem Ende zum Beispiel gelenkig gelagert, so sind an dieser Stelle die Verschiebung w und das Moment M Null.

Tab. 4.2 Randbedingungen

Lager	w	w'	M	Q
Gelenkiges Lager	0	$\neq 0$	0	$\neq 0$
Parallelführung	$\neq 0$	0	$\neq 0$	0
Einspannung	0	0	$\neq 0$	$\neq 0$
Freies Ende	$\neq 0$	$\neq 0$	0	0

Über die Querkraft Q und die Neigung w' kann dort keine Aussage gemacht werden. An einer Einspannstelle sind die Verschiebung w und die Neigung w' Null; Q und M sind hier unbekannt. Allgemein können an jedem Balkenende jeweils zwei Randbedingungen formuliert werden. In der Tab. 4.2 sind die Randbedingungen für die wichtigsten Lagerungsarten zusammengestellt (vgl. auch Band 1, Abschnitt 7.2.3).

Die Durchbiegung w kann aus (4.31) nur bei statisch bestimmt gelagerten Balken ermittelt werden, da nur in diesem Fall der Momentenverlauf vorab (aus den Gleichgewichtsbedingungen) bestimmbar ist. Die zwei Integrationskonstanten, welche bei der Integration von (4.31) auftreten, werden dann allein aus geometrischen Randbedingungen berechnet, während die statischen Randbedingungen a priori erfüllt sind. Bei statisch unbestimmt gelagerten Balken lässt sich w aus (4.34) ermitteln. Hier treten bei der Integration vier Integrationskonstanten auf, welche aus geometrischen und/oder statischen Randbedingungen berechnet werden.

4.5.2 Einfeldbalken

Wir wollen nun in einigen Beispielen die Integration der Differentialgleichung der Biegelinie durchführen. Zunächst beschränken wir uns auf Balken mit „einem Feld“, d. h. wir setzen voraus, dass die Größen $q(x)$, $Q(x)$, $M(x)$, $w'(x)$ und $w(x)$ durch *eine* Funktion über die gesamte Länge des Balkens beschrieben werden.

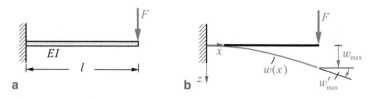

Abb. 4.14 Einseitig eingespannter Balken

Als ersten Fall betrachten wir einen eingespannten Balken konstanter Biegestei-figkeit EI unter einer Last F nach Abb. 4.14a. Da das System statisch bestimmt ist, kann der Momentenverlauf aus den Gleichgewichtsbedingungen bestimmt werden (vgl. Band 1, Abschnitt 7.2). Zählen wir die Koordinate x von der Einspannung aus, so gilt $M = -F(l - x)$. Einsetzen in (4.31) und Integration liefern

$$EI\, w'' = F(-x + l)\,,$$

$$EI\, w' = F\left(-\frac{x^2}{2} + l\,x\right) + C_1\,,$$

$$EI\, w = F\left(-\frac{x^3}{6} + \frac{l\,x^2}{2}\right) + C_1\,x + C_2\,.$$

Aus den geometrischen Randbedingungen

$$w'(0) = 0\,, \quad w(0) = 0$$

folgen die Integrationskonstanten

$$C_1 = 0\,, \quad C_2 = 0\,.$$

Damit werden der Neigungs- und der Durchbiegungsverlauf

$$w'(x) = \frac{F\,l^2}{2\,EI}\left(-\frac{x^2}{l^2} + 2\,\frac{x}{l}\right)\,,$$

$$w(x) = \frac{F\,l^3}{6\,EI}\left(-\frac{x^3}{l^3} + 3\,\frac{x^2}{l^2}\right)\,.$$

Der größte Neigungswinkel und die größte Durchbiegung (oft als „Biegepfeil" f bezeichnet) treten an der Lastangriffsstelle $x = l$ auf (Abb. 4.14b):

$$w'_{\max} = \frac{F\,l^2}{2\,EI}\,, \quad w_{\max} = f = \frac{F\,l^3}{3\,EI}\,.$$

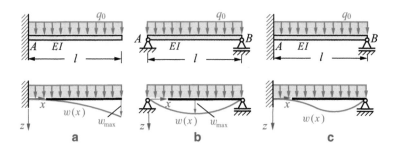

Abb. 4.15 Drei unterschiedlich gelagerte Balken

Wir untersuchen nun drei gleiche Balken konstanter Biegesteifigkeit EI unter konstanter Streckenlast q_0 bei unterschiedlicher Lagerung (Abb. 4.15a–c). Dabei sind die Balken nach a) und b) statisch bestimmt gelagert und der Balken nach c) ist statisch unbestimmt gelagert. Bei letzterem können wir den Momentenverlauf *nicht* aus den Gleichgewichtsbedingungen bestimmen. Wir gehen daher in allen drei Fällen von der Differentialgleichung (4.34b) aus. Führen wir Koordinaten ein und integrieren (4.34b), so ergibt sich zunächst unabhängig von der Lagerung

$$EI\, w^{IV} = q = q_0\,,$$

$$EI\, w''' = -Q = q_0\, x + C_1\,,$$

$$EI\, w'' = -M = \frac{1}{2}q_0\, x^2 + C_1\, x + C_2\,,$$

$$EI\, w' = \frac{1}{6}q_0\, x^3 + \frac{1}{2}C_1\, x^2 + C_2\, x + C_3\,,$$

$$EI\, w = \frac{1}{24}q_0\, x^4 + \frac{1}{6}C_1\, x^3 + \frac{1}{2}C_2\, x^2 + C_3\, x + C_4\,.$$

Die unterschiedlichen Randbedingungen führen jedoch auf unterschiedliche Integrationskonstanten:

a)

$$w'(0) = 0 \quad \rightarrow \quad C_3 = 0\,,$$

$$w(0) = 0 \quad \rightarrow \quad C_4 = 0\,,$$

$$Q(l) = 0 \quad \rightarrow \quad q_0\, l + C_1 = 0 \quad \rightarrow \quad C_1 = -q_0\, l\,,$$

$$M(l) = 0 \quad \rightarrow \quad \frac{1}{2}q_0\, l^2 + C_1\, l + C_2 = 0 \quad \rightarrow \quad C_2 = \frac{1}{2}q_0\, l^2\,,$$

b)

$$M(0) = 0 \quad \rightarrow \quad C_2 = 0\,,$$

$$M(l) = 0 \quad \rightarrow \quad \frac{1}{2}q_0\,l^2 + C_1\,l = 0 \quad \rightarrow \quad C_1 = -\frac{1}{2}q_0\,l\,,$$

$$w(0) = 0 \quad \rightarrow \quad C_4 = 0\,,$$

$$w(l) = 0 \quad \rightarrow \quad \frac{1}{24}q_0\,l^4 + \frac{1}{6}C_1\,l^3 + C_3\,l = 0 \quad \rightarrow \quad C_3 = \frac{1}{24}q_0\,l^3\,,$$

c)

$$w'(0) = 0 \quad \rightarrow \quad C_3 = 0\,,$$

$$w(0) = 0 \quad \rightarrow \quad C_4 = 0\,,$$

$$M(l) = 0 \quad \rightarrow \quad \frac{1}{2}q_0\,l^2 + C_1\,l + C_2 = 0\,,$$

$$w(l) = 0 \quad \rightarrow \quad \frac{1}{24}q_0\,l^4 + \frac{1}{6}C_1\,l^3 + \frac{1}{2}C_2\,l^2 = 0$$

$$\rightarrow \quad C_1 = -\frac{5}{8}q_0\,l\,, \quad C_2 = \frac{1}{8}q_0\,l^2\,.$$

Damit erhält man die Biegelinien (Abb. 4.15a–c)

a)

$$w(x) = \frac{q_0\,l^4}{24\,EI}\left[\left(\frac{x}{l}\right)^4 - 4\left(\frac{x}{l}\right)^3 + 6\left(\frac{x}{l}\right)^2\right]\,,$$

b)

$$w(x) = \frac{q_0\,l^4}{24\,EI}\left[\left(\frac{x}{l}\right)^4 - 2\left(\frac{x}{l}\right)^3 + \left(\frac{x}{l}\right)\right]\,,$$

c)

$$w(x) = \frac{q_0\,l^4}{24\,EI}\left[\left(\frac{x}{l}\right)^4 - \frac{5}{2}\left(\frac{x}{l}\right)^3 + \frac{3}{2}\left(\frac{x}{l}\right)^2\right]\,.$$

Die größten Durchbiegungen lauten im Fall a)

$$w_{\max} = w(l) = \frac{q_0\,l^4}{8\,EI}$$

und im Fall b)

$$w_{\max} = w\left(\frac{l}{2}\right) = \frac{5}{384}\frac{q_0\,l^4}{EI}\,.$$

Nach der Ermittlung der Integrationskonstanten liegen nun auch die Verläufe der Neigung w', des Biegemoments M und der Querkraft Q fest. So folgen zum Beispiel für den statisch unbestimmten Fall c)

$$Q(x) = -\frac{q_0 l}{8}\left[8\left(\frac{x}{l}\right) - 5\right],$$

$$M(x) = -\frac{q_0 l^2}{8}\left[4\left(\frac{x}{l}\right)^2 - 5\left(\frac{x}{l}\right) + 1\right].$$

Daraus lassen sich die Lagerreaktionen ablesen:

$$A = Q(0) = \frac{5 q_0 l}{8}, \quad B = -Q(l) = \frac{3 q_0 l}{8},$$

$$M_A = M(0) = -\frac{q_0 l^2}{8}.$$

Man kann sich zur Probe davon überzeugen, dass hiermit die Gleichgewichtsbedingungen

$$\uparrow: \quad A + B - q_0 l = 0, \quad \overset{\curvearrowleft}{A}: \quad -M_A + l\,B - \frac{l}{2}q_0 l = 0$$

erfüllt werden.

Beispiel 4.6

Ein beidseitig gelenkig gelagerter Balken (Biegesteifigkeit $E\,I$) ist nach Bild a durch ein Endmoment M_0 belastet.
    Wie groß ist die maximale Durchbiegung, und an welcher Stelle tritt sie auf?

a   b

Lösung Da der Balken statisch bestimmt gelagert ist, können wir den Momentenverlauf aus den Gleichgewichtsbedingungen ermitteln. Mit den Lagerreaktionen $A = -B = M_0/l$ (Bild b) und der vom Lager A gezählten Koordinate x folgt

$$M(x) = x\,A = M_0\,\frac{x}{l}.$$

Einsetzen in (4.31) und schrittweise Integration liefern

$$E I\, w'' = -\frac{M_0}{l}\, x \,,$$

$$E I\, w' = -\frac{M_0}{2\,l}\, x^2 + C_1 \,,$$

$$E I\, w = -\frac{M_0}{6\,l}\, x^3 + C_1\, x + C_2 \,.$$

Die Integrationskonstanten lassen sich aus den geometrischen Randbedingungen bestimmen:

$$w(0) = 0 \quad \rightarrow \quad C_2 = 0 \,,$$

$$w(l) = 0 \quad \rightarrow \quad -\frac{M_0}{6\,l}\,l^3 + C_1\, l = 0 \quad \rightarrow \quad C_1 = \frac{M_0\, l}{6} \,.$$

Damit lautet die Biegelinie

$$w(x) = \frac{1}{E I}\left[-\frac{M_0}{6\,l}x^3 + \frac{M_0\, l}{6}x \right] = \frac{M_0\, l^2}{6\,E I}\left[-\left(\frac{x}{l}\right)^3 + \left(\frac{x}{l}\right) \right] \,.$$

Die maximale Durchbiegung tritt an der Stelle auf, an der die Neigung verschwindet:

$$w' = 0 \quad \rightarrow \quad -\frac{M_0}{2\,l}x^2 + \frac{M_0\, l}{6} = 0 \quad \rightarrow \quad \underline{\underline{x^* = \frac{1}{\sqrt{3}}\, l}} \,.$$

Damit erhalten wir

$$\underline{\underline{w_{\max}}} = w(x^*) = \frac{M_0\, l^2}{6\,E I}\left[-\frac{1}{3\sqrt{3}} + \frac{1}{\sqrt{3}} \right] = \underline{\underline{\frac{\sqrt{3}\, M_0\, l^2}{27\,E I}}} \,. \quad \blacktriangleleft$$

Beispiel 4.7

Der dargestellte Träger wird durch eine Kraft F belastet.
    Wie groß sind die Absenkung bei A und das Einspannmoment bei B?

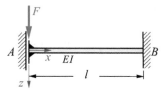

Lösung Der Träger ist statisch unbestimmt gelagert. Wir müssen daher von der Differentialgleichung (4.34b) ausgehen. Mit $q(x) = 0$ erhält man durch Integration

$$EI\,w^{IV} = 0\,, \quad EI\,w''' = -Q = C_1\,,$$
$$EI\,w'' = -M = C_1\,x + C_2\,,$$
$$EI\,w' = \frac{1}{2}C_1\,x^2 + C_2\,x + C_3\,,$$
$$EI\,w = \frac{1}{6}C_1\,x^3 + \frac{1}{2}C_2\,x^2 + C_3\,x + C_4\,.$$

Die Integrationskonstanten werden aus den Randbedingungen bestimmt:

$$Q(0) = -F \quad \to \quad C_1 = F\,,$$
$$w'(0) = 0 \quad \to \quad C_3 = 0\,,$$
$$w'(l) = 0 \quad \to \quad \frac{1}{2}C_1\,l^2 + C_2\,l = 0 \quad \to \quad C_2 = -\frac{1}{2}F\,l\,,$$
$$w(l) = 0 \quad \to \quad \frac{1}{6}C_1\,l^3 + \frac{1}{2}C_2\,l^2 + C_4 = 0 \quad \to \quad C_4 = \frac{1}{12}F\,l^3\,.$$

Damit werden die Biegelinie und der Momentenverlauf

$$w(x) = \frac{F\,l^3}{12\,EI}\left[2\left(\frac{x}{l}\right)^3 - 3\left(\frac{x}{l}\right)^2 + 1\right],$$
$$M(x) = -\frac{F\,l}{2}\left[2\left(\frac{x}{l}\right) - 1\right].$$

Für die Absenkung bei A und das Moment bei B folgen

$$\underline{\underline{w_A = w(0) = \frac{F\,l^3}{12\,EI}}}\,, \quad \underline{\underline{M_B = M(l) = -\frac{F\,l}{2}}}\,. \quad \blacktriangleleft$$

Beispiel 4.8

Der beidseitig eingespannte Balken (Biegesteifigkeit EI) nach Bild a trägt eine linear verteilte Streckenlast.
   Es sind der Querkraft- und der Momentenverlauf zu bestimmen.

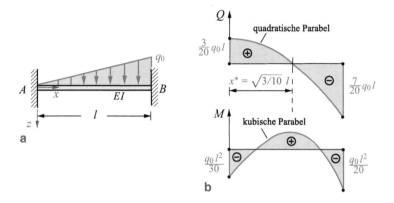

Lösung Der Balken ist statisch unbestimmt gelagert. Zählen wir die Koordinate x vom Lager A aus, so gilt $q(x) = q_0\,x/l$, und man erhält durch Integration aus (4.34b)

$$EI\,w^{IV} = \frac{q_0}{l}\,x\,,$$

$$EI\,w''' = -Q = \frac{1}{2}\frac{q_0}{l}\,x^2 + C_1\,,$$

$$EI\,w'' = -M = \frac{1}{6}\frac{q_0}{l}\,x^3 + C_1\,x + C_2\,,$$

$$EI\,w' = \frac{1}{24}\frac{q_0}{l}\,x^4 + \frac{1}{2}C_1\,x^2 + C_2\,x + C_3\,,$$

$$EI\,w = \frac{1}{120}\frac{q_0}{l}\,x^5 + \frac{1}{6}C_1\,x^3 + \frac{1}{2}C_2\,x^2 + C_3\,x + C_4\,.$$

Die Integrationskonstanten werden aus den Randbedingungen bestimmt:

$$w'(0) = 0 \quad \rightarrow \quad C_3 = 0\,,$$

$$w(0) = 0 \quad \rightarrow \quad C_4 = 0\,,$$

$$w'(l) = 0 \quad \rightarrow \quad \left.\begin{array}{l} \dfrac{1}{24}q_0\,l^3 + \dfrac{1}{2}C_1\,l^2 + C_2\,l = 0 \\[2mm] w(l) = 0 \quad \rightarrow \quad \dfrac{1}{120}q_0\,l^4 + \dfrac{1}{6}C_1\,l^3 + \dfrac{1}{2}C_2\,l^2 = 0 \end{array}\right\} \quad \rightarrow \quad C_1 = -\frac{3}{20}q_0\,l\,,$$

$$C_2 = \frac{1}{30}q_0\,l^2\,.$$

Damit ergeben sich für den Querkraft- und den Momentenverlauf (Bild b)

$$Q(x) = \frac{q_0\,l}{20}\left[-10\left(\frac{x}{l}\right)^2 + 3\right],$$

$$M(x) = \frac{q_0\,l^2}{60}\left[-10\left(\frac{x}{l}\right)^3 + 9\left(\frac{x}{l}\right) - 2\right].$$

Das extremale Moment tritt an der Stelle $x^* = \sqrt{3/10}\,l$ auf, an der die Querkraft verschwindet. Für die Lagerreaktionen liest man ab:

$$A = Q(0) = \frac{3}{20}q_0\,l, \qquad B = -Q(l) = \frac{7}{20}q_0\,l,$$

$$M_A = M(0) = -\frac{q_0\,l^2}{30}, \qquad M_B = M(l) = -\frac{q_0\,l^2}{20}. \qquad \blacktriangleleft$$

Beispiel 4.9

Ein einseitig eingespannter Träger (Elastizitätsmodul E) mit Rechteckquerschnitt ist wie dargestellt durch eine Gleichstreckenlast q_0 belastet.

Wie muss bei konstanter Querschnittsbreite b der Verlauf der Querschnittshöhe $h(x)$ sein, damit die Randspannung überall den gleichen Wert σ_0 hat? Wie groß ist dann die Absenkung des freien Balkenendes?

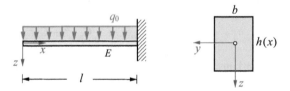

Lösung Damit die Randspannung überall den Wert σ_0 annimmt, muss nach (4.28) gelten

$$\sigma_0 = \frac{|M|}{W}.$$

Mit dem Momentenverlauf

$$M(x) = -\frac{1}{2}q_0\,x^2 \tag{a}$$

(x wird vom freien Balkenende aus gezählt) und dem Widerstandsmoment für den Rechteckquerschnitt

$$W = \frac{I}{h/2} = \frac{b\,h^3\,2}{12\,h} = \frac{b\,h^2}{6}$$

folgt daraus der erforderliche Verlauf der Querschnittshöhe:

$$\sigma_0 = \frac{q_0\,x^2\,6}{2\,b\,h^2} \quad \rightarrow \quad h(x) = \sqrt{\frac{3\,q_0}{b\,\sigma_0}}\,x\,.$$

Für das Trägheitsmoment erhält man hieraus

$$I(x) = \frac{b\,h^3}{12} = \frac{b}{12}\left(\frac{3\,q_0}{b\,\sigma_0}\right)^{3/2} x^3 = I_0\,\frac{x^3}{l^3}\,, \tag{b}$$

wobei $I_0 = b\,h^3(l)/12$ das Trägheitsmoment an der Einspannung ($x = l$) ist. Einsetzen von (a) und (b) in die Differentialgleichung der Biegelinie (4.31) und zweifache Integration liefern

$$w'' = -\frac{M}{E\,I} = \frac{q_0\,l^3}{2\,E\,I_0}\,\frac{1}{x}\,,$$

$$w' = \frac{q_0\,l^3}{2\,E\,I_0}\,\ln\frac{x}{C_1}\,,$$

$$w = \frac{q_0\,l^3}{2\,E\,I_0}\left[x\ln\frac{x}{C_1} - x + C_2\right]\,.$$

Die Integrationskonstanten werden aus den Randbedingungen bestimmt:

$$w'(l) = 0 \quad \rightarrow \quad \ln\frac{l}{C_1} = 0 \quad \rightarrow \quad C_1 = l\,,$$

$$w(l) = 0 \quad \rightarrow \quad l\ln 1 - l + C_2 = 0 \quad \rightarrow \quad C_2 = l\,.$$

Mit der dimensionslosen Koordinate $\xi = x/l$ lautet die Biegelinie

$$w(\xi) = \frac{q_0\,l^4}{2\,E\,I_0}\left[\xi\ln\xi - \xi + 1\right]\,.$$

Die Absenkung am freien Ende ($\xi = 0$) ergibt sich unter Beachtung von $\lim\limits_{\xi\to 0}\xi\ln\xi = 0$ zu

$$w(0) = \frac{q_0\,l^4}{2\,E\,I_0}\,.$$

Sie ist viermal so groß wie die Durchbiegung eines Balkens mit konstantem Trägheitsmoment I_0. ◄

4.5.3 Balken mit mehreren Feldern

Häufig lassen sich eine oder mehrere der Kraftgrößen (q, Q, M) bzw. der Verformungsgrößen (w', w) nicht über den gesamten Balken durch jeweils eine einzige Funktion darstellen, oder die Biegesteifigkeit EI ist abschnittsweise veränderlich. In solchen Fällen muss der Balken so in Felder unterteilt werden, dass alle Größen jeweils stetig sind; die Integration der Differentialgleichung der Biegelinie muss dann bereichsweise erfolgen (vgl. auch Band 1, Abschnitt 7.2.4).

Wir wollen die Vorgehensweise am statisch bestimmt gelagerten Balken konstanter Biegesteifigkeit EI nach Abb. 4.16 demonstrieren. Der Momentenverlauf ist durch

$$M(x) = \begin{cases} F\dfrac{b}{l}\,x & \text{für } 0 \leq x \leq a \\[2mm] F\dfrac{a}{l}(l-x) & \text{für } a \leq x \leq l \end{cases}$$

gegeben. Einsetzen in (4.31) und Integration in den Feldern I ($0 \leq x \leq a$) und II ($a \leq x \leq l$) liefert

I:

$$EI\,w_I'' = -F\frac{b}{l}\,x\,,$$

$$EI\,w_I' = -F\frac{b}{l}\frac{x^2}{2} + C_1\,,$$

$$EI\,w_I = -F\frac{b}{l}\frac{x^3}{6} + C_1\,x + C_2\,,$$

II:

$$EI\,w_{II}'' = -F\frac{a}{l}(l-x)\,,$$

$$EI\,w_{II}' = F\frac{a}{l}\frac{(l-x)^2}{2} + C_3\,,$$

$$EI\,w_{II} = -F\frac{a}{l}\frac{(l-x)^3}{6} - C_3(l-x) + C_4\,.$$

Abb. 4.16 Balken mit zwei Feldern

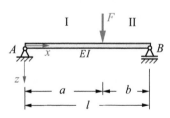

Dabei ist es zweckmäßig, in Feld II den Abstand $(l - x)$ vom Lager B als Variable zu verwenden.

Zur Bestimmung der vier Integrationskonstanten stehen zunächst nur die zwei geometrischen Randbedingungen

$$w_\mathrm{I}(0) = 0 \quad \rightarrow \quad C_2 = 0 \,,$$

$$w_\mathrm{II}(l) = 0 \quad \rightarrow \quad C_4 = 0$$

zur Verfügung. Zwei weitere Gleichungen folgen aus den **Übergangsbedingungen**. An der Stelle $x = a$ müssen die Verschiebungen und die Neigungswinkel beider Bereiche übereinstimmen (keine Sprünge in Verschiebung und Neigung):

$$w_\mathrm{I}(a) = w_\mathrm{II}(a) \quad \rightarrow \quad -F\frac{b}{l}\frac{a^3}{6} + C_1 a = -F\frac{a}{l}\frac{b^3}{6} - C_3 b \,,$$

$$w_\mathrm{I}'(a) = w_\mathrm{II}'(a) \quad \rightarrow \quad -F\frac{b}{l}\frac{a^2}{2} + C_1 = F\frac{a}{l}\frac{b^2}{2} + C_3 \,,$$

$$\rightarrow \quad C_1 = \frac{F\,a\,b(a + 2\,b)}{6\,l} \,, \quad C_3 = -\frac{F\,a\,b(b + 2\,a)}{6\,l} \,.$$

Damit lässt sich die Biegelinie in folgender Form schreiben:

$$w(x) = \begin{cases} \dfrac{F\,b\,l^2}{6\,EI}\dfrac{x}{l}\left[1 - \left(\dfrac{b}{l}\right)^2 - \left(\dfrac{x}{l}\right)^2\right] & \text{für } 0 \le x \le a \,, \\[3mm] \dfrac{F\,a\,l^2}{6\,EI}\dfrac{(l-x)}{l}\left[1 - \left(\dfrac{a}{l}\right)^2 - \left(\dfrac{l-x}{l}\right)^2\right] & \text{für } a \le x \le l \,. \end{cases}$$

Die Absenkung an der Kraftangriffsstelle folgt daraus zu

$$w(a) = \frac{F\,a^2\,b^2}{3\,EI\,l} \,.$$

Der schon bei zwei Feldern beträchtliche Aufwand der bereichsweisen Integration lässt sich reduzieren, wenn man das **Klammer-Symbol** nach Föppl anwendet. Wie man mit ihm Sprünge im q-, Q- und M-Verlauf erfassen kann, wurde in Band 1, Abschnitt 7.2.5 gezeigt. Analog hierzu können Sprünge auch in der Neigung w' oder in der Verschiebung w berücksichtigt werden. Befindet sich zum Beispiel an einer Stelle $x = a$ ein Gelenk (Abb. 4.17a), so kann dort ein Sprung $\Delta\varphi$ im Neigungswinkel w' auftreten, der sich als

$$w'(x) = \Delta\varphi \, \langle x - a \rangle^0$$

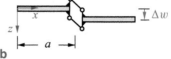

Abb. 4.17 Gelenk und Parallelführung

schreiben lässt. Ein Verschiebungssprung Δw infolge einer Parallelführung an der Stelle $x = a$ (Abb. 4.17b) wird durch

$$w(x) = \Delta w \, \langle x - a \rangle^0$$

erfasst.

Beispiel 4.10

Der dargestellte Balken (Biegesteifigkeit $E\,I$) ist durch eine Kraft F und eine Streckenlast q_0 belastet.

Wie groß ist die Absenkung des Gelenkes G, und welche Winkeldifferenz tritt dort auf?

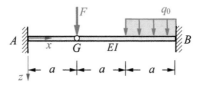

Lösung Mit Hilfe des Klammer-Symbols kann die Streckenlast über die Balkenlänge durch eine einzige Gleichung erfasst werden: $q(x) = q_0 \langle x - 2a \rangle^0$. Bei der Integration von (4.34b) müssen am Gelenk der Sprung um $-F$ im Querkraftverlauf (Vorzeichen beachten!) und der noch unbekannte Sprung um $\Delta \varphi$ im Neigungsverlauf berücksichtigt werden:

$$E\,I\,w^{IV} = q_0 \, \langle x - 2a \rangle^0 \,,$$

$$E\,I\,w''' = -Q = q_0 \, \langle x - 2a \rangle^1 + F \, \langle x - a \rangle^0 + C_1 \,,$$

$$E\,I\,w'' = -M = \frac{q_0}{2} \, \langle x - 2a \rangle^2 + F \, \langle x - a \rangle^1 + C_1 \, x + C_2 \,,$$

$$EI\,w' = \frac{q_0}{6}\,\langle x - 2a \rangle^3 + \frac{F}{2}\,\langle x - a \rangle^2 + EI\,\Delta\varphi\,\langle x - a \rangle^0 + \frac{C_1}{2}\,x^2$$
$$+ C_2\,x + C_3\,,$$

$$EI\,w = \frac{q_0}{24}\,\langle x - 2a \rangle^4 + \frac{F}{6}\,\langle x - a \rangle^3 + EI\,\Delta\varphi\,\langle x - a \rangle^1 + \frac{C_1}{6}\,x^3 + \frac{C_2}{2}\,x^2$$
$$+ C_3\,x + C_4\,.$$

Die Integrationskonstanten und die Winkeldifferenz $\Delta\varphi$ folgen aus den vier Randbedingungen und aus der Bedingung, dass am Gelenk G das Moment Null ist:

$$w(0) = 0 \quad \rightarrow \quad C_4 = 0\,,$$
$$w'(0) = 0 \quad \rightarrow \quad C_3 = 0\,,$$
$$w(3a) = 0 \quad \rightarrow \quad \frac{q_0\,a^4}{24} + \frac{8\,F\,a^3}{6} + EI\,\Delta\varphi\,2a + \frac{27}{6}C_1\,a^3 + \frac{9}{2}C_2\,a^2 = 0\,,$$
$$w'(3a) = 0 \quad \rightarrow \quad \frac{q_0\,a^3}{6} + \frac{4\,F\,a^2}{2} + EI\,\Delta\varphi + \frac{9}{2}C_1\,a^2 + 3\,C_2\,a = 0\,,$$
$$M(a) = 0 \quad \rightarrow \quad C_1\,a + C_2 = 0\,.$$

Auflösen liefert

$$\underline{\underline{\Delta\varphi = -\frac{q_0\,a^3}{48\,EI} - \frac{2\,F\,a^2}{3\,EI}}}\,,$$

$$C_1 = -\frac{7}{72}\,q_0\,a - \frac{8}{9}\,F\,, \quad C_2 = \frac{7}{72}\,q_0\,a^2 + \frac{8}{9}\,F\,a\,.$$

Die Verschiebung am Gelenk wird damit

$$\underline{\underline{w(a)}} = \frac{1}{EI}\left[\frac{C_1\,a^3}{6} + \frac{C_2\,a^2}{2}\right] = \underline{\underline{\frac{7\,q_0\,a^4}{216\,EI} + \frac{8\,F\,a^3}{27\,EI}}}\,. \quad \blacktriangleleft$$

4.5.4 Superposition

Die Differentialgleichung der Biegelinie (4.31) bzw. (4.34) ist *linear*. Das bedeutet, dass Lösungen für verschiedene Lastfälle superponiert werden können. Wirken zum Beispiel auf den Balken nach Abb. 4.18 eine Streckenlast q_1 *und* eine Kraft F_2, so lässt sich die Verschiebung w durch Superposition der Verschiebung w_1

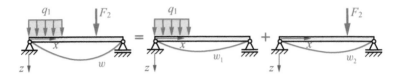

Abb. 4.18 Superposition

(infolge der Belastung q_1) und der Verschiebung w_2 (infolge der Belastung F_2) finden: $w = w_1 + w_2$. Analoges gilt für die Neigung $w' = w_1' + w_2'$, das Moment $M = M_1 + M_2$ und die Querkraft $Q = Q_1 + Q_2$.

In der Tab. 4.3 sind einige Grundlösungen für statisch bestimmte Balken konstanter Biegesteifigkeit EI zusammengestellt. Mit ihrer Hilfe kann man für viele zusammengesetzte Belastungsfälle die Durchbiegung einfach ermitteln, *ohne* dass die Differentialgleichung der Biegelinie integriert werden muss.

Auch bei statisch unbestimmten Problemen ist die Anwendung der Superposition oft vorteilhaft. Um das Vorgehen zu erläutern, betrachten wir den Balken nach Abb. 4.19a. Er ist einfach statisch unbestimmt gelagert. Wenn man das rechte Lager entfernt, dann wird der Balken statisch bestimmt. Die Verschiebung $w^{(0)}$ für dieses „Grundsystem" oder „0"-System infolge der gegebenen äußeren Belastung können wir der Tab. 4.3 entnehmen. Speziell für das rechte Balkenende bei B gilt

$$w_B^{(0)} = \frac{q_0\, l^4}{8\, EI}.$$

Nun belasten wir den Balken in einem „1"-System *nur* durch eine noch unbekannte Kraft X an der Stelle, an der wir das Lager entfernt haben. Sie entspricht der Lagerkraft B im ursprünglichen System. Für die Verschiebung an der Kraftangriffsstelle lesen wir aus Tab. 4.3 ab:

$$w_B^{(1)} = -\frac{X\, l^3}{3\, EI}.$$

Das ursprüngliche System kann als Überlagerung der Lastfälle aus dem „0"- und dem „1"-System angesehen werden. Da sich an der Stelle B ein Lager befindet, muss die Durchbiegung dort verschwinden:

$$w_B = w_B^{(0)} + w_B^{(1)} = 0.$$

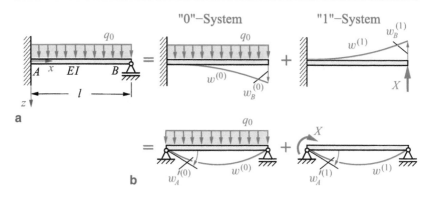

Abb. 4.19 Superposition bei einem statisch unbestimmten System

Einsetzen in diese Kompatibilitätsbedingung liefert

$$\frac{q_0\, l^4}{8\, EI} - \frac{X\, l^3}{3\, EI} = 0 \quad \rightarrow \quad X = B = \frac{3}{8} q_0\, l\,.$$

Damit liegen die Verläufe der Biegelinie $w = w^{(0)} + w^{(1)}$, der Neigung $w' = w'^{(0)} + w'^{(1)}$, des Momentes $M = M^{(0)} + M^{(1)}$ und der Querkraft $Q = Q^{(0)} + Q^{(1)}$ fest. So erhält man zum Beispiel mit $M^{(0)} = -\frac{1}{2}q_0(l-x)^2$, $M^{(1)} = X(l-x)$ und dem nun bekannten Wert von X für den Momentenverlauf (vgl. Abschn. 4.5.2)

$$M = -\frac{1}{2}q_0(l-x)^2 + X(l-x) = -\frac{q_0\, l^2}{8}\left[4\left(\frac{x}{l}\right)^2 - 5\left(\frac{x}{l}\right) + 1\right].$$

Insbesondere folgt daraus für das Moment an der Einspannstelle

$$M_A = M(0) = -\frac{q_0\, l^2}{8}\,.$$

Bei statisch unbestimmten Systemen gibt es mehrere Möglichkeiten, ein „0"-System zu wählen. So können wir im Beispiel ein statisch bestimmtes Grundsystem auch dadurch erzeugen, dass wir die Einspannung bei A durch eine gelenkige Lagerung ersetzen (Abb. 4.19b). Im „1"-System wird dann entsprechend der gelösten Bindung der Balken durch ein Moment X belastet. Damit die überlagerten Lastfälle dem ursprünglichen System entsprechen, muss die Neigung am Lager A verschwinden (Einspannung!):

$$w'_A = w'^{(0)}_A + w'^{(1)}_A = 0\,.$$

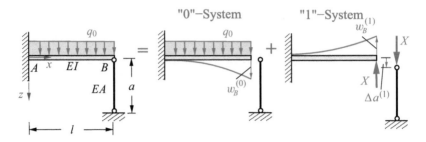

Abb. 4.20 Beispiel zur Superposition

Mit den Werten $w_A'^{(0)} = q_0\, l^3/24\, E\, I$ und $w_A'^{(1)} = X\, l/3\, E\, I$ aus der Tab. 4.3 folgt für das Moment

$$X = M_A = -\frac{q_0\, l^2}{8}\,.$$

Wenn der Balken am rechten Ende nicht fest, sondern durch einen elastischen Pendelstab (Dehnsteifigkeit $E\, A$, Länge a) gelagert ist (Abb. 4.20), so ändert sich an der Vorgehensweise im Prinzip nichts. Durch Lösen der Bindung zum Beispiel bei B erhalten wir ein „0"-System analog zu Abb. 4.19a; der Stab ist dabei unbelastet und erfährt keine Längenänderung: $\Delta a^{(0)} = 0$. Im „1"-System sind der Balken *und* der Stab durch die Stabkraft $X = S$ entgegengesetzt belastet (actio = reactio). Der Stab erfährt nun eine Verkürzung um $\Delta a^{(1)} = Xa/EA$. Wegen der Verbindung müssen für das ursprünglich gegebene System die Verschiebungen von Balken und Stab bei B übereinstimmen:

$$w_B = \Delta a \quad \to \quad w_B^{(0)} + w_B^{(1)} = \Delta a^{(1)}\,.$$

Mit $w_B^{(0)} = q_0\, l^4/8\, E\, I$ und $w_B^{(1)} = -X\, l^3/3\, E\, I$ ergibt sich daraus

$$\frac{q_0\, l^4}{8\, E\, I} - \frac{X\, l^3}{3\, E\, I} = \frac{X\, a}{E\, A} \quad \to \quad X = S = \frac{3}{8}q_0\, l\,\frac{1}{1 + \dfrac{3\, E\, I\, a}{E\, A\, l^3}}\,.$$

Damit lassen sich die Verformungen (Biegelinie) und die Schnittgrößen eindeutig bestimmen. Falls der Bruch $3\, E\, I\, a/E\, A\, l^3 \ll 1$ ist, kann er vernachlässigt werden. In diesem Fall und im Sonderfall eines dehnstarren Stabes ($E\, A \to \infty$) folgt wie beim Balken nach Abb. 4.19 die Stabkraft $X = 3\, q_0\, l/8$.

Bei einem *einfach* statisch unbestimmten System wird das Grundsystem durch Lösen *einer* Bindung erzeugt, und es wird *ein* Hilfssystem benötigt, das entsprechend der gelösten Bindung belastet ist. Analog müssen bei einem n-fach statisch

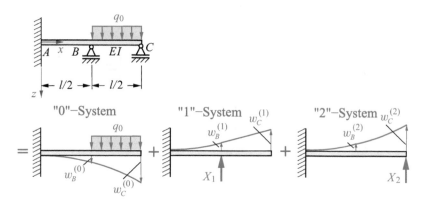

Abb. 4.21 Zweifach statisch unbestimmtes System

unbestimmten System n Bindungen gelöst werden, um ein Grundsystem („0"-System) zu erhalten. Hinzu kommen dann n Hilfssysteme, die durch jeweils eine Kraft oder ein Moment (entsprechend der gelösten Bindung) belastet sind. Die n noch unbekannten Kraftgrößen werden aus n Kompatibilitätsbedingungen bestimmt (vergleiche Abschn. 1.6).

Als Beispiel betrachten wir den zweifach statisch unbestimmt gelagerten Balken nach Abb. 4.21. Das „0"-System erzeugen wir durch Entfernen der Lager B und C. Die Hilfssysteme „1" und „2" werden durch die Kräfte $X_1 = B$ und $X_2 = C$ belastet. Beim gegebenen System verschwindet die Durchbiegung an den Lagern B und C. Demnach lauten die Kompatibilitätsbedingungen

$$w_B = 0 \quad \rightarrow \quad w_B^{(0)} + w_B^{(1)} + w_B^{(2)} = 0 \,,$$

$$w_C = 0 \quad \rightarrow \quad w_C^{(0)} + w_C^{(1)} + w_C^{(2)} = 0 \,.$$

Mit den Werten (vgl. Tab. 4.3)

$$w_B^{(0)} = \frac{14 q_0 l^4}{384 E I} \,, \quad w_B^{(1)} = -\frac{2 X_1 l^3}{48 E I} \,, \quad w_B^{(2)} = -\frac{5 X_2 l^3}{48 E I} \,,$$

$$w_C^{(0)} = \frac{41 q_0 l^4}{384 E I} \,, \quad w_C^{(1)} = -\frac{5 X_1 l^3}{48 E I} \,, \quad w_C^{(2)} = -\frac{16 X_2 l^3}{48 E I}$$

folgen daraus

$$X_1 = B = \frac{19}{56} q_0 l \,, \quad X_2 = C = \frac{12}{56} q_0 l \,.$$

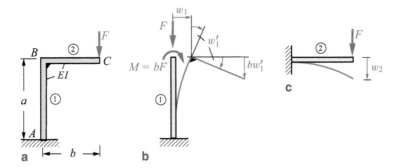

Abb. 4.22 Vertikalverschiebung an der Kraftangriffsstelle

Auch bei *Rahmen*, die ja aus geraden Balken zusammengesetzt sind, kann die Superposition manchmal vorteilhaft angewendet werden. Man untersucht dabei die Deformationen der einzelnen Balken für sich, muss bei der Superposition aber darauf achten, wie sich die Deformationen eines Balkens auf die Verschiebungen der angeschlossenen Balken auswirken.

In einem Anwendungsbeispiel bestimmen wir die Vertikalverschiebung des Winkels nach Abb. 4.22a an der Kraftangriffsstelle. Zunächst betrachten wir nur die Deformation des Stieles ① und ihre Auswirkungen auf den als starr angesehenen Riegel ②. Der Stiel ist an seinem Ende B durch das Schnittmoment $M = b F$ und die Längskraft F belastet (Abb. 4.22b). Aus dem Moment resultieren bei B eine Verschiebung w_1 und ein Neigungswinkel w_1' (nehmen wir den Stiel ① als dehnstarr an, so folgt aus der Längskraft keine Verformung). Das Ende C des angeschlossenen Riegels erfährt daher eine Vertikalverschiebung $b\,w_1'$ (kleine Winkel!). Sehen wir in einem zweiten Schritt den Stiel als starr und den Riegel als elastisch an, so entspricht dies einer Einspannung des Riegels bei B (Abb. 4.22c); nun tritt bei C die Verschiebung w_2 eines Kragträgers auf. Die gesamte Vertikalverschiebung wird dann mit den Werten aus der Tab. 4.3

$$w_C = b\,w_1' + w_2 = b\frac{(b\,F)\,a}{E\,I} + \frac{F\,b^3}{3\,E\,I} = \frac{F\,b^2}{3\,E\,I}(3\,a + b)\,.$$

Tab. 4.3 Biegelinien

Nr.	Lastfall	EIw'_A	EIw'_B	$EIw(x)$	EIw_{max}
1		$\dfrac{Fl^2}{6}(\beta - \beta^3)$	$-\dfrac{Fl^2}{6}(\alpha - \alpha^3)$	$\dfrac{Fl^3}{6}[\beta\xi(1-\beta^2-\xi^2)+\langle\xi-\alpha\rangle^3]$	$\dfrac{Fl^3}{48}$ für $a=b=l/2$
2		$\dfrac{q_0 l^3}{24}$	$-\dfrac{q_0 l^3}{24}$	$\dfrac{q_0 l^4}{24}(\xi - 2\xi^3 + \xi^4)$	$\dfrac{5q_0 l^4}{384}$
3		$\dfrac{q_0 l^3}{24}(1-\beta^2)^2$	$\dfrac{q_0 l^3}{24}[4(1-\beta^3)-6(1-\beta^2)+(1-\beta^2)^2]$	$\dfrac{q_0 l^4}{24}[\xi^4 - \langle\xi-\alpha\rangle^4 - 2(1-\beta^2)\xi^3 + (1-\beta^2)^2\xi]$	
4		$\dfrac{7q_0 l^3}{360}$	$-\dfrac{q_0 l^3}{45}$	$\dfrac{q_0 l^4}{360}(7\xi - 10\xi^3 + 3\xi^5)$	
5		$\dfrac{M_0 l}{6}(3\beta^2-1) - \dfrac{M_0 l}{6}$ für $b=0$	$\dfrac{M_0 l}{6}(3\alpha^2-1) - \dfrac{M_0 l}{3}$ für $b=0$	$\dfrac{M_0 l^2}{6}[\xi(3\beta^2-1)+\xi^3 - 3\langle\xi-\alpha\rangle^2]$	$\dfrac{\sqrt{3}\,M_0 l^2}{27}$ für $a=0$

Tab. 4.3 (Fortsetzung)

Nr.	Lastfall	$EI\,w'_A$	$EI\,w'_B$	$EI\,w(x)$	$EI\,w_{max}$
6		0	$\dfrac{F\,a^2}{2}$	$\dfrac{F\,l^3}{6}[3\,\xi^2\alpha - \xi^3 + \langle\xi-\alpha\rangle^3]$	$\dfrac{F\,l^3}{3}$ für $a=l$
7		0	$\dfrac{q_0\,l^3}{6}$	$\dfrac{q_0\,l^4}{24}(6\,\xi^2 - 4\,\xi^3 + \xi^4)$	$\dfrac{q_0\,l^4}{8}$
8		0	$\dfrac{q_0\,l^3}{6}\beta(\beta^2 - 3\,\beta + 3)$	$\dfrac{q_0\,l^4}{24}[\langle\xi-\alpha\rangle^4 - 4\,\beta\,\xi^3 + 6\,\beta(2-\beta)\,\xi^2]$	
9		0	$\dfrac{q_0\,l^3}{24}$	$\dfrac{q_0\,l^4}{120}(10\,\xi^2 - 10\,\xi^3 + 5\,\xi^4 - \xi^5)$	$\dfrac{q_0\,l^4}{30}$
10		0	$M_0\,a$	$\dfrac{M_0\,l^2}{2}(\xi^2 - \langle\xi-\alpha\rangle^2)$	$\dfrac{M_0\,l^2}{2}$ für $a=l$

Erklärungen: $\xi = \frac{x}{l}$; $\alpha = \frac{a}{l}$; $\beta = \frac{b}{l}$; $EI = \text{const}$; $w' = \frac{dw}{dx}$; $\langle\xi-\alpha\rangle^n = \begin{cases} (\xi-\alpha)^n & \text{für } \xi > \alpha, \\ 0 & \text{für } \xi < \alpha. \end{cases}$

Wenn der Stiel dehnbar ist (Dehnsteifigkeit EA) so verkürzt er sich aufgrund der Kraft F um den Betrag Fa/EA. Am Kraftangriffspunkt C kommt dann diese Verschiebung zu der aus der Biegung hinzu:

$$w_C = \frac{F\,b^2}{3\,EI}(3\,a + b) + \frac{F\,a}{EA}.$$

Der zweite Anteil ist in der Regel klein im Vergleich zum Anteil aus der Biegung.

Beispiel 4.11

Für den Balken nach Bild a sind die Lagerreaktionen und die Absenkung an der Stelle D zu bestimmen.

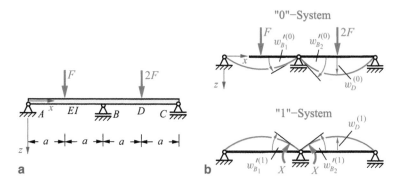

Lösung Das System ist einfach statisch unbestimmt. Um ein einfaches „0"-System zu erzeugen, schneiden wir den Balken am Lager B und führen dort ein Gelenk ein (Bild b). Entsprechend der gelösten Bindung werden dann die beiden Teilbalken im „1"-System nur durch je ein Schnittmoment X belastet.

Im ursprünglichen System befindet sich *kein* Gelenk; die Neigungswinkel am Lager B müssen für den linken und für den rechten Balkenteil gleich sein. Demnach gilt die Kompatibilitätsbedingung

$$w'_{B_1} = w'_{B_2} \quad \rightarrow \quad w'^{(0)}_{B_1} + w'^{(1)}_{B_1} = w'^{(0)}_{B_2} + w'^{(1)}_{B_2}.$$

Die Lagerkräfte (nach oben positiv gezählt) sowie die Absenkung bei D und die Neigungswinkel bei B lauten für das „0"- System (vgl. Tab. 4.3)

$$A^{(0)} = \frac{F}{2}, \quad B^{(0)} = \frac{F}{2} + F = \frac{3}{2}F, \quad C^{(0)} = F,$$

$$w_D^{(0)} = \frac{F\,a^3}{3\,E\,I}, \quad w_{B_1}^{\prime(0)} = -\frac{F\,a^2}{4\,E\,I}, \quad w_{B_2}^{\prime(0)} = \frac{2\,F\,a^2}{4\,E\,I}$$

und für das „1"-System

$$A^{(1)} = -\frac{X}{2\,a}, \quad B^{(1)} = \frac{X}{2\,a} + \frac{X}{2\,a} = \frac{X}{a}, \quad C^{(1)} = -\frac{X}{2\,a},$$

$$w_D^{(1)} = -\frac{X\,a^2}{4\,E\,I}, \quad w_{B_1}^{\prime(1)} = \frac{2\,X\,a}{3\,E\,I}, \quad w_{B_2}^{\prime(1)} = -\frac{2\,X\,a}{3\,E\,I}.$$

Einsetzen in die Kompatibilitätsbedingung liefert das Schnittmoment:

$$-\frac{F\,a^2}{4\,E\,I} + \frac{2\,X\,a}{3\,E\,I} = \frac{2\,F\,a^2}{4\,E\,I} - \frac{2\,X\,a}{3\,E\,I} \quad \rightarrow \quad X = \frac{9}{16}\,a\,F.$$

Damit ergeben sich für die Lagerreaktionen und für die Absenkung bei D im Ausgangssystem

$$\underline{\underline{A}} = A^{(0)} + A^{(1)} = \underline{\frac{7}{32}\,F}, \quad \underline{\underline{B}} = B^{(0)} + B^{(1)} = \underline{\frac{66}{32}\,F},$$

$$\underline{\underline{C}} = C^{(0)} + C^{(1)} = \underline{\frac{23}{32}\,F}, \quad \underline{\underline{w_D}} = w_D^{(0)} + w_D^{(1)} = \underline{\frac{37\,F\,a^3}{192\,E\,I}}. \quad \blacktriangleleft$$

4.6 Einfluss des Schubes

4.6.1 Schubspannungen

In Abschn. 4.3 hatten wir festgestellt, dass die Annahmen, die für die Verschiebungen getroffen wurden, auf konstante Schubspannungen in der Querschnittsfläche führen (vgl. (4.23b)). Diese Spannungsverteilung ist nur eine erste grobe Näherung. Genauere Aussagen über den Schubspannungsverlauf lassen sich mit Hilfe der Normalspannungsverteilung (4.26) aus den Gleichgewichtsbedingungen gewinnen. Wir wollen zunächst prismatische Balken mit einem Vollquerschnitt untersuchen, bei dem wie bisher die y- und die z-Achse Hauptachsen sind. Dabei machen wir folgende Annahmen:

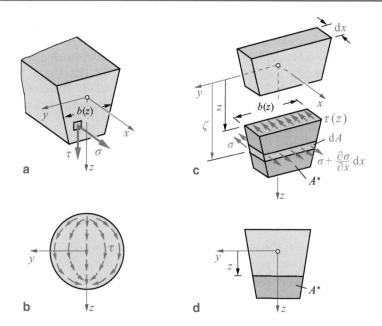

Abb. 4.23 Zur Herleitung der Schubspannungsverteilung

a) Von der Schubspannung τ ist nur die Komponente in Richtung der z-Achse wesentlich (Abb. 4.23a).

b) Die Schubspannung τ ist wie die Normalspannung σ unabhängig von y: $\tau = \tau(z)$.

Beide Annahmen treffen nicht exakt zu. So hat τ am Rand beliebig geformter Querschnitte immer die Richtung der Tangente (Abb. 4.23b); außerdem ist τ über y veränderlich. Die mit diesen Annahmen berechnete Schubspannung kann daher nur als *mittlere* Schubspannung über die Breite $b(z)$ angesehen werden.

Um die Schubspannung berechnen zu können, schneiden wir ein Element der Länge dx aus dem Balken. Durch einen an einer beliebigen Stelle z geführten Schnitt senkrecht zur z-Achse trennen wir davon ein Teilelement ab (Abb. 4.23c). Nun betrachten wir die Kräfte, die auf dieses Teilelement wirken. Im zur x-Achse senkrechten Querschnitt wirkt an der Stelle z die über die Breite konstante Schubspannung $\tau(z)$ in z-Richtung. Eine gleich große Schubspannung tritt an dieser Stelle in dem dazu senkrechten Schnitt auf (zugeordnete Schubspannungen, vgl. Abschn. 2.1). Daraus resultiert mit der Schnittfläche $b(z)\,dx$ eine Kraft

$\tau(z)\,b(z)\,\mathrm{d}x$ in negativer x-Richtung. In Abb. 4.23c sind nur die Spannungen in x-Richtung eingezeichnet, da im Folgenden nur Kräfte in dieser Richtung betrachtet werden. Auf die beiden Schnittflächen senkrecht zur x-Achse wirken die beiden resultierenden Kräfte $\int_{A^*}\sigma\,\mathrm{d}A$ und $\int_{A^*}(\sigma+(\partial\sigma/\partial x)\,\mathrm{d}x)\,\mathrm{d}A$. Dabei ist A^* der von der Stelle z gezählte Teil der Querschnittsfläche (Abb. 4.23d). Der untere Rand des Balkenelements ist unbelastet. Hiermit lautet die Gleichgewichtsbedingung

$$-\tau(z)\,b(z)\mathrm{d}x - \int_{A^*}\sigma\,\mathrm{d}A + \int_{A^*}\left(\sigma + \frac{\partial\sigma}{\partial x}\,\mathrm{d}x\right)\mathrm{d}A = 0$$

oder

$$\tau(z)\,b(z) = \int_{A^*}\frac{\partial\sigma}{\partial x}\,\mathrm{d}A\,.$$

Bezeichnet man den Abstand des Flächenelementes $\mathrm{d}A$ von der y-Achse mit ζ (Abb. 4.23c), so ist nach (4.26) die Normalspannung durch $\sigma = (M/I)\zeta$ gegeben. Mit $\mathrm{d}M/\mathrm{d}x = Q$ folgt daraus (da M von y und z unabhängig ist, gilt $\partial M/\partial x = \mathrm{d}M/\mathrm{d}x$)

$$\frac{\partial\sigma}{\partial x} = \frac{Q}{I}\,\zeta\,, \qquad (4.35)$$

und es wird

$$\tau(z)\,b(z) = \frac{Q}{I}\int_{A^*}\zeta\,\mathrm{d}A\,.$$

Das Integral auf der rechten Seite ist das statische Moment S der Teilfläche A^* des Querschnitts (Abb. 4.23d) bezüglich der y-Achse:

$$S(z) = \int_{A^*}\zeta\,\mathrm{d}A\,. \qquad (4.36)$$

Damit erhält man schließlich für die Schubspannung

$$\tau(z) = \frac{Q\,S(z)}{I\,b(z)}\,. \qquad (4.37)$$

Als illustratives Beispiel wollen wir die Schubspannungen in einem Rechteckquerschnitt bestimmen (Abb. 4.24a). Mit dem Flächenträgheitsmoment

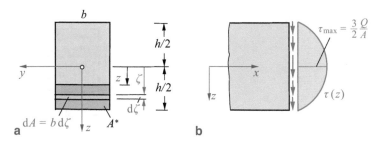

Abb. 4.24 Schubspannungen im Rechteckquerschnitt

$I = b\,h^3/12$ (vgl. (4.8a)), der konstanten Querschnittsbreite b, der Querschnittsfläche $A = b\,h$ und dem statischen Moment der von z aus gezählten Teilfläche

$$S(z) = \int\limits_{z}^{h/2} \zeta(b\,\mathrm{d}\zeta) = \frac{b}{2}\,\zeta^2 \bigg|_{z}^{h/2} = \frac{b\,h^2}{8}\left(1 - \frac{4\,z^2}{h^2}\right)$$

ergibt sich

$$\tau(z) = \frac{Q}{8}\,\frac{b\,h^2\,12}{b\,h^3\,b}\left(1 - \frac{4\,z^2}{h^2}\right) = \frac{3}{2}\,\frac{Q}{A}\left(1 - \frac{4\,z^2}{h^2}\right). \qquad (4.38)$$

Danach ist τ in Form einer quadratischen Parabel über die Höhe verteilt (Abb. 4.24b). Die maximale Schubspannung $\tau_{\max} = \frac{3}{2}\,Q/A$ tritt bei $z = 0$ auf; sie ist um die Hälfte größer als die mittlere Schubspannung $\bar{\tau} = Q/A$. Am oberen und am unteren Rand ($z = \pm h/2$) wird die Schubspannung Null. Dies hat seine Ursache darin, dass der Balken – wie schon erwähnt – am oberen und am unteren Rand *nicht* in Balkenlängsrichtung belastet ist. Demnach müssen sowohl am Rand als auch im dazu senkrechten Querschnitt die Schubspannungen dort verschwinden (zugeordnete Schubspannungen).

Wegen $\gamma = \tau/G$ ist die Winkeländerung γ in gleicher Weise wie die Schubspannung über die Querschnittsfläche veränderlich. Das bedeutet, dass ursprünglich ebene Querschnittsflächen bei der Deformation des Balkens *nicht* eben bleiben, sondern sich verwölben (Abb. 4.25). Die Bernoullische Hypothese vom Ebenbleiben der Querschnitte ist daher nur eine erste Näherung, und die Winkeländerung $w' + \psi$ eines Balkenelements nach (4.25) muss als *mittlere* Winkelverzerrung $\bar{\gamma}$ angesehen werden.

Abb. 4.25 Verwölbung
eines Querschnitts

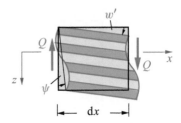

An dieser Stelle sei nochmals ausdrücklich darauf hingewiesen, dass die Schubspannung $\tau(z)$ sowohl im Balkenquerschnitt an der Stelle z als auch in dem zur
z-Achse senkrechten Schnitt in Balkenlängsrichtung wirkt (zugeordnete Schubspannungen!). Dies kann man sich zum Beispiel veranschaulichen, wenn man zwei
glatte Träger ① und ② übereinanderlegt und dann belastet (Abb. 4.26). Bei der
Durchbiegung verschieben sich die Träger in der Berührungsfläche gegeneinander, da dort keine Schubspannungen wirken (glatte Flächen!). Verbindet man durch
Schweißen, Kleben oder Nieten die beiden Teile zu einem einzigen Balken, so wird
die gegenseitige Verschiebung verhindert. Dafür treten dann in der Verbindungs-
fläche Schubspannungen auf, die vom Verbindungsmittel (z. B. der Schweißnaht)
übertragen werden müssen.

Wir untersuchen nun noch dünnwandige Querschnitte, wobei wir uns auf *offene* Querschnitte beschränken. Hier nehmen wir an, dass die Schubspannungen
τ an einer Stelle s des Querschnittes über die Wandstärke $t(s)$ gleichförmig verteilt sind und die Richtung der Tangente an den Rand haben (Abb. 4.27a). Größe
und Richtung von τ können sich aber mit der Bogenlänge s ändern. Analog zum
Vollquerschnitt führt die Gleichgewichtsbedingung für ein aus dem Balken ge-
schnittenes Element (Abb. 4.27b) auf

$$\tau(s)\,t(s)\,\mathrm{d}x = \int_{A^*} \frac{\partial \sigma}{\partial x}\,\mathrm{d}x\,\mathrm{d}A\,.$$

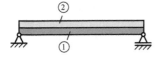

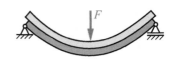

Abb. 4.26 Glatte Balken

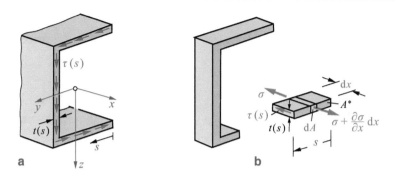

Abb. 4.27 Dünnwandiger offener Querschnitt

Mit (4.35) erhält man daraus

$$\tau(s) = \frac{Q\,S(s)}{I\,t(s)}\,. \tag{4.39}$$

Darin ist $S(s) = \int_{A^*} \zeta\,dA$ das statische Moment der Querschnittsteilfläche A^* bezüglich der y-Achse.

Um die Anwendung von (4.39) zu zeigen, bestimmen wir die Schubspannungen infolge Querkraft im dünnwandigen Profil nach Abb. 4.28a. Sein Flächenträgheitsmoment ergibt sich unter Beachtung von $t \ll a$ (bei den Flanschen tragen nur die Steiner-Glieder bei) zu

$$I = \frac{t(2\,a)^3}{12} + 2[a^2(a\,t)] = \frac{8}{3}\,t\,a^3\,.$$

Die statischen Momente der Teilflächen A^* werden für eine Schnittstelle s im unteren Flansch (grüne Fläche in Abb. 4.28b)

$$S(s) = z_s^* A^* = a(t\,s) = a\,t\,s$$

und für eine Schnittstelle z im Steg (grüne Flächen in Abb. 4.28c)

$$S(z) = a(t\,a) + \frac{a+z}{2}[(a-z)t] = \frac{t}{2}(3\,a^2 - z^2)\,.$$

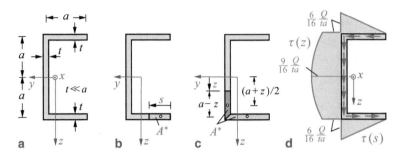

Abb. 4.28 Beispiel zur Schubspannungsverteilung

Damit folgen nach (4.39) im unteren Flansch

$$\tau(s) = \frac{3\,Q\,a\,t\,s}{8\,t\,a^3\,t} = \frac{3\,Q}{8\,t\,a}\frac{s}{a}$$

und im Steg

$$\tau(z) = \frac{3\,Q\,t\,(3\,a^2 - z^2)}{8\,t\,a^3\,t\,2} = \frac{3\,Q}{16\,t\,a}\left(3 - \frac{z^2}{a^2}\right).$$

Die Schubspannungen im oberen Flansch haben den gleichen Betrag wie diejenigen im unteren Flansch; sie sind jedoch entgegengesetzt gerichtet. Abb. 4.28d zeigt die Verteilung der Spannungen; sie ist in den Flanschen linear und im Steg quadratisch.

Wie man ohne Rechnung aus Abb. 4.28d erkennt, bewirken die Schubspannungen bei diesem (bezüglich z unsymmetrischen) Profil ein resultierendes Moment um die x-Achse. Damit die Querkraft Q den Schubspannungen äquivalent ist – also das gleiche Moment hervorruft –, muss ihre Wirkungslinie links von der z-Achse liegen. Im Beispiel resultiert aus den Schubspannungen im oberen Flansch eine Kraft $P_o = \frac{1}{2}(\frac{6}{16}Q/t\,a)a\,t = \frac{3}{16}Q$, die nach links gerichtet ist (Abb. 4.29a). Für den unteren Flansch ergibt sich die gleiche Kraft $P_u = \frac{3}{16}Q$ (nach rechts gerichtet), und für den Steg erhält man $P_{St} = Q$. Mit den Hebelarmen nach Abb. 4.29a folgt aus der Äquivalenz der Momente

$$y_M\,Q = a\frac{3}{16}Q + \frac{a}{4}Q + a\frac{3}{16}Q \quad \rightarrow \quad y_M = \frac{5}{8}a\,.$$

Man bezeichnet den hierdurch gekennzeichneten Punkt M auf der y-Achse als den **Schubmittelpunkt**. Damit es zu keiner Verdrehung (Torsion, vgl. Kap. 5) des

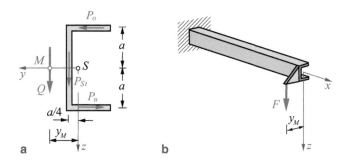

Abb. 4.29 Schubmittelpunkt

Balkens kommt, müssen die äußeren Kräfte F in einer Lastebene wirken, welche den Abstand y_M von der x, z-Ebene hat (Abb. 4.29b). Nur dann sind das Biegemoment und die Querkraft mit den äußeren Kräften im Gleichgewicht, und ein Torsionsmoment tritt nicht auf.

Beispiel 4.12

Für einen Vollkreisquerschnitt (Radius r) sind die Schubspannungen infolge Querkraft zu bestimmen.

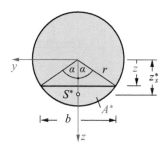

Lösung Das statische Moment S des Kreisabschnitts A^* können wir mit Hilfe der Koordinate z_s^* des Schwerpunktes S^* und der Fläche A^* bestimmen. Mit dem Hilfswinkel α gilt nach Tab. 4.1 der Schwerpunktskoordinaten in Band 1

$$A^* = \frac{r^2}{2}(2\alpha - \sin 2\alpha), \quad z_s^* = \frac{4r}{3}\frac{\sin^3 \alpha}{2\alpha - \sin 2\alpha},$$

und es wird

$$S = z_s^* A^* = \frac{2}{3} r^3 \sin^3 \alpha.$$

Mit $I = \pi r^4/4$ (vgl. Tab. 4.1) sowie $b = 2r \sin\alpha$, $A = \pi r^2$ und $z = r \cos\alpha$
folgt durch Einsetzen in (4.37) die Schubspannungsverteilung

$$\underline{\underline{\tau}} = \frac{Q\,S}{I\,b} = \frac{4}{3} \frac{Q}{\pi r^2} \sin^2\alpha = \underline{\underline{\frac{4}{3} \frac{Q}{A} \left(1 - \frac{z^2}{r^2} \right)}}.$$

Die maximale Schubspannung tritt bei $z = 0$ auf und hat den Wert $\tau_{max} = \frac{4}{3} Q/A$.

◀

Beispiel 4.13

Der einseitig eingespannte Doppel-T-Träger nach Bild a ist aus zwei Gurtblechen und einem Stegblech ($t \ll h, b$) zusammengeschweißt.
Wie groß ist die Schubspannung in der Schweißnaht?

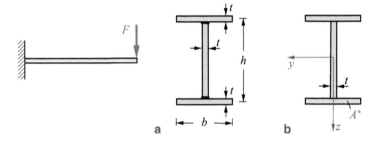

a   **b**

Lösung Die Querkraft hat im Träger den konstanten Betrag $Q = F$. Mit dem
statischen Moment der Gurtfläche A^* (Bild b)

$$S\left(z = \frac{h}{2}\right) = \frac{h}{2} t\,b,$$

dem Trägheitsmoment des Querschnitts (vgl. auch Beispiel 4.2)

$$I = \frac{t\,h^3}{12} + 2\left[\left(\frac{h}{2}\right)^2 t\,b\right] = \frac{t\,h^2}{12}(h + 6b)$$

und der Wandstärke t an der Schweißnaht ergibt sich dort für die Schubspannung

$$\underline{\underline{\tau}} = \frac{Q\,S}{I\,t} = \frac{12\,F\,h\,t\,b}{2\,t\,h^2\,(h+6\,b)t} = \underline{\underline{\frac{6\,F\,b}{t\,h\,(h+6\,b)}}}\,. \quad \blacktriangleleft$$

Beispiel 4.14

Für den dünnwandigen, geschlitzten Kreisringquerschnitt nach Bild a sind die Schubspannungen unter einer Querkraft Q und der Schubmittelpunkt zu berechnen.

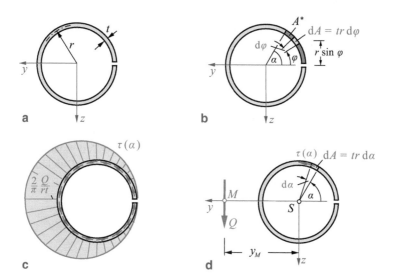

a   **b**

c   **d**

Lösung Die Schubspannungen bestimmen wir nach (4.39). Mit den Bezeichnungen aus Bild b erhalten wir zunächst das statische Moment der Teilfläche A^*:

$$S = \int\limits_{0}^{\alpha} (r\sin\varphi)(t\,r\,\mathrm{d}\varphi) = r^2\,t(1-\cos\alpha)\,.$$

Das Trägheitsmoment $I = \pi\,r^3\,t$ übernehmen wir aus Tab. 4.1. Damit ergibt sich τ in Abhängigkeit vom Winkel α zu

$$\underline{\underline{\tau}} = \frac{Q\,S}{I\,t} = \underline{\underline{\frac{Q(1-\cos\alpha)}{\pi\,r\,t}}}\,.$$

Die Verteilung der Schubspannungen ist in Bild c dargestellt.

Den Abstand y_M des Schubmittelpunktes M vom Schwerpunkt S erhält man aus der Bedingung, dass das Moment der Querkraft um S gleich dem Moment der verteilten Schubspannungen sein muss (Bild d):

$$y_M Q = \int r \, \tau \, \mathrm{d}A = \int_0^{2\pi} r \, \frac{Q(1 - \cos \alpha)}{\pi \, r \, t}(t \, r \, \mathrm{d}\alpha) \quad \to \quad \underline{\underline{y_M = 2 \, r}} \, . \quad \blacktriangleleft$$

4.6.2 Durchbiegung infolge Schub

Nach (4.25) ist die mittlere Winkeländerung $\tilde{\gamma} = w' + \psi$ eines Balkenelements proportional zur wirkenden Querkraft:

$$w' + \psi = \frac{Q}{GA_S} \, . \tag{4.40}$$

Bei der Bestimmung der Durchbiegung haben wir in Abschn. 4.5 den Balken als schubstarr angenommen und die rechte Seite von (4.40) zu Null gesetzt. Wir wollen nun untersuchen, inwiefern diese Annahme gerechtfertigt ist und welchen Einfluss die Winkeländerung infolge Schub (Querkraft) auf die Durchbiegung hat. Führt man die Bezeichnungen $w'_B = -\psi$ (vgl. (4.29)) und

$$w'_S = \frac{Q}{GA_S} \tag{4.41}$$

ein, so lässt sich (4.40) in der Form

$$w' = w'_B + w'_S \tag{4.42}$$

schreiben. Danach setzt sich die Balkenneigung w' aus der Neigung w'_B des schubstarren Balkens (Biegeanteil) und der Neigung w'_S infolge Querkraft (Schubanteil) zusammen. Entsprechend gilt für die Durchbiegung

$$w = w_B + w_S \, . \tag{4.43}$$

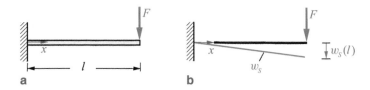

Abb. 4.30 Zur Schubabsenkung

Um die Größe der Schubabsenkung w_S abzuschätzen, betrachten wir als Beispiel einen Kragträger unter Einzellast (Abb. 4.30a). Mit $Q = F$ ergibt sich aus (4.41) durch Integration

$$w_S = \frac{F}{GA_S} x + C \, .$$

Aus der Randbedingung $w_S(0) = 0$ folgt die Konstante C zu Null, und damit wird (Abb. 4.30b)

$$w_S = \frac{F}{GA_S} x \, . \tag{4.44}$$

Die Gesamtdurchbiegung setzt sich aus der Durchbiegung $w_B = (F\,l^3/6\,EI) \cdot [-x^3/l^3 + 3\,x^2/l^2]$ des schubstarren Balkens (vgl. Abschn. 4.5.2) und der Durchbiegung (4.44) infolge Schub zusammen. Für die Absenkung am Balkenende erhält man

$$w(l) = w_B(l) + w_S(l) = \frac{F\,l^3}{3\,EI} + \frac{F\,l}{GA_S} = \frac{F\,l^3}{3\,EI}\left(1 + \frac{3\,EI}{GA_S\,l^2}\right) .$$

Setzen wir die Beziehung $G = E/2(1 + \nu)$ sowie $I = i^2 A$ (Trägheitsradius i) und $A_S = \varkappa A$ (Schubkorrekturfaktor $\varkappa$) ein, so folgt

$$w(l) = \frac{F\,l^3}{3\,EI}\left[1 + \frac{6(1 + \nu)\,i^2}{\varkappa}\frac{i^2}{l^2}\right] = \frac{F\,l^3}{3\,EI}\left[1 + \frac{c}{\lambda^2}\right] .$$

Der zweite Summand in der Klammer gibt den Einfluss des Schubes wieder. Seine Größe hängt ab vom **Schlankheitsgrad** $\lambda = l/i$ sowie vom Faktor $c = 6(1 + \nu)/\varkappa$. Wie in Abschn. 6.1 gezeigt wird, hat der Schubkorrekturfaktor zum Beispiel beim Rechteckquerschnitt den Wert $\varkappa = 5/6$. Mit dem Trägheitsradius $i = h/2\sqrt{3}$ (vgl. (4.8e)) und für eine Querkontraktionszahl $\nu = 1/3$ ergibt sich beim Rechteck $c/\lambda^2 = 4\,h^2/5\,l^2$. Nehmen wir einen Balken mit $l/h = 5$ an, so folgt $c/\lambda^2 \approx 0{,}03$. Die Schubabsenkung beträgt hier also nur drei Prozent des Biegeanteils.

Je „schlanker" der Balken ist (großer Schlankheitsgrad λ), um so kleiner wird der Einfluss des Schubes. In der Regel kann bei Trägern mit kompaktem Querschnitt die Schubabsenkung vernachlässigt werden, wenn die Balkenlänge größer als die fünffache Höhe des Querschnittes ist.

4.7 Schiefe Biegung

Kommt es bei einem Balken nicht nur zu Durchbiegungen w in z-Richtung, sondern auch zu Durchbiegungen v in y-Richtung, so spricht man von **schiefer Biegung** oder zweiachsiger Biegung. Sie tritt zum Beispiel auf, wenn ein Träger in z- und in y-Richtung belastet ist oder wenn unsymmetrische Querschnitte vorliegen. Dann wirken in den Querschnitten die beiden Querkräfte Q_y, Q_z und die beiden Biegemomente M_y, M_z (siehe Band 1, Abschnitt 7.4). Wir unterscheiden zwei Fälle, wobei wir uns auf schubstarre Träger beschränken wollen.

1. Fall: Sind y und z Hauptachsen des Querschnitts, so können die Ergebnisse der geraden Biegung angewendet werden. Dazu betrachten wir die Belastungen in z- und in y-Richtung getrennt. Infolge der Belastung in z-Richtung kommt es zu Normalspannungen σ und Durchbiegungen w, die nach (4.26) und (4.31) durch

$$\sigma = \frac{M_y}{I_y}\,z\,, \quad w'' = -\frac{M_y}{E\,I_y}$$

beschrieben werden. Analog folgen aus der Belastung in y-Richtung

$$\sigma = -\frac{M_z}{I_z}\,y\,, \quad v'' = \frac{M_z}{E\,I_z}\,.$$

Die Vorzeichenunterschiede ergeben sich dabei aus der Vorzeichenkonvention (vgl. Band 1), nach der positive Momente am positiven Schnittufer im Sinne einer

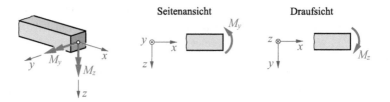

Abb. 4.31 Schiefe Biegung

Rechtsschraube drehen (Abb. 4.31). Durch Superposition der beiden Lastfälle erhält man für die Normalspannung

$$\sigma = \frac{M_y}{I_y} z - \frac{M_z}{I_z} y \, . \tag{4.45}$$

Die Durchbiegungen w und v sind unabhängig voneinander und ergeben sich durch Integration aus

$$w'' = -\frac{M_y}{E I_y} \, , \quad v'' = \frac{M_z}{E I_z} \, . \tag{4.46}$$

2. Fall: Wenn y und z *nicht* Hauptachsen des Querschnitts sind, müssen wir die Grundgleichungen erst herleiten. Wir gehen dabei analog zur geraden Biegung vor. Zunächst betrachten wir die Kräfte und die Momente, die auf ein Balkenelement der Länge dx nach Abb. 4.32 wirken (Vorzeichenkonvention beachten). Dann lauten die Gleichgewichtsbedingungen

$$\frac{dQ_z}{dx} = -q_z \, , \quad \frac{dQ_y}{dx} = -q_y \, ,$$
$$\frac{dM_y}{dx} = Q_z \, , \quad \frac{dM_z}{dx} = -Q_y \, . \tag{4.47}$$

Bei den Verschiebungen nehmen wir an, dass v und w unabhängig von y und z sind: $v = v(x)$, $w = w(x)$. Daneben setzen wir die Gültigkeit der Bernoullischen Hypothesen voraus. Danach bleiben Querschnitte bei der Deformation des Balkens eben und senkrecht zur deformierten Balkenachse.

Wir führen nun die Drehwinkel ψ_y bzw. ψ_z des Querschnitts um die y-Achse bzw. um die z-Achse ein (positiv im Sinne einer Rechtsschraube gezählt) und betrachten die Verschiebung u eines Querschnittspunktes P mit den Koordinaten y, z in Balkenlängsrichtung (Abb. 4.33). Aufgrund alleine einer *kleinen* Drehung ψ_y erfährt dieser Punkt eine positive Verschiebung um $z\,\psi_y$. Analog ergibt sich infolge einer kleinen Drehung ψ_z die negative Verschiebung $-y\,\psi_z$. Insgesamt folgt somit

$$u = z \, \psi_y - y \, \psi_z \, .$$

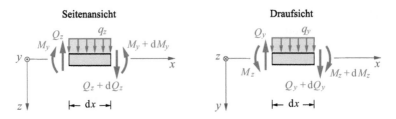

Abb. 4.32 Zur Herleitung der Grundgleichungen

Mit den Beziehungen nach Abb. 4.33 (der Querschnitt steht senkrecht zur deformierten Balkenachse)

$$\psi_y = -w', \quad \psi_z = +v'$$

erhält man

$$u = -(w'\,z + v'\,y)\,.$$

Die Dehnung $\varepsilon = \partial u / \partial x$ wird

$$\varepsilon = -(w''\,z + v''\,y)\,, \tag{4.48}$$

und das Elastizitätsgesetz $\sigma = E\,\varepsilon$ liefert schließlich

$$\sigma = -E(w''\,z + v''\,y)\,. \tag{4.49}$$

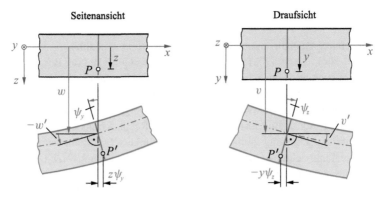

Abb. 4.33 Seitenansicht und Draufsicht

Die Biegemomente M_y und M_z resultieren aus der über die Querschnittsfläche verteilten Normalspannung σ (Drehrichtungen beachten!):

$$M_y = \int z\,\sigma\,\mathrm{d}A\,, \quad M_z = -\int y\,\sigma\,\mathrm{d}A\,. \tag{4.50}$$

Durch Einsetzen von (4.49) ergeben sich daraus die beiden Gleichungen

$$M_y = -E\left[w''\int z^2\,\mathrm{d}A + v''\int y\,z\,\mathrm{d}A\right],$$

$$M_z = E\left[w''\int y\,z\,\mathrm{d}A + v''\int y^2\,\mathrm{d}A\right].$$

Führt man die Trägheitsmomente $I_y = \int z^2\,\mathrm{d}A$, $I_z = \int y^2\,\mathrm{d}A$ sowie das Deviationsmoment $I_{yz} = -\int y\,z\,\mathrm{d}A$ nach (4.6) ein und löst nach w'' bzw. v'' auf, so folgen

$$E\,w'' = \frac{1}{\Delta}[-M_y\,I_z + M_z\,I_{yz}],$$
$$E\,v'' = \frac{1}{\Delta}[M_z\,I_y - M_y\,I_{yz}]. \tag{4.51}$$

Darin ist $\Delta = I_y\,I_z - I_{yz}^2$. Aus den Differentialgleichungen (4.51) können die Durchbiegungen w und v durch zweifache Integration bestimmt werden, wenn die Biegemomente bekannt sind.

Für die Normalspannung σ erhält man durch Einsetzen von (4.51) in (4.49)

$$\sigma = \frac{1}{\Delta}[(M_y\,I_z - M_z\,I_{yz})\,z - (M_z\,I_y - M_y\,I_{yz})\,y]. \tag{4.52}$$

Hiernach ist σ linear über y und z verteilt (Gleichung einer Ebene). Durch $\sigma = 0$, d. h.

$$\frac{z}{y} = \frac{M_z\,I_y - M_y\,I_{yz}}{M_y\,I_z - M_z\,I_{yz}} \tag{4.53a}$$

wird die *Nulllinie* im Querschnitt bestimmt. Die größte Spannung $\sigma_{\max}$ tritt im Punkt mit dem größten Abstand von der Nulllinie auf.

Für den Sonderfall, dass y und z die Hauptachsen des Querschnitts sind, ist $I_{yz} = 0$. Dann ergeben sich aus (4.51) bzw. (4.52) wieder die Gleichungen (4.46) bzw. (4.45), und die Gleichung der Nulllinie lautet

$$\frac{z}{y} = \frac{M_z\, I_y}{M_y\, I_z}\,. \tag{4.53b}$$

Schiefe Biegung kann mit Hilfe der Gleichungen für den 1. Fall oder der Gleichungen für den 2. Fall behandelt werden. Im 1. Fall müssen zunächst die Hauptachsen des Querschnitts bestimmt werden. In Bezug auf dieses Achsensystem werden dann die Komponenten der äußeren Belastung und die Schnittmomente angegeben. Die Normalspannung und die Verschiebungen folgen schließlich nach (4.45) und (4.46) in Bezug auf das Hauptachsensystem. Im 2. Fall können Spannungen und Verschiebungen nach (4.52) und (4.51) in Bezug auf ein beliebiges Koordinatensystem bestimmt werden.

Beispiel 4.15

Ein gelenkig gelagerter Balken mit Rechteckquerschnitt (Breite b, Höhe $h = 2\,b$) wird nach Bild a durch eine Kraft F belastet, die unter dem Winkel $\alpha = 30°$ zur Vertikalen wirkt. Eine Verschiebung des rechten Lagers aus der Zeichenebene ist verhindert.

Für die Balkenmitte sind die Normalspannungen und die Verschiebungen zu bestimmen.

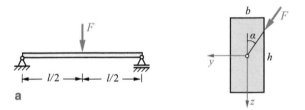

Lösung Da y und z die Hauptachsen des Querschnitts sind, können die Spannungen nach (4.45) bestimmt werden. Aus den Komponenten der Kraft F in y- und in z-Richtung

$$F_y = F\,\sin\alpha = \frac{F}{2}\,, \quad F_z = F\,\cos\alpha = \frac{\sqrt{3}}{2}\,F$$

erhält man die Momente in Balkenmitte zu (Vorzeichen beachten!)

$$M_y = \frac{l}{2}\frac{F_z}{2} = \frac{\sqrt{3}\,l\,F}{8}\,, \quad M_z = -\frac{l}{2}\frac{F_y}{2} = -\frac{l\,F}{8}\,. \tag{a}$$

Die Trägheitsmomente lauten (vgl. Tab. 4.1)

$$I_y = \frac{b\,h^3}{12} = \frac{2}{3}\,b^4\,, \quad I_z = \frac{h\,b^3}{12} = \frac{1}{6}\,b^4\,. \tag{b}$$

Einsetzen von (a) und (b) in (4.45) liefert

$$\underline{\underline{\sigma}} = \frac{\sqrt{3}\,l\,F\,3}{8\cdot 2\,b^4}\,z + \frac{l\,F\,6}{8\,b^4}\,y = \frac{3\,l\,F}{4\,b^4}\left(\frac{\sqrt{3}}{4}\,z + y\right).$$

Die Nulllinie ergibt sich aus der Bedingung $\sigma = 0$ zu

$$y = -\frac{\sqrt{3}}{4}\,z\,.$$

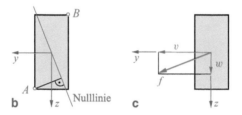

Sie ist in Bild b dargestellt. Wie man ohne Rechnung aus der Abbildung erkennt, haben die Eckpunkte A und B den größten Abstand von der Nulllinie. Mit den Koordinaten $y_A = b/2$, $z_A = b$ des Punktes A folgt daher für die maximale Normalspannung

$$\sigma_{\max} = \frac{3\,l\,F}{4\,b^4}\left(\frac{\sqrt{3}}{4}\,b + \frac{b}{2}\right) = \frac{3\,l\,F}{8\,b^3}\left(\frac{\sqrt{3}}{2} + 1\right)\,.$$

An der Stelle B hat die Spannung den gleichen Betrag, aber ein negatives Vorzeichen.

Die Verschiebungen w und v in Balkenmitte entnehmen wir der Tab. 4.3. Aus der Belastung F_z ergibt sich eine Verschiebung

$$\underline{\underline{w}} = \frac{F_z\, l^3}{48\, E\, I_y} = \frac{\sqrt{3}\, F\, l^3}{64\, E\, b^4}\,.$$

Analog liefert die Belastung F_y die Verschiebung

$$\underline{\underline{v}} = \frac{F_y\, l^3}{48\, E\, I_z} = \frac{4\, F\, l^3}{64\, E\, b^4}\,.$$

Die Gesamtverschiebung f erhält man nach Bild c zu

$$f = \sqrt{w^2 + v^2} = \frac{\sqrt{19}\, F\, l^3}{64\, E\, b^4}\,. \quad \blacktriangleleft$$

Beispiel 4.16

Ein Kragträger mit dünnwandigem Profil konstanter Wandstärke t ($t \ll a$) wird durch eine Kraft F in z-Richtung belastet (Bild a).

Man bestimme die Verschiebung des Endquerschnittes B. Wie groß ist die maximale Normalspannung, und an welcher Stelle tritt sie auf?

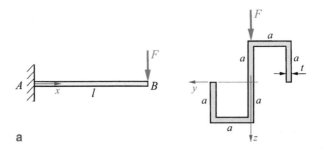

a

Lösung Aus der Belastung F ergibt sich für die Biegemomente

$$M_y = -F(l - x), \quad M_z = 0. \tag{a}$$

Die Flächenträgheitsmomente des gegebenen Profils übernehmen wir aus Beispiel 4.3:

$$I_y = \frac{10}{3}\, t\, a^3, \quad I_z = \frac{8}{3}\, t\, a^3, \quad I_{yz} = -\frac{6}{3}\, t\, a^3\,. \tag{b}$$

Wegen $I_{yz} \neq 0$ sind y und z keine Hauptachsen des Querschnittes. Wir ermitteln daher die Verschiebungen w und v nach den Beziehungen (4.51). Mit (a), (b) und $\Delta = I_y \, I_z - I_{yz}^2 = \frac{44}{9} \, t^2 \, a^6$ lauten die Differentialgleichungen für die Verschiebungen

$$E \, w'' = -\frac{M_y \, I_z}{\Delta} = \frac{6 \, F}{11 \, t \, a^3}(l - x) \,,$$

$$E \, v'' = -\frac{M_y \, I_{yz}}{\Delta} = -\frac{9 \, F}{22 \, t \, a^3}(l - x) \,.$$

Zweifache Integration liefert mit den Randbedingungen $w(0) = 0$, $w'(0) = 0$, $v(0) = 0$, $v'(0) = 0$ die Durchbiegungen (vgl. auch Abschn. 4.5.2)

$$w(x) = \frac{F \, l^3}{11 \, E \, t \, a^3} \left[3 \left(\frac{x}{l} \right)^2 - \left(\frac{x}{l} \right)^3 \right] \,,$$

$$v(x) = -\frac{3 \, F \, l^3}{44 \, E \, t \, a^3} \left[3 \, \frac{x}{l} \right)^2 - \left(\frac{x}{l} \right)^3 \right] \,.$$

Am Querschnitt B $(x = l)$ folgen

$$w_B = \frac{2 \, F \, l^3}{11 \, E \, t \, a^3} \,, \qquad v_B = -\frac{3 \, F \, l^3}{22 \, E \, t \, a^3} \,,$$

und die Gesamtverschiebung f_B wird (Bild b)

$$\underline{\underline{f_B = \sqrt{w_B^2 + v_B^2} = \frac{5 \, F \, l^3}{22 \, E \, t \, a^3}}} \,.$$

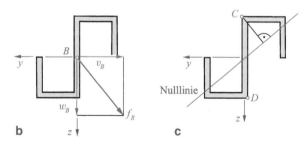

Durch Einsetzen von (a), (b) und Δ in (4.52) erhält man für die Normalspannung

$$\sigma = \frac{M_y}{\Delta}(I_z \, z + I_{yz} \, y) = -\frac{3 \, F(l - x)}{22 \, t \, a^3}(4 \, z - 3 \, y) \,.$$

Die größten Spannungen treten im Einspannquerschnitt ($x = 0$) an den Stellen mit den größten Abständen von der Nulllinie auf. Letztere folgt aus $\sigma = 0$ zu $y = \frac{4}{3} z$ (Bild c). Dem Bild kann man entnehmen, dass die Punkte C bzw. D am weitesten von der Nulllinie entfernt sind. Mit den Koordinaten von C ($y_C = 0, z_C = -a$) wird somit

$$\sigma_{\max} = \frac{6\,F\,l}{11\,t\,a^2}\,.$$

Für D ergibt sich eine gleich große Spannung mit negativem Vorzeichen. ◄

4.8 Biegung und Zug/Druck

Wirken in einem Querschnitt nur die Biegemomente M_y bzw. M_z, so resultieren daraus Normalspannungen, die nach (4.45) in einem *Hauptachsensystem* durch

$$\sigma = \frac{M_y}{I_y}\,z - \frac{M_z}{I_z}\,y$$

beschrieben werden. Tritt dagegen nur eine Normalkraft (Längskraft) N auf, dann hat dies eine im Querschnitt konstante Spannung (vgl. (1.1)) zur Folge:

$$\sigma = \frac{N}{A}\,.$$

Für den Fall, dass sowohl Biegemomente als auch eine Normalkraft vorhanden sind, müssen beide Anteile superponiert werden, und es gilt dann

$$\sigma = \frac{N}{A} + \frac{M_y}{I_y}\,z - \frac{M_z}{I_z}\,y\,. \tag{4.54a}$$

Findet die Biegung nur um die y-Achse statt (gerade Biegung), so vereinfacht sich (4.54a) mit $M_z = 0$ und den Bezeichnungen $M_y = M, I_y = I$ zu

$$\sigma = \frac{N}{A} + \frac{M}{I}\,z\,. \tag{4.54b}$$

Die Superposition der Anteile aus Biegung und Zug/Druck gilt sinngemäß auch für die Deformation. Hier führen zum Beispiel beim schubstarren Balken die Momente zu Durchbiegungen $w(x)$ bzw. $v(x)$ *senkrecht* zur undeformierten Balkenachse, während aus der Normalkraft nur eine Verschiebung $u(x)$ *in* Richtung der Balkenachse folgt.

Es sei angemerkt, dass in vielen Fällen die Deformationen infolge Normalkraft sehr viel kleiner sind als die Deformationen infolge der Biegemomente. Die Verlängerung bzw. die Verkürzung des Balkens ist dann vernachlässigbar, und der Balken kann als **dehnstarr** angesehen werden.

Als Anwendungsbeispiel betrachten wir eine Säule mit Kreisquerschnitt (Radius r), die *exzentrisch* durch eine Kraft F belastet ist (Abb. 4.34a). Dieser Belastung sind eine zentrische Druckkraft F (Wirkungslinie = Stabachse) und ein Moment der Größe $M_B = r\,F$ statisch gleichwertig (Abb. 4.34b). Vernachlässigt man das Eigengewicht der Säule, so sind die Schnittgrößen über die Länge konstant:

$$N = -F\,, \quad M = M_B = r\,F\,.$$

Biegemomente um die z-Achse treten nicht auf (gerade Biegung). Mit $A = \pi\,r^2$ und $I = \pi\,r^4/4$ (vgl. Tab. 4.1) ergibt sich dann aus (4.54b) für die Normalspannung

$$\sigma = -\frac{F}{\pi\,r^2} + \frac{r\,F\,4}{\pi\,r^4}\,z = \frac{F}{\pi\,r^2}\left[-1 + 4\frac{z}{r}\right].$$

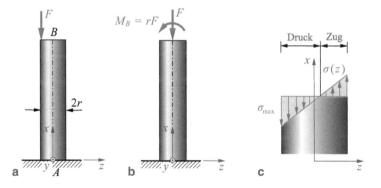

Abb. 4.34 Exzentrisch belastete Säulen

Sie ist in Abb. 4.34c dargestellt. Der maximale Betrag der Spannung tritt bei $z = -r$ auf:

$$|\sigma|_{\text{max}} = \frac{5\,F}{\pi\,r^2}.$$

Die Verkürzung Δl des Balkens infolge der Druckkraft F errechnet sich nach (1.18) zu

$$\Delta l = -\frac{F\,l}{E\,A}.$$

Die Durchbiegung des Säulenendes B aufgrund des Moments $M_0 = r\,F$ können wir aus der Tab. 4.3 ablesen:

$$w_B = -\frac{M_0\,l^2}{2\,E\,I} = -\frac{r\,F\,l^2}{2\,E\,I}.$$

Daraus ergibt sich mit den Werten für A und I der Quotient aus Δl und w_B zu

$$\frac{\Delta l}{w_B} = \frac{r}{2\,l}.$$

Nehmen wir zum Beispiel $l/r = 20$ an, so folgt $\Delta l/w_B = 1/40$; die Verkürzung der Säule ist hier tatsächlich sehr klein im Vergleich zur Durchbiegung.

Beispiel 4.17

Der Balken nach Bild a hat einen dünnwandigen quadratischen Querschnitt ($t \ll a$). Er ist durch eine konstante Streckenlast q_0 in der x, z-Ebene belastet. Wie groß ist die maximale Normalspannung?

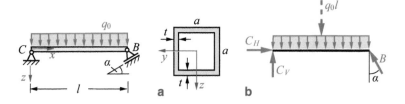

Lösung Wir ermitteln zunächst die Lagerreaktionen (Bild b):

$$\overset{\curvearrowright}{C}: \quad -\frac{l}{2} q_0 \, l + l \, B \cos \alpha = 0 \quad \rightarrow \quad B = \frac{q_0 \, l}{2 \cos \alpha} \,,$$

$$\overset{\curvearrowright}{B}: \quad -l \, C_V + \frac{l}{2} q_0 \, l = 0 \quad \rightarrow \quad C_V = \frac{q_0 \, l}{2} \,,$$

$$\rightarrow: \quad C_H - B \sin \alpha = 0 \quad \rightarrow \quad C_H = B \sin \alpha = \frac{q_0 \, l}{2} \tan \alpha \,.$$

Demnach wirkt im Balken eine über die Länge konstante Normalkraft $N = -C_H = -\frac{1}{2} q_0 \, l \tan \alpha$. Das Biegemoment ist in der Balkenmitte am größten: $M_{max} = q_0 \, l^2 / 8$. Mit

$$A = 4 \, t \, a \,, \quad I = 2 \left[\frac{t \, a^3}{12} + \left(\frac{a}{2} \right)^2 a \, t \right] = \frac{2}{3} t \, a^3$$

ergibt sich dort nach (4.54b) für die Spannungen im Querschnitt

$$\begin{aligned}
\sigma &= -\frac{q_0 \, l \tan \alpha}{2 \cdot 4 \, t \, a} + \frac{q_0 \, l^2 \, 3}{8 \cdot 2 \, t \, a^3} z \\
&= \frac{q_0 \, l}{8 \, t \, a} \left(-\tan \alpha + \frac{3 \, l \, z}{2 \, a^2} \right) .
\end{aligned}$$

Für $\tan \alpha > 0$ (d. h. $0 < \alpha < \pi/2$) tritt die größte Spannung (Druckspannung!) bei $z = -a/2$ auf:

$$|\sigma|_{max} = \frac{q_0 \, l}{8 \, t \, a} \left(\tan \alpha + \frac{3 \, l}{4 \, a} \right) . \quad \blacktriangleleft$$

4.9 Kern des Querschnitts

Wir betrachten einen Stab bzw. eine Säule unter einer exzentrischen Druckkraft F, deren Angriffspunkt in der Querschnittsfläche durch y_F, z_F gegeben ist (Abb. 4.35a, b). Mit $N = -F$, $M_y = -z_F \, F$ und $M_z = y_F \, F$ sowie den Trägheitsradien $i_y^2 = I_y/A$, $i_z^2 = I_z/A$ erhält man nach (4.54a) für die Normalspannung im Querschnitt

$$\sigma = -\frac{F}{A} \left[\frac{z_F}{i_y^2} z + \frac{y_F}{i_z^2} y + 1 \right] .$$

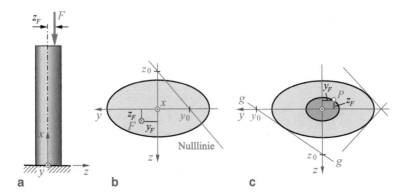

Abb. 4.35 Kern eines Querschnitts

Die Nulllinie ($\sigma = 0$) ist danach durch die Geradengleichung

$$\frac{z_F}{i_y^2}\, z + \frac{y_F}{i_z^2}\, y + 1 = 0, \quad \text{bzw.} \quad \frac{z}{z_0} + \frac{y}{y_0} = 1 \qquad (4.55)$$

festgelegt, wobei

$$y_0 = -\frac{i_z^2}{y_F}, \quad z_0 = -\frac{i_y^2}{z_F} \qquad (4.56)$$

die Achsabschnitte der Geraden sind (vgl. Abb. 4.35b).

Wir fragen nun, in welchem Bereich um die Stabachse x der Kraftangriffspunkt y_F, z_F liegen muss, damit im gesamten Querschnitt nur Druckspannungen herrschen. Dies ist zum Beispiel dann wichtig, wenn die Säule aus einem Material besteht, welches Zugspannungen gar nicht oder nur in geringem Maß ertragen kann (z. B. Beton). Den zulässigen Bereich für den Kraftangriffspunkt nennt man den **Kern** des Querschnitts. Dann darf die Nulllinie $g - g$ den Querschnitt nicht schneiden, sondern kann ihn höchstens tangieren. Einer solchen Tangente mit den gegebenen Achsabschnitten y_0, z_0 ist ein Kraftangriffspunkt P auf dem Rand der Kernfläche zugeordnet, dessen Koordinaten aus (4.56) zu

$$y_F = -\frac{i_z^2}{y_0}, \quad z_F = -\frac{i_y^2}{z_0} \qquad (4.57)$$

folgen (Abb. 4.35c). Die Gesamtheit aller Nulllinien, die den Querschnitt tangieren, bestimmt dann offensichtlich den Rand des Kerns. Kraftangriffspunkte

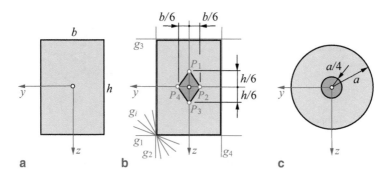

Abb. 4.36 Beispiel: Rechteckquerschnitt

innerhalb des Kerns führen zu Nulllinien, die außerhalb der Querschnittsfläche liegen.

Als Beispiel betrachten wir den Rechteckquerschnitt nach Abb. 4.36a mit $i_y^2 = h^2/12$ und $i_z^2 = b^2/12$. Als Nulllinie wählen wir zunächst die Gerade g_1 mit den zugehörigen Achsabschnitten $y_0 \to \infty$, $z_0 = h/2$. Aus (4.57) ergibt sich hierfür der Randpunkt P_1 des Kerns mit den Koordinaten $y_F = 0$, $z_F = -h/6$ (Abb. 4.36b). Entsprechend liefern die Nulllinien $g_2 \ldots g_4$ die Punkte $P_2 \ldots P_4$ auf der y- bzw. auf der z-Achse mit den Abständen $b/6$ bzw. $h/6$ von der x-Achse. Schließlich lässt sich noch zeigen, dass die Nulllinienbündel g_i an den Querschnittsecken zu Kraftangriffspunkten entlang der Verbindungslinien zwischen P_1 und P_2, zwischen P_2 und P_3 etc. führen. Der Kern des Querschnitts hat danach die Gestalt einer Raute.

Für einen Kreisquerschnitt nach Abb. 4.36c erhält man mit $i_y^2 = a^2/4$ und $z_0 = a$ aus (4.57) unter Beachtung der Rotationssymmetrie einen kreisförmigen Kern mit dem Radius $a/4$.

4.10 Temperaturbelastung

Wird ein Balken gleichförmig über seinen Querschnitt erwärmt, so hat dies nach Kap. 1 nur eine Längenänderung zur Folge, sofern diese nicht behindert wird. Eine Biegung tritt in diesem Fall nicht auf. Ist dagegen die Temperaturänderung über den Querschnitt nicht konstant, so können Biegemomente bzw. Verschiebungen senkrecht zur Balkenlängsachse auftreten. Wir wollen im weiteren die Deformationen und die Spannungen infolge einer solchen „Temperaturbelastung"

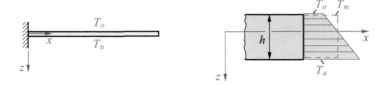

Abb. 4.37 Temperaturbelastung

untersuchen, wobei wir uns auf die einachsige Biegung des schubstarren Balkens beschränken.

Hierzu betrachten wir einen ursprünglich geraden Balken, bei dem sich durch Erwärmung der Unterseite um T_u bzw. der Oberseite um T_o eine *lineare Temperaturverteilung* $\Delta T(z)$ über die Querschnittshöhe h eingestellt hat (Abb. 4.37):

$$\Delta T = T_m + (T_u - T_o)\frac{z}{h} \,. \tag{4.58}$$

Der konstante Anteil $T_m = \frac{1}{A} \int \Delta T \, dA$ (mittlere Temperaturerhöhung über die Querschnittsfläche) hat, wie schon erwähnt, nur eine Längenänderung zur Folge. Wir untersuchen daher im weiteren nur den linearen Anteil

$$\Delta T^* = (T_u - T_o)\frac{z}{h} \,. \tag{4.59}$$

Dann lautet das Elastizitätsgesetz nach (1.12)

$$\sigma = E\,\varepsilon - E\,\alpha_T\,\Delta T = E\,\varepsilon - E\,\alpha_T\,(T_u - T_o)\frac{z}{h} \,. \tag{4.60}$$

Mit $\varepsilon = \partial u/\partial x$ und den Bernoullischen Annahmen $u = z\,\psi, \psi = -w'$ (vgl. (4.22b), (4.29)) ergibt sich daraus zunächst

$$\sigma = -E\,w''\,z - E\,\alpha_T\,(T_u - T_o)\frac{z}{h} \,. \tag{4.61}$$

Das Biegemoment M resultiert aus den über den Querschnitt verteilten Normalspannungen:

$$M = \int z\,\sigma\,dA \,.$$

Einsetzen von (4.61) führt mit $I = \int z^2 \, \mathrm{d}A$ auf

$$M = -E I \, w'' - E I \alpha_T \, \frac{T_u - T_o}{h} \,,$$

bzw.

$$w'' = -\frac{M}{E I} - \alpha_T \, \frac{T_u - T_o}{h} \,. \tag{4.62}$$

Dies ist die Differentialgleichung der Biegelinie.

Man erkennt, dass eine Temperaturdifferenz $T_u - T_o$ genau wie ein Moment M eine Krümmung des Balkens hervorruft. Es ist deshalb nahe liegend, mit

$$M_{\Delta T} = E I \, \alpha_T \, \frac{T_u - T_o}{h} \tag{4.63}$$

ein „Temperaturmoment" $M_{\Delta T}$ einzuführen. Damit lässt sich (4.62) in der Form

$$w'' = -\frac{M + M_{\Delta T}}{E I} \tag{4.64}$$

schreiben. Für $M_{\Delta T} = 0$ reduziert sich (4.64) auf (4.31).

Die Spannungsverteilung im Querschnitt folgt aus (4.61) und (4.62) durch Eliminieren von w'' zu (vgl. (4.26))

$$\sigma = \frac{M}{I} \, z \,.$$

Als Anwendungsbeispiel betrachten wir den eingespannten Balken nach Abb. 4.38a, über dessen gesamte Länge die konstante Temperaturdifferenz $T_u - T_o$ (d. h. ein konstantes Temperaturmoment $M_{\Delta T}$) herrscht.

Der Balken ist statisch bestimmt gelagert. Wegen $M = 0$ wird auch die Normalspannung σ überall Null. Die Biegelinie erhalten wir durch Integration von (4.64):

$$w'' = -\frac{M_{\Delta T}}{E I} = \text{const} \,,$$

$$w' = -\frac{M_{\Delta T}}{E I} \, x + C_1 \,,$$

$$w = -\frac{M_{\Delta T}}{E I} \, \frac{x^2}{2} + C_1 \, x + C_2 \,.$$

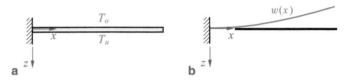

a   b

Abb. 4.38 Einseitig eingespannter Balken

Aus den Randbedingungen $w'(0) = 0$ und $w(0) = 0$ folgen die Integrationskonstanten C_1 und C_2 zu Null, und damit ergibt sich für die Durchbiegung (Abb. 4.38b)

$$w = -\frac{M_{\Delta T}}{2\,EI}\,x^2 = -\frac{\alpha_T\,(T_u - T_o)}{2\,h}\,x^2. \tag{4.65}$$

Ist der Balken links eingespannt und befindet sich zusätzlich am rechten Balkenende B ein gelenkiges Lager (Abb. 4.39), so ist das System statisch unbestimmt. Wir können dann die Lösung durch Superposition gewinnen. Die Durchbiegung $w^{(0)}$ für das „0"-System (Lager B entfernt) ist durch (4.65) gegeben. Am Balkenende B gilt

$$w_B^{(0)} = -\frac{\alpha_T\,(T_u - T_o)}{2\,h}\,l^2.$$

Die Biegelinie $w^{(1)}$ für das „1"-System (Balken unter der Last $X = B$) kann der Tab. 4.3 entnommen werden. An der Lastangriffsstelle B wird

$$w_B^{(1)} = -\frac{X\,l^3}{3\,EI}.$$

Einsetzen in die Kompatibilitätsbedingung $w_B^{(0)} + w_B^{(1)} = 0$ liefert

$$X = B = -\frac{3\,EI\,\alpha_T\,(T_u - T_o)}{2\,h\,l}.$$

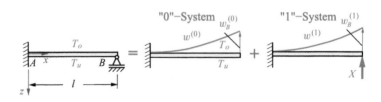

Abb. 4.39 Statisch unbestimmt gelagerter Balken

Damit liegt der Verlauf der Biegelinie $w = w^{(0)} + w^{(1)}$ fest. Den Momentenverlauf erhält man mit $M^{(0)} = 0$, $M^{(1)} = X(l - x)$ und dem bekannten Wert von X zu

$$M = M^{(0)} + M^{(1)} = -\frac{3\,E\,I\,\alpha_T\,(T_u - T_o)}{2\,h\,l}(l - x)\,.$$

Zusammenfassung

- Flächenträgheitsmomente:

$$I_y = \int z^2 \, \mathrm{d}A\,, \quad I_z = \int y^2 \, \mathrm{d}A\,, \quad I_{yz} = I_{zy} = -\int yz \, \mathrm{d}A\,.$$

  Die Transformationsbeziehungen bei einer Drehung des Koordinatensystems sind analog zu denen bei den Spannungen. Bei einer Parallelverschiebung des Achsensystems gilt der Satz von Steiner.

- Gerade Biegung:

  $$\text{Normalspannung} \quad \sigma(z) = \frac{M}{I}\,z\,, \quad \sigma_{\max} = \frac{M}{W}\,,$$

  $$\text{Schubspannung} \quad \tau(z) = \frac{Q\,S(z)}{I\,b(z)}\,,$$

  $$\text{Dgl. Biegelinie} \quad E I w'' = -M \quad \text{bzw.} \quad (E I w'')'' = q\,.$$

- Bei der Integration der Differentialgleichung der Biegelinie treten Integrationskonstanten auf, die mit Hilfe von Randbedingungen bestimmt werden. Bei Balken mit mehreren Feldern kommen Übergangsbedingungen hinzu.
- Statisch unbestimmte Probleme können oft durch Superposition bekannter Lösungen behandelt werden (Biegelinientafel!).
- Die Durchbiegung infolge Schub kann bei schlanken Balken vernachlässigt werden.
- Schiefe Biegung (y, z Hauptachsen):

  $$\text{Normalspannung} \quad \sigma = \frac{M_y}{I_y}\,z - \frac{M_z}{I_z}\,y\,,$$

  $$\text{Dgln. Biegelinie} \quad E I_y w'' = -M_y\,, \quad E I_z v'' = M_z\,.$$

- Bei einer Belastung durch Biegung und Zug/Druck ergeben sich die Spannungen und Verschiebungen durch Superposition der Teillösungen für die einzelnen Lastfälle.
- Eine ungleichförmige Temperaturverteilung über die Balkenhöhe ruft ein Temperaturmoment hervor, das zu einer Krümmung der Balkenachse führt.

Torsion

5

Inhaltsverzeichnis

▶ **Lernziele** Wir betrachten in diesem Kapitel Stäbe, die auf Torsion beansprucht werden. Wie in den vorhergehenden Kapiteln wollen wir die durch die Belastung hervorgerufenen Verformungen und Spannungen ermitteln. Dabei beschränken wir uns auf Stäbe mit Kreisquerschnitt bzw. mit dünnwandigem Querschnitt. Nach dem Studium dieses Kapitels sollen die Leser die Grundgleichungen der Torsion kennen und sachgerecht auf statisch bestimmte bzw. unbestimmte Probleme anwenden können.

© Springer-Verlag GmbH Deutschland, ein Teil von Springer Nature 2021   159
D. Gross et al., *Technische Mechanik 2*, https://doi.org/10.1007/978-3-662-61862-2_5

5.1 Einführung

Bisher haben wir zwei Arten von Belastungen kennengelernt, die bei schlanken, geraden Bauteilen auftreten können. Wirken die äußeren Kräfte *in* Richtung der Längsachse, so treten als innere Kräfte die Normalkräfte auf. Die zugehörigen Spannungen und Verformungen wurden in Kap. 1 behandelt. Wird ein Balken durch Kräfte *quer* zu seiner Längsachse oder durch Momente um Achsen, die senkrecht zur Längsachse stehen, belastet, so überträgt er Querkräfte und Biegemomente. In Kap. 4 wurde gezeigt, wie die Spannungen und die Verformungen für das Biegeproblem ermittelt werden können. Es muss jetzt noch der Fall untersucht werden, dass ein äußeres Moment wirkt, welches *um die Längsachse* dreht. Diese Belastung verdreht (tordiert) den Stab; im Stabquerschnitt tritt ein **Torsionsmoment** auf.

Häufig treten die verschiedenen Lastfälle kombiniert auf. So verursacht eine exzentrische Längskraft auch eine Biegung (vgl. Abschn. 4.8). Wir wollen noch an einem anderen Beispiel zeigen, dass die verschiedenen Beanspruchungsarten gekoppelt sein können. Hierzu betrachten wir einen Kragträger mit rechteckigem Querschnitt. Er ist durch eine beliebig gerichtete Kraft F belastet, die an der Ecke P des Endquerschnitts angreift (Abb. 5.1a). Wir zerlegen diese Kraft zunächst nach den Koordinatenrichtungen in ihre Komponenten F_x, F_y und F_z (Abb. 5.1b). Dann verschieben wir die Komponenten in den Schwerpunkt des Endquerschnitts.

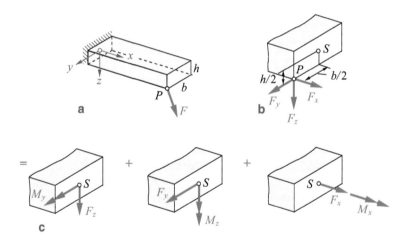

Abb. 5.1 Beliebig gerichtete Kraft am Kragträger

Infolge der Parallelverschiebung treten Momente auf, die wir zu den Kräften hinzufügen müssen (vgl. Band 1, Abschnitt 3.1.2). Der einen exzentrisch angreifenden Kraft F sind daher insgesamt drei Kraftkomponenten und drei Momente äquivalent, die in Abb. 5.1c dargestellt sind, wobei sie entsprechend ihrer mechanischen Bedeutung aufgespalten wurden:

1) Die Querlast F_z und das äußere Moment $M_y = \frac{h}{2} F_x$ führen auf die gerade Biegung (vgl. Abschn. 4.3).
2) Die Querlast F_y und das äußere Moment $M_z = -\frac{b}{2} F_x$ treten zusätzlich bei schiefer Biegung auf (vgl. Abschn. 4.7).
3) Die Längslast F_x beansprucht den Stab auf Zug (vgl. Kap. 1). Das äußere Moment $M_x = \frac{b}{2} F_z - \frac{h}{2} F_y$ verursacht eine **Torsion** des Stabes.

Das Beispiel zeigt, wie eine einzige Kraft gleichzeitig die drei für einen Balken typischen Belastungen hervorrufen kann: Zug, Biegung und Torsion.

Im weiteren soll gezeigt werden, wie man die Spannungen und die Verformungen bei Torsion berechnen kann. Da die Theorie der Torsion für beliebig geformte Querschnitte kompliziert ist, beschränken wir uns hier auf Sonderfälle und untersuchen als besonders einfaches Problem zunächst den Torsionsstab mit Kreisquerschnitt.

5.2   Die kreiszylindrische Welle

Wir betrachten eine gerade Welle mit Kreisquerschnitt, die an ihrem Ende durch ein Moment M_x belastet ist, das um die Längsachse dreht (Abb. 5.2a). Der Radius R sei konstant oder nur schwach veränderlich.

Zur Herleitung der Grundgleichungen benötigen wir Beziehungen aus der Kinematik, aus der Statik und das Elastizitätsgesetz. Wir treffen folgende kinematische Annahmen:

a) Querschnitte behalten bei der Torsion ihre Gestalt, d. h. sie verdrehen sich als Ganzes; Punkte des Querschnitts, die vor der Verformung auf einer Geraden liegen, befinden sich auch nach der Verformung auf einer Geraden.
b) Ebene Querschnitte bleiben eben; es tritt keine Verformung aus der Ebene heraus auf (keine Verwölbung).

Mit Hilfe der Elastizitätstheorie kann man zeigen, dass diese Annahmen bei der Kreiswelle exakt erfüllt sind (siehe Band 4, Abschnitt 2.6.3). Ein aus der Welle herausgeschnittener infinitesimaler Kreiszylinder mit beliebigem Radius r ist

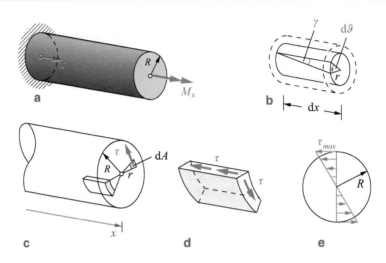

Abb. 5.2 Kreiszylindrische Welle

dann auch im deformierten Zustand ein Kreiszylinder. Es findet lediglich eine Verdrehung $\mathrm{d}\vartheta$ der um $\mathrm{d}x$ benachbarten Querschnitte gegeneinander statt (Abb. 5.2b). Dabei zählen wir den Verdrehwinkel ϑ positiv im Sinne einer Rechtsschraube. Bei kleinen Verformungen besteht zwischen der Verdrehung $\mathrm{d}\vartheta$ und der Winkeländerung γ der Zusammenhang (siehe Abb. 5.2b)

$$r\,\mathrm{d}\vartheta = \gamma\,\mathrm{d}x \quad \rightarrow \quad \gamma = r\,\frac{\mathrm{d}\vartheta}{\mathrm{d}x}\,. \tag{5.1}$$

Man nennt die Verdrehung pro Längeneinheit $\mathrm{d}\vartheta/\mathrm{d}x$ manchmal auch **Verwindung** $\varkappa_T$.

Den Schubverformungen γ zugeordnet sind Schubspannungen τ. Da die Oberfläche unbelastet ist, können dort im Querschnitt keine radialen Komponenten auftreten (zugeordnete Schubspannungen, vgl. (2.3)). Daher müssen die Schubspannungen am Rand tangential verlaufen. Sie stehen auch im Innern des Querschnitts senkrecht auf den Radien. Schneidet man ein Element nach Abb. 5.2c aus der Welle, so wirken auf dieses nur die in Abb. 5.2d eingetragenen Schubspannungen (keine Normalspannungen). Aus dem Elastizitätsgesetz $\tau = G\,\gamma$ (vgl. (3.10)) folgt mit (5.1), wenn wir die Ableitung nach x mit einem Strich abkürzen:

$$\tau = G\,r\,\frac{\mathrm{d}\vartheta}{\mathrm{d}x} = G\,r\,\vartheta'\,. \tag{5.2}$$

Hiernach wächst die Schubspannung von der Stabachse ausgehend linear mit dem Abstand r an.

Das Moment aus den Schubspannungen muss gleich dem im Schnitt wirkenden Torsionsmoment M_T sein (Abb. 5.2c):

$$M_T = \int r\,\tau\,\mathrm{d}A\,.\tag{5.3}$$

Dabei zählen wir Torsionsmomente positiv, wenn sie am positiven Schnittufer als Rechtsschraube um die Stabachse drehen (vgl. Band 1, Abschnitt 7.4). Einsetzen von (5.2) in (5.3) liefert

$$M_T = G\,\vartheta' \int r^2\,\mathrm{d}A = G\,\vartheta'\,I_p\,.\tag{5.4}$$

Die hierbei auftretende geometrische Größe I_p ist nach (4.6c) das polare Flächenträgheitsmoment. Mit Rücksicht auf einheitliche Bezeichnungen für beliebige Querschnitte nennen wir diese Querschnittsgröße jetzt **Torsionsträgheitsmoment** I_T (vgl. Tab. 5.1). Bei der Kreiswelle ist $I_T = I_p$ (beachte: bei anderen Querschnittsformen gilt $I_T \neq I_p$!), und aus (5.4) folgt dann

$$G I_T\,\vartheta' = M_T\,.\tag{5.5}$$

Die Größe $G I_T$ heißt **Torsionssteifigkeit**. Für gegebenes Torsionsmoment M_T und gegebene Torsionssteifigkeit $G I_T$ kann aus (5.5) der Verdrehwinkel ϑ berechnet werden.

Wird die Welle nur durch ein Moment M_x am Ende belastet, so wirkt in jedem beliebigen Schnitt senkrecht zur x-Achse als Schnittgröße ein Torsionsmoment M_T, das aus Gleichgewichtsgründen über die gesamte Welle konstant und gleich der Belastung sein muss:

$$M_T = M_x\,.\tag{5.6}$$

Für die Endverdrehung ϑ_l einer einseitig eingespannten Welle der Länge l erhält man dann bei konstantem $G I_T$ aus

$$\vartheta_l = \int_0^l \vartheta'\,\mathrm{d}x$$

mit (5.5)

$$\vartheta_l = \frac{M_T \, l}{G I_T} \, .$$ (5.7)

. Durch Vergleich mit (1.18) kann man eine Analogie zwischen Zugstab und Torsionsstab erkennen.

Eliminiert man ϑ' in (5.2) mit (5.5), so findet man für die Schubspannungsverteilung

$$\tau = \frac{M_T}{I_T} \, r \, .$$ (5.8)

Der Größtwert tritt am Rand $r = R$ auf: $\tau_{\max} = (M_T/I_T)R$ (Abb. 5.2e). Um die Analogie zur Biegung herzustellen (vgl. (4.28)), führen wir ein **Torsionswiderstandsmoment** W_T ein:

$$\tau_{\max} = \frac{M_T}{W_T} \, .$$ (5.9)

Bei der Kreiswelle ist $W_T = I_T / R$. Mit (4.10a) erhalten wir

$$I_T = I_p = \frac{\pi}{2} R^4 \, , \quad W_T = \frac{\pi}{2} R^3 \, .$$ (5.10)

Die Formeln (5.1) bis (5.9) gelten nicht nur für Voll- sondern auch für *Kreisringquerschnitte*. Man muss dann allerdings die entsprechenden Werte für I_T und W_T einsetzen. So werden z. B. für den Querschnitt eines Rohrs mit dem Außenradius R_a und dem Innenradius R_i

$$I_T = \frac{\pi}{2} (R_a^4 - R_i^4) \, , \quad W_T = \frac{\pi}{2} \frac{R_a^4 - R_i^4}{R_a} \, .$$ (5.11)

Bei *dünnwandigen* Kreisringquerschnitten erhält man hieraus mit der Wanddicke
$t = R_a - R_i$ und dem mittleren Radius $R_m = (R_a + R_i)/2$ (vgl. (4.12)):

$$I_T \approx 2\,\pi\,R_m^3\,t\,, \quad W_T \approx 2\,\pi\,R_m^2\,t\,. \tag{5.12}$$

Falls längs des Stabes ein verteiltes Torsionsmoment pro Längeneinheit $m_T(x)$
angreift (Abb. 5.3a), so ergibt sich aus dem Momentengleichgewicht an einem
Stabelement (Abb. 5.3b)

$$\mathrm{d}M_T + m_T\,\mathrm{d}x = 0$$

oder

$$\frac{\mathrm{d}M_T}{\mathrm{d}x} = M_T' = -m_T\,. \tag{5.13}$$

Für $m_T = 0$ folgt hieraus $M_T = $ const.

Differenziert man (5.5) einmal nach x und setzt (5.13) ein, so erhält man die
Differentialgleichung für den Verdrehwinkel:

$$(GI_T\,\vartheta')' = -m_T\,. \tag{5.14}$$

Diese Differentialgleichung ist von zweiter Ordnung. Bei der Integration treten
zwei Integrationskonstanten auf, die aus zwei Randbedingungen (eine für jeden
Rand) ermittelt werden können: an den Rändern sind entweder der Drehwinkel
ϑ oder das Torsionsmoment $M_T = GI_T\,\vartheta'$ vorgegeben. So ist zum Beispiel bei
einer starren Einspannung ϑ gleich Null, oder an einem mit M_x belasteten Ende
ist $M_T = M_x$. Ein Vergleich von (5.14) mit (1.20) zeigt die Analogie zwischen
Zug und Torsion.

Wir wollen nun die abgeleiteten Formeln verwenden, um die Federkonstante c
einer Schraubenfeder zu berechnen. Dabei sei vorausgesetzt, dass die Feder eng
gewickelt ist und daher der Steigungswinkel näherungsweise gleich Null gesetzt

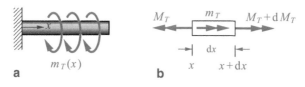

Abb. 5.3 Verteiltes Torsionsmoment

werden darf. Außerdem sei der Durchmesser d des Kreisquerschnittes des Feder-
drahtes (Abb. 5.4a) klein im Vergleich zum Radius a der Wicklung ($d \ll a$).

Die Feder wird in ihrer Achse durch eine Kraft F belastet. Um zunächst die
Federverlängerung berechnen zu können, schneiden wir die Feder an einer belie-
bigen Stelle (Abb. 5.4b). Aus dem Gleichgewicht folgt dann, dass im Schnitt eine
Querkraft $Q = F$ und ein Torsionsmoment $M_T = a\,F$ wirken. Wir nehmen nun
an, dass nur ein Element der Länge ds des Drahtes elastisch ist, während der übrige
Teil der Feder starr sei. Dann verdrehen sich die Endquerschnitte des Elements ge-
geneinander um den Winkel $d\vartheta$. Dies bedeutet für den unteren Teil der Feder eine
Verschiebung und damit eine Verlängerung der Feder um $df = a\,d\vartheta$ (Abb. 5.4c).
Mit $d\vartheta = (M_T/GI_T)ds$ (vgl. (5.5)) wird

$$\mathrm{d}f = a\,\frac{M_T}{GI_T}\,\mathrm{d}s = \frac{F\,a^2}{GI_T}\,\mathrm{d}s\,.$$

Für eine flache Schraubenfeder mit n Windungen ist die Gesamtdrahtlänge näherungsweise $(2\,\pi\,a)n$. Damit erhalten wir die Gesamtfederverlängerung durch
Integration über die Drahtlänge zu

$$f = \int \mathrm{d}f = \frac{F\,a^3}{GI_T}\,2\,\pi\,n\,.$$

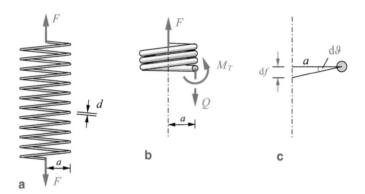

Abb. 5.4 Ermittlung der Federkonstanten

Setzt man noch das Torsionsträgheitsmoment nach (5.10) mit $R = d/2$ ein, so wird die Federkonstante

$$c = \frac{F}{f} = \frac{GI_T}{2\pi a^3 n} \quad \rightarrow \quad c = \frac{G\,d^4}{64\,a^3\,n}\,.$$

Das Ergebnis zeigt, wie die Feder mit wachsender Windungszahl n und zunehmendem Radius a weicher bzw. mit wachsender Drahtdicke d steifer wird.

Beispiel 5.1

Ein einseitig eingespannter homogener Stab mit kreisförmigem Querschnitt (Durchmesser d) wird an den Stellen B bzw. C durch die Torsionsmomente M_0 bzw. M_1 belastet (Bild a).

a) Wie groß muss M_1 bei gegebenem M_0 gewählt werden, damit der Verdrehwinkel am Stabende C Null wird?
b) Wie groß ist dann die maximale Schubspannung, und wo tritt sie auf?

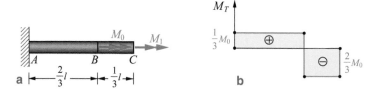

Lösung

a) Im Bereich $\overline{AB}$ wirkt das Torsionsmoment $M_0 + M_1$, im Bereich $\overline{BC}$ wirkt nur M_1. Der Verdrehwinkel ϑ_C am Ende folgt durch Superposition der Verdrehungen beider Wellenteile nach (5.7) zu

$$\vartheta_C = \vartheta_{AB} + \vartheta_{BC} = \frac{M_0 + M_1}{GI_T}\frac{2}{3}l + \frac{M_1}{GI_T}\frac{l}{3} = \frac{l}{3\,GI_T}(2\,M_0 + 3\,M_1)\,.$$

Dieser Winkel wird Null für

$$M_1 = -\frac{2}{3}M_0\,.$$

In Bild b ist der zugehörige Momentenverlauf aufgetragen.

b) Die größte Schubspannung tritt in den Querschnitten auf, in denen das größte Torsionsmoment wirkt. Nach Bild b erfährt der Stab im Bereich BC seine größte Beanspruchung:

$$|M|_{\max} = \frac{2}{3} M_0 \, .$$

Damit berechnen wir aus (5.8) die größte Spannung zu

$$\tau_{\max} = \frac{M_{\max}}{W_T} = \frac{2}{3} \frac{M_0}{W_T} \, .$$

Mit dem Torsionswiderstandsmoment $W_T = \pi R^3 / 2$ für die Kreiswelle (vgl. (5.10)) und mit $R = d/2$ erhält man daraus

$$\tau_{\max} = \frac{32}{3} \frac{M_0}{\pi d^3} \, . \quad \blacktriangleleft$$

Beispiel 5.2

Eine abgesetzte Welle (Torsionssteifigkeit GI_{T_1} bzw. GI_{T_2}) wird über die Länge a durch ein gleichmäßig verteiltes Torsionsmoment pro Längeneinheit m_T belastet (Bild a).
Gesucht ist der Momentenverlauf.

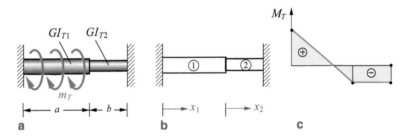

Lösung Der beidseitig eingespannte Stab ist statisch unbestimmt gelagert. Wir wollen die Aufgabe durch abschnittsweise Integration lösen und führen hierzu die Koordinaten x_1 und x_2 (Bild b) ein. Mit (5.14) erhalten wir dann für die beiden Abschnitte:

$$GI_{T_1}\vartheta_1'' = -m_T \, , \qquad\qquad GI_{T_2}\vartheta_2'' = 0 \, ,$$

$$GI_{T_1}\vartheta_1' = -m_T x_1 + C_1 \, , \qquad\qquad GI_{T_2}\vartheta_2' = C_3 \, ,$$

$$GI_{T_1}\vartheta_1 = -m_T \frac{x_1^2}{2} + C_1 x_1 + C_2 \, , \qquad GI_{T_2}\vartheta_2 = C_3 x_2 + C_4 \, .$$

Die vier Integrationskonstanten folgen aus zwei Rand- und zwei Übergangsbedingungen:

$$\vartheta_1(x_1 = 0) = 0 \qquad \rightarrow \qquad C_2 = 0\,,$$

$$\vartheta_2(x_2 = b) = 0 \qquad \rightarrow \qquad C_3\,b + C_4 = 0\,,$$

$$\vartheta_1(x_1 = a) = \vartheta_2(x_2 = 0) \qquad \rightarrow \qquad \frac{1}{GI_{T_1}}\left(-m_T\frac{a^2}{2} + C_1\,a\right) = \frac{C_4}{GI_{T_2}}\,,$$

$$M_{T_1}(x_1 = a) = M_{T_2}(x_2 = 0) \qquad \rightarrow \qquad GI_{T_1}\vartheta_1'(x_1 = a) = GI_{T_2}\vartheta_2'(x_2 = 0)$$

$$\rightarrow \qquad -m_T\,a + C_1 = C_3\,.$$

Auflösen ergibt

$$C_1 = \frac{m_T\,a}{2}\,\frac{a\,GI_{T_2} + 2\,b\,GI_{T_1}}{a\,GI_{T_2} + b\,GI_{T_1}}\,, \qquad C_3 = -\frac{m_T\,a}{2}\,\frac{a\,GI_{T_2}}{a\,GI_{T_2} + b\,GI_{T_1}}\,,$$

$$C_4 = \frac{m_T\,a}{2}\,b\,\frac{a\,GI_{T_2}}{a\,GI_{T_2} + b\,GI_{T_1}}\,.$$

Damit erhält man die Momente in den beiden Bereichen zu

$$M_{T_1} = -m_T\left(x_1 - \frac{a}{2}\,\frac{a\,GI_{T_2} + 2\,b\,GI_{T_1}}{a\,GI_{T_2} + b\,GI_{T_1}}\right)\,,$$

$$M_{T_2} = -\frac{m_T\,a}{2}\,\frac{a\,GI_{T_2}}{a\,GI_{T_2} + b\,GI_{T_1}}\,.$$

Der Verlauf des Torsionsmoments ist in Bild c qualitativ aufgetragen. ◄

Beispiel 5.3

Eine kreiszylindrische Welle (Länge a) wird über einen Querarm (Länge b) nach Bild a durch eine Kraft F belastet.

Man bestimme mit Hilfe der Hypothese der Gestaltänderungsenergie den erforderlichen Radius R der Welle. Gegeben sind $a = 3\,\text{m}$, $b = 1\,\text{m}$, $F = 5 \cdot 10^3\,\text{N}$ und $\sigma_{\text{zul}} = 180\,\text{N/mm}^2$.

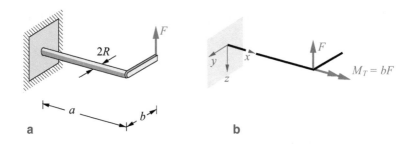

Lösung Der Kraft F am Ende des Querarms sind eine Kraft F am Ende der Welle und ein Moment $M_T = b\,F$ statisch gleichwertig (Bild b). Die Kraft F nach Bild b beansprucht die Welle auf Biegung (vgl. Kap. 4) und ruft in der Welle Normalspannungen σ hervor. Ihr Maximalwert tritt in den Randfasern $(z = \pm R)$ an der Einspannstelle $(x = 0)$ auf; er hat nach (4.28) den Betrag

$$\sigma_{\max} = \frac{|M|_{\max}}{W}.$$

Dabei sind $|M|_{\max} = a\,F$ und $W = \pi\,R^3/4$. Das Moment M_T beansprucht die Welle auf Torsion und erzeugt Schubspannungen τ. Ihr Maximalwert tritt am äußeren Rand des Querschnitts auf und ist längs der Welle konstant. Nach (5.9) und (5.10) gilt

$$\tau_{\max} = \frac{M_T}{W_T} \quad \text{mit} \quad W_T = \pi\,R^3/2.$$

Zur Dimensionierung der Welle bestimmen wir die Vergleichsspannung nach (3.18) an den Stellen, an denen die größten Spannungen auftreten (obere und untere Randfaser an der Einspannung). Mit $\sigma_x = \sigma_{\max}$, $\tau_{xy} = \tau_{\max}$ und $\sigma_y = 0$ ergibt sich

$$\sigma_{V_{\max}} = \sqrt{\left(\frac{|M|_{\max}}{W}\right)^2 + 3\left(\frac{M_T}{W_T}\right)^2}.$$

Aus der Bedingung $\sigma_{V_{\max}} \le \sigma_{\text{zul}}$ gemäß (3.15) folgt

$$\sqrt{\frac{16a^2 F^2}{\pi^2 R^6} + 3\frac{4b^2 F^2}{\pi^2 R^6}} \le \sigma_{\text{zul}}.$$

Auflösen liefert für den Radius der Welle

$$R^6 \geq \frac{4\,F^2(4\,a^2 + 3\,b^2)}{\pi^2\,\sigma_{\text{zul}}^2}\,.$$

Mit den gegebenen Zahlenwerten erhält man den erforderlichen Radius

$$\underline{\underline{R_{\text{erf}} = 48\,\text{mm}}}\,. \blacktriangleleft$$

5.3 Dünnwandige geschlossene Profile

Wie wir schon in der Einleitung dieses Kapitels erwähnt haben, ist die Torsionstheorie für beliebige Profile aufwendig. Eine Ausnahme bildet dabei neben der Kreiswelle der dünnwandige Hohlquerschnitt, bei dem man noch elementar durch geeignete Annahmen über die Spannungsverteilung zu brauchbaren Näherungsformeln gelangen kann. Da solche Querschnitte zugleich auch für die Anwendung in der Praxis große Bedeutung haben (Kastenträger im Brückenbau, Tragflächenprofile in der Luftfahrt etc.), wollen wir uns nun ihnen zuwenden.

Wir setzen voraus, dass die Abmessungen des dünnwandigen geschlossenen Profils (= Hohlzylinder) längs x unverändert bleiben und dass ein konstantes Torsionsmoment M_T in den Querschnitten wirkt (Abb. 5.5a). Als Koordinate längs des Umfanges führen wir die Bogenlänge s ein. Die Wandstärke kann veränderlich sein: $t = t(s)$.

Das Torsionsmoment ruft im Querschnitt Schubspannungen hervor. Da die Außen- und die Innenfläche des Hohlzylinders belastungsfrei sind, müssen die Spannungen an den Querschnittsrändern tangential verlaufen. Wir nehmen an, dass die Schubspannungen τ auch im Innern des Profils die gleiche Richtung haben und über die Wanddicke *konstant* verteilt sind. Sie lassen sich dann zu einer resultierenden Kraftgröße, dem **Schubfluss**

$$T = \tau\,t \tag{5.15}$$

zusammenfassen. Der Schubfluss T hat die Dimension Kraft pro Länge und zeigt in Richtung der Profilmittellinie. Diese Mittellinie ist die Kurve, die an jedem Punkt des Querschnitts die Wanddicke $t(s)$ halbiert.

Wir denken uns nun ein rechteckiges Element mit den Seitenlängen dx und ds aus dem Hohlzylinder herausgeschnitten (Abb. 5.5b). An der Schnittstelle x wirkt

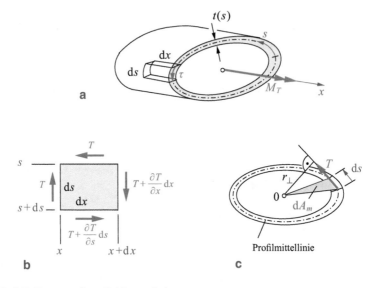

Abb. 5.5 Dünnwandiger Hohlquerschnitt

der Schubfluss T, an der benachbarten Schnittstelle $x + dx$ wirkt $T + (\partial T/\partial x)\,dx$. Da in s-Richtung keine Normalspannungen auftreten, liefert das Gleichgewicht in dieser Richtung

$$\downarrow: \quad \left(T + \frac{\partial T}{\partial x}\,dx\right)\,ds - T\,ds = 0 \quad \rightarrow \quad \frac{\partial T}{\partial x} = 0\,.$$

Hiernach ist der Schubfluss längs der x-Richtung konstant. Wenn wir nun zusätzlich voraussetzen, dass auch in x-Richtung keine Normalspannungen wirken (unbehinderte Verwölbung), so lautet die Gleichgewichtsbedingung in x-Richtung:

$$\rightarrow: \quad \left(T + \frac{\partial T}{\partial s}\,ds\right)\,dx - T\,dx = 0 \quad \rightarrow \quad \frac{\partial T}{\partial s} = 0\,.$$

Hiernach ist der Schubfluss an jeder Stelle s des Querschnitts gleich groß:

$$T = \tau\,t = \text{const}\,. \tag{5.16}$$

Wir müssen nun noch einen Zusammenhang zwischen dem Torsionsmoment M_T und dem Schubfluss T herstellen. Nach Abb. 5.5c ist das Moment der „Schubkraft" $T\,\mathrm{d}s$ in Bezug auf einen beliebigen Punkt 0 gleich

$$\mathrm{d}M_T = r_\perp\,T\,\mathrm{d}s\,.$$

Dabei ist $r_\perp$ der senkrechte Abstand der Schubkraft vom Bezugspunkt 0. Das insgesamt durch den Schubfluss übertragene Moment muss gleich dem gegebenen Torsionsmoment M_T sein:

$$M_T = \oint \mathrm{d}M_T = T \oint r_\perp\,\mathrm{d}s\,. \tag{5.17}$$

Der Kreis am Integral soll darauf hinweisen, dass man längs der Bogenlänge s vom beliebig gewählten Anfangspunkt $s = 0$ aus einmal um das Profil herum integrieren muss (*Umlaufintegral*). Nun ist aber $r_\perp\,\mathrm{d}s$ (= Höhe × Grundlinie) der doppelte Flächeninhalt des grünen Dreiecks in Abb. 5.5c: $r_\perp\,\mathrm{d}s = 2\,\mathrm{d}A_m$. Für das Umlaufintegral erhalten wir daher

$$\oint r_\perp\,\mathrm{d}s = 2\,A_m\,. \tag{5.18}$$

Dabei ist A_m die Fläche, die von der Profilmittellinie umschlossen wird (manchmal auch „Hohlfläche" genannt). Sie darf nicht mit dem materiellen Querschnitt $A = \oint t\,\mathrm{d}s$ verwechselt werden. Einsetzen von (5.18) in (5.17) ergibt

$$M_T = 2\,A_m\,T\,. \tag{5.19}$$

Daraus folgt mit (5.16) die Schubspannung

$$\tau = \frac{T}{t} = \frac{M_T}{2\,A_m\,t}\,. \tag{5.20}$$

Diese Beziehung wird nach Rudolf Bredt (1842–1900) **erste Bredtsche Formel** genannt.

Die größte Spannung tritt an der Stelle mit der kleinsten Wanddicke $t_{\min}$ auf: $\tau_{\max} = T/t_{\min} = M_T/2\,A_m\,t_{\min}$. Führt man in Analogie zu (5.9) ein Torsionswiderstandsmoment W_T ein, so wird

$$\tau_{\max} = \frac{M_T}{W_T} \quad \text{mit} \quad W_T = 2\,A_m\,t_{\min}\,. \tag{5.21}$$

Beim dünnwandigen Kreisrohr vom mittleren Radius R_m ist $A_m = \pi R_m^2$; für W_T ergibt sich damit bei konstanter Wanddicke t derselbe Wert wie nach (5.12).

Zur Ermittlung der Schubspannungen nach (5.20) haben wir zwei Voraussetzungen getroffen, die dem Bereich der Statik zuzuordnen sind:

a) die Schubspannungen sind konstant über die Wanddicke verteilt,
b) in den Schnitten $x = $ const treten keine Normalspannungen auf.

Die zweite Annahme steht in engem Zusammenhang mit Voraussetzungen aus der Kinematik, die wir nun zusätzlich einführen müssen, wenn wir die Verdrehung des Stabes berechnen wollen. Wir nehmen an:

c) die Querschnittsgestalt bleibt (wie bei der Kreiswelle) bei der Verformung erhalten,
d) im Unterschied zur Kreiswelle treten beim beliebigen Profil Verschiebungen der Querschnittspunkte in x-Richtung auf: der Querschnitt **verwölbt** sich. Diese Verwölbung soll sich unbehindert einstellen können.

Falls die Verwölbung durch Lagerungen verhindert wird (oder M_T mit x veränderlich ist), treten zusätzlich Normalspannungen auf. Ihre Berechnung ist Gegenstand der **Wölbkrafttorsion**, auf die wir im Rahmen dieser Einführung nicht eingehen können.

Wir bezeichnen die Verschiebungen eines beliebigen Punktes P auf der Profilmittellinie in x- bzw. in s-Richtung mit u bzw. v. Wenn sich der Querschnitt bei Beibehaltung seiner Gestalt (erste kinematische Voraussetzung) um einen Winkel $d\vartheta$ verdreht, verschiebt sich P um $r\,d\vartheta$ nach P' (Abb. 5.6). Diese Verschiebung hat in Richtung der Tangente an die Mittellinie die Komponente $dv = r\,d\vartheta \cos\alpha$. Dabei ist α der Winkel zwischen der Senkrechten auf r und der Tangente an die Profilmittellinie. Derselbe Winkel tritt zwischen r und dem senkrechten Abstand $r_\perp$ der Tangente in P auf (Schenkel der Winkel stehen paarweise senkrecht aufeinander). Mit $r_\perp = r \cos\alpha$ wird daher

$$dv = r_\perp\,d\vartheta\,. \qquad (5.22)$$

Die Schubverzerrung γ eines Elements der Rohrwandung ist analog zu (3.2) gegeben durch $\gamma = \partial v/\partial x + \partial u/\partial s$. Über das Elastizitätsgesetz $\tau = G\,\gamma$ (vgl. (3.10)) ist die Schubspannung τ mit der Schubverzerrung verbunden. Ersetzt man in

$$\frac{\tau}{G} = \gamma = \frac{\partial v}{\partial x} + \frac{\partial u}{\partial s}$$

Abb. 5.6 Zur Verschiebung eines Punktes

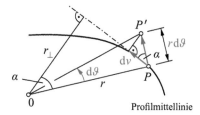

Profilmittellinie

die Schubspannung nach (5.20) durch den Schubfluss und beachtet (5.22), so erhält man

$$\frac{T}{G\,t} = r_\perp \vartheta' + \frac{\partial u}{\partial s}. \tag{5.23}$$

Diese Gleichung enthält noch die Verschiebung u in x-Richtung, die wir bisher nicht kennen. Um sie zu eliminieren, integrieren wir $\partial u/\partial s$ zunächst über die Bogenlänge s von einem Anfangspunkt A bis zu einem Endpunkt E:

$$\int_{s_A}^{s_E} \frac{\partial u}{\partial s}\,\mathrm{d}s = u_E - u_A.$$

Integrieren wir über den ganzen Umfang, so fallen Anfangs- und Endpunkt zusammen. Die Differenz $u_E - u_A$ ihrer Verschiebungen muss beim geschlossenen Profil Null sein, da sonst eine Klaffung auftreten würde: $\oint (\partial u/\partial s)\,\mathrm{d}s = 0$. Daher folgt aus (5.23)

$$\oint \frac{T}{G\,t}\,\mathrm{d}s = \vartheta' \oint r_\perp \,\mathrm{d}s.$$

Auflösen nach ϑ' liefert mit (5.18) und (5.19)

$$\vartheta' = \frac{\oint \dfrac{M_T}{2\,A_m\,G\,t}\,\mathrm{d}s}{2\,A_m} = \frac{M_T \oint \dfrac{\mathrm{d}s}{t}}{4\,G\,A_m^2}.$$

Diesen Zusammenhang kann man in der Form

$$\vartheta' = \frac{M_T}{G\,I_T} \tag{5.24}$$

schreiben, wobei

$$I_T = \frac{(2\,A_m)^2}{\oint \frac{ds}{t}}\,. \tag{5.25}$$

Die Beziehung (5.25) für das Torsionsträgheitsmoment wird auch **zweite Bredtsche Formel** genannt. Nach (5.24) kann man die Verdrehung ϑ eines Stabes mit dünnwandigem Hohlquerschnitt in der gleichen Weise wie bei der Kreiswelle ermitteln (vgl. (5.5)), wenn man nur für I_T den nach (5.25) zu ermittelnden Wert einsetzt. Insbesondere wird die gegenseitige Verdrehung zweier Querschnitte im Abstand l (vgl. (5.7))

$$\vartheta_l = \frac{M_T}{G\,I_T}\,l\,. \tag{5.26}$$

Für den Sonderfall $t = \text{const}$ folgt mit dem Profilumfang $U = \oint ds$ aus (5.25) das Torsionsträgheitsmoment zu

$$I_T = \frac{(2\,A_m)^2\,t}{U}\,. \tag{5.27}$$

Wendet man diese Formel auf das dünnwandige Kreisrohr vom Radius R_m an, so findet man mit $U = 2\,\pi\,R_m$ und $A_m = \pi\,R_m^2$ in Übereinstimmung mit (5.12) das Trägheitsmoment

$$I_T = \frac{(2\,\pi\,R_m^2)^2\,t}{2\,\pi\,R_m} = 2\,\pi\,R_m^3\,t\,.$$

Aus (5.24) können wir durch Integration die Verdrehung des Torsionsstabes berechnen. Wenn man auch die Verschiebungen u der Querschnitte (= Verwölbung) ermitteln will, muss man auf (5.23) zurückgreifen:

$$\frac{\partial u}{\partial s} = \frac{T}{G\,t} - r_\perp \vartheta'\,.$$

Integration über s (die Größen G, T und ϑ' hängen nicht von s ab) ergibt

$$u = \frac{T}{G} \int \frac{ds}{t} - \vartheta' \int r_\perp\,ds + C\,. \tag{5.28}$$

Wir wollen am Beispiel des dünnwandigen Kastenträgers mit rechteckigem Querschnitt nach Abb. 5.7a zeigen, wie man die Verwölbung infolge eines Torsionsmoments M_T nach (5.28) praktisch berechnet. Hierzu bestimmen wir zunächst nach (5.19) mit $A_m = b\,h$ den Schubfluss

$$T = \frac{M_T}{2\,A_m} = \frac{M_T}{2\,b\,h}$$

und nach (5.25) das Torsionsträgheitsmoment

$$I_T = \frac{(2\,A_m)^2}{\oint \frac{ds}{t}} = \frac{4\,b^2\,h^2}{2\left(\dfrac{b}{t_b} + \dfrac{h}{t_h}\right)}.$$

Hiermit folgt nach (5.24) die Verwindung

$$\vartheta' = \frac{M_T}{G I_T} = \frac{2\,b\,h\,T \cdot 2\left(\dfrac{b}{t_b} + \dfrac{h}{t_h}\right)}{4\,b^2\,h^2\,G} = \frac{T}{G\,b\,h}\left(\frac{b}{t_b} + \frac{h}{t_h}\right).$$

Wir setzen ϑ' in (5.28) ein, beginnen mit der Integration in der Mitte der Seite $\overline{DA}$ (Abb. 5.7b) und nehmen dort $u = 0$ an (Antimetrie). Dann verschwindet die Integrationskonstante C. Mit dem Bezugspunkt 0 in der Mitte des Rechtecks erhalten wir längs des Steges mit $r_\perp = b/2$ die Verschiebung

$$u_1 = \frac{T}{G}\int_0^{s_1} \frac{d\bar{s}_1}{t_h} - \frac{T}{G\,b\,h}\left(\frac{b}{t_b} + \frac{h}{t_h}\right)\int_0^{s_1} \frac{b}{2}\,d\bar{s}_1$$

$$= \frac{T}{G}\left[\frac{1}{t_h} - \frac{1}{2h}\left(\frac{b}{t_b} + \frac{h}{t_h}\right)\right]s_1.$$

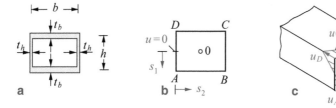

Abb. 5.7 Zur Verwölbung

Sie verläuft hiernach linear mit s_1. Speziell in der Ecke A mit $s_1 = h/2$ wird

$$u_A = \frac{T}{4\,G}\left(\frac{h}{t_h} - \frac{b}{t_b}\right)\,.$$

Längs des Untergurtes $\overline{AB}$ finden wir (für $s_2 = 0$ muss $u_2 = u_A$ sein)

$$u_2 = u_A + \frac{T}{G}\int\limits_0^{s_2}\frac{\mathrm{d}\bar s_2}{t_b} - \vartheta'\int\limits_0^{s_2}\frac{h}{2}\,\mathrm{d}\bar s_2$$

und speziell für die Ecke B

$$u_B = u_2(s_2 = b) = u_A + \frac{T}{G}\frac{b}{t_b} - \vartheta'\frac{h}{2}\,b = -u_A\,.$$

Analoge Rechnungen führen auf

$$u_C = u_A \quad \text{und} \quad u_D = u_B\,.$$

In Abb. 5.7c ist die Verwölbung aufgetragen.

Die Verwölbung verschwindet für $h/t_h = b/t_b$. Bei konstanter Wanddicke $t_b = t_h$ folgt hieraus $h = b$: ein dünnwandiger quadratischer Kastenträger verwölbt sich nicht. Ausdrücklich sei darauf hingewiesen, dass dies *nicht* für einen quadratischen Vollquerschnitt oder dickwandigen Hohlquerschnitt gilt.

Beispiel 5.4

Ein Brückenelement mit dünnwandigem Kastenquerschnitt ($t \ll b$) wird exzentrisch durch eine Einzelkraft F belastet (siehe Skizze).

Gesucht sind die maximale Schubspannung, die Verdrehung des Endquerschnitts und die Absenkung des Lastangriffspunktes.

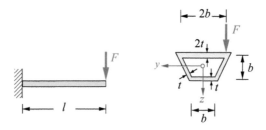

Lösung Im Träger wirkt ein konstantes Torsionsmoment vom Betrag $M_T = bF$. Die Profilmittellinie umschließt die Trapezfläche $A_m = \frac{1}{2}(2b + b)b = \frac{3}{2}b^2$. Mit $t_{\min} = t$ wird die maximale Spannung nach (5.21)

$$\underline{\underline{\tau_{\max}}} = \frac{M_T}{W_T} = \frac{bF}{3b^2t} = \underline{\underline{\frac{1}{3}\frac{F}{bt}}}.$$

Sie tritt im Untergurt und in den Stegen auf, die alle die gleiche Wandstärke t haben. Ergänzend sei bemerkt, dass im Träger auch Normalspannungen infolge Biegung auftreten. Sie können nach (4.26) berechnet werden.

Die Verdrehung ϑ_l des Endquerschnitts kann mit dem Torsionsträgheitsmoment nach (5.25)

$$I_T = \frac{4\left(\frac{3}{2}b^2\right)^2}{\frac{2b}{2t} + \frac{b}{t} + 2 \cdot \frac{1}{2}\sqrt{5}\,\frac{b}{t}} = \frac{9b^3 t}{2 + \sqrt{5}}$$

aus (5.26) bestimmt werden:

$$\underline{\underline{\vartheta_l}} = \frac{(bF)l}{GI_T} = \underline{\underline{\frac{2 + \sqrt{5}}{9}\,\frac{Fl}{Gb^2t}}}.$$

Die Verschiebung des Kraftangriffspunktes setzt sich aus zwei Anteilen zusammen. Die Absenkung f_T infolge Torsion (kleiner Drehwinkel) folgt zu

$$f_T = b\,\vartheta_l = \frac{Fb^2 l}{GI_T}.$$

Die Absenkung f_B infolge Biegung ergibt sich aus Tab. 4.3 zu

$$f_B = \frac{Fl^3}{3EI}.$$

Das Trägheitsmoment I kann man nach Abschn. 4.2 bestimmen. Insgesamt wird

$$\underline{\underline{f}} = f_T + f_B = \underline{\underline{\frac{Fb^2 l}{GI_T} + \frac{Fl^3}{3EI}}}. \quad \blacktriangleleft$$

5.4 Dünnwandige offene Profile

Als letzten Sonderfall, der einer elementaren Betrachtung zugänglich ist, betrachten wir dünnwandige offene Profile. Wir beschränken uns dabei auf Profile, die abschnittsweise konstante Wandstärken haben, wie dies z. B. bei T-, L-, U- oder Z-Profilen der Fall ist. Sie lassen sich alle aus schmalen Rechtecken zusammensetzen. Ein solches Rechteck ($t \ll h$) kann in einzelne dünnwandige Hohlquerschnitte aufgeteilt werden, von denen einer in Abb. 5.8a grün eingezeichnet ist. Wir nehmen an, dass die Schubspannung (die in jedem Hohlquerschnitt jeweils konstant ist) von der Mitte aus linear mit y bis zum Randwert τ_0 anwächst (Abb. 5.8b):

$$\tau(y) = \tau_0 \, \frac{y}{t/2} \, . \tag{5.29}$$

Nun wenden wir auf jeden Hohlquerschnitt der Dicke dy die Bredtsche Formel (5.20) an. Wenn wir die kleine Abweichung, die durch das „Umleiten" des Schubflusses am oberen und am unteren Ende des Rechtecks entsteht, vernachlässigen, kann für $A_m(y)$ in guter Näherung $A_m = 2\,y\,h$ eingesetzt werden (Abb. 5.8b). Mit dem Schubfluss $dT = \tau(y)dy$ überträgt daher ein Hohlquerschnitt ein Torsionsmoment

$$dM_T = 2\,A_m\,dT = 8\,\frac{\tau_0}{t}\,h\,y^2\,dy\,.$$

Abb. 5.8 Schmales Rechteck

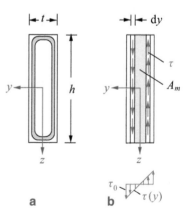

a   b

Durch Integration über den ganzen Querschnitt folgt

$$M_T = \int\limits_{y=0}^{t/2} dM_T = \frac{1}{3}\,\tau_0\,h\,t^2\,. \tag{5.30}$$

Nach (5.29) tritt die maximale Spannung am Rand auf: $\tau_{\max} = \tau(y = t/2) = \tau_0$. Wenn wir wieder in Anlehnung an (5.9) ein Torsionswiderstandsmoment W_T einführen, so gilt mit (5.30) für das schmale Rechteck

$$\tau_{\max} = \frac{M_T}{W_T} \quad \text{mit} \quad W_T = \frac{1}{3}h\,t^2\,. \tag{5.31}$$

Durch eine analoge Rechnung findet man mit (5.25) das Torsionsträgheitsmoment aus

$$dI_T = \frac{4(2\,y\,h)^2}{2\dfrac{h}{dy}} = 8\,h\,y^2\,dy\,, \quad I_T = \int\limits_0^{t/2} dI_T$$

zu

$$I_T = \frac{1}{3}h\,t^3\,. \tag{5.32}$$

Für aus schmalen Rechtecken zusammengesetzte Profile erhält man in Erweiterung von (5.32)

$$I_T \approx \frac{1}{3}\sum h_i\,t_i^3\,, \tag{5.33}$$

wobei über alle Teilrechtecke mit den Längen h_i und den Dicken t_i zu summieren ist. Ohne auf die Herleitung einzugehen, sei ergänzend bemerkt, dass

$$W_T \approx \frac{1}{3}\frac{\sum h_i\,t_i^3}{t_{\max}} \tag{5.34}$$

ist. Die größte Schubspannung tritt dann in dem Teil mit der *größten* Wanddicke auf (vgl. Tab. 5.1). Falls im Querschnitt Teile mit gekrümmter Mittellinie vorkommen (z. B. Halbkreisprofil), so kann man diese Flächen näherungsweise als abgewickelte Rechtecke betrachten.

Bei Vollquerschnitten gelten die bisher abgeleiteten Beziehungen nicht. Bei ihnen muss die nach de Saint Venant (1797–1886) benannte Torsionstheorie angewendet werden. Sie führt auf die sogenannte Potentialgleichung, eine partielle Differentialgleichung zweiter Ordnung. Da die Herleitung und die Lösung dieser Gleichung weitergehende mathematische Kenntnisse voraussetzen, wollen wir hier auf eine Darstellung verzichten und verweisen auf Band 4, Abschnitt 2.6.

Zum Abschluss dieses Kapitels geben wir in Tab. 5.1 eine Zusammenstellung der wichtigsten Formeln an, die zur Lösung von Torsionsproblemen benötigt werden. Alle Werte in der Tabelle gelten zunächst nur für konstantes I_T. Man kann sie allerdings näherungsweise auch verwenden, wenn die Torsionssteifigkeit $G I_T$ nur schwach veränderlich ist.

Tab. 5.1 Grundformeln zur Torsion

$$\tau_{\max} = \frac{M_T}{W_T}, \quad \frac{d\vartheta}{dx} = \frac{M_T}{G I_T}$$

Querschnitt	W_T	I_T	Bemerkungen
Vollkreisquerschnitt	$\dfrac{\pi R^3}{2}$	$\dfrac{\pi R^4}{2}$	$\tau(r) = \dfrac{M_T}{I_T} r$ Größte Schubspannung am Rand $r = R$
Ellipse	$\dfrac{\pi a b^2}{2}$	$\dfrac{\pi a^3 b^3}{a^2 + b^2}$	Größte Schubspannung in den Endpunkten der kleinen Achse
Quadrat	$0{,}208\, a^3$	$0{,}141\, a^4$	Größte Schubspannung am Rand, in der Mitte der Seiten
Dickwandiges Kreisrohr $\alpha = \dfrac{R_i}{R_a}$	$\dfrac{\pi R_a^3}{2}(1 - \alpha^4)$	$\dfrac{\pi R_a^4}{2}(1 - \alpha^4)$	Größte Schubspannung am äußeren Rand R_a

Tab. 5.1 (Fortsetzung)

Querschnitt	W_T	I_T	Bemerkungen
Dünnwandige geschlossene Hohlquerschnitte	$2\,A_m\,t_{min}$	$\dfrac{(2\,A_m)^2}{\displaystyle\oint \dfrac{\mathrm{d}s}{t}}$	A_m ist die von der Profilmittellinie eingeschlossene Fläche. $\oint \mathrm{d}s/t$ ist das Linienintegral längs der Profilmittellinie. Schubfluss $T = \dfrac{M_T}{2\,A_m} = \text{const.}$ Größte Schubspannung an der Stelle der *kleinsten* Wanddicke t_{min}
Dünnwandiges Kreisrohr $t = \text{const}$	$2\,\pi\,R_m^2\,t$	$2\,\pi\,R_m^3\,t$	
Schmales Rechteck	$\dfrac{1}{3}\,h\,t^2$	$\dfrac{1}{3}\,h\,t^3$	
Aus schmalen Rechtecken zusammengesetzte Profile	$\approx \dfrac{1}{3}\,\dfrac{\sum h_i\,t_i^3}{t_{max}}$	$\approx \dfrac{1}{3}\,\sum h_i\,t_i^3$	Größte Schubspannung im Querschnittsteil mit der *größten* Wanddicke t_{max}

Beispiel 5.5

Zur Übertragung eines gegebenen Torsionsmoments soll a) ein geschlossenes dünnwandiges Rohr und b) ein geschlitztes dünnwandiges Rohr verwendet werden (siehe Skizze).

Wie unterscheiden sich maximale Spannungen und Endverdrehungen, wenn beide Rohre dieselbe Länge haben, aus gleichem Material bestehen und dasselbe Moment übertragen sollen?

Lösung Für ein geschlossenes dünnwandiges Rohr – gekennzeichnet durch den Index g – lesen wir aus Tab. 5.1 ab (vgl. (5.12)):

$$W_{T_g} = 2\,\pi\,R_m^2\,t\,, \quad I_{T_g} = 2\,\pi\,R_m^3\,t\,.$$

Für ein geschlitztes Rohr – gekennzeichnet durch den Index o – müssen wir die Formeln für offene Querschnitte anwenden. Mit der Länge $h = 2\,\pi\,R_m$ des zum Rechteck abgewickelten Kreisrings folgen aus (5.31) und (5.32)

$$W_{T_o} = \frac{1}{3}t^2\,2\,\pi\,R_m \quad \text{und} \quad I_{T_o} = \frac{1}{3}t^3\,2\,\pi\,R_m\,.$$

Ein Vergleich beider Fälle ergibt für das Verhältnis der maximalen Schubspannungen

$$\frac{\tau_{\max_g}}{\tau_{\max_o}} = \frac{W_{T_o}}{W_{T_g}} = \frac{\frac{1}{3}t^2\,2\,\pi\,R_m}{2\,\pi\,R_m^2\,t} = \frac{1}{3}\frac{t}{R_m}$$

und für das Verhältnis der Endverdrehungen

$$\frac{\vartheta_g}{\vartheta_o} = \frac{I_{T_o}}{I_{T_g}} = \frac{\frac{1}{3}t^3\,2\,\pi\,R_m}{2\,\pi\,R_m^3\,t} = \frac{1}{3}\left(\frac{t}{R_m}\right)^2\,.$$

Das Ergebnis zeigt, dass die Spannungen beim geschlossenen Profil im Verhältnis t/R_m und die Verdrehungen sogar im Verhältnis $(t/R_m)^2$ kleiner sind als beim offenen Profil. Man sollte daher nach Möglichkeit bei Belastung durch Torsion geschlossene Profile verwenden. ◄

Beispiel 5.6

Ein horizontaler Rahmen ist nach Bild a in A eingespannt und in B frei drehbar und horizontal verschieblich gelagert. Er wird in D durch ein Torsionsmoment M_D belastet. Gesucht sind die Lagerreaktionen für $b = l/3$, wobei zwischen den Steifigkeiten folgende Beziehungen gegeben sein sollen: $EI_2 = 2\,EI_1, GI_T = EI_1/2$.

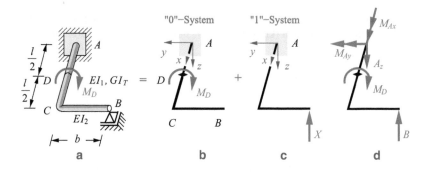

Lösung Der Rahmen ist einfach statisch unbestimmt gelagert. Wir ermitteln zunächst eine Lagerkraft durch Superposition. Wenn wir das Lager B entfernen, erhalten wir das in Bild b dargestellte „0"-System. Der Endquerschnitt C des eingespannten Stabes erfährt durch M_D dieselbe Verdrehung wie der Querschnitt D. Mit (5.7) erhält man daher

$$\vartheta_C = \frac{M_D}{G I_T} \frac{l}{2}.$$

Der rechtwinklig angeschlossene Balken $\overline{BC}$ wird als starrer Körper mit verdreht; der Punkt B erfährt daher wegen des kleinen Drehwinkels eine Absenkung

$$w_B^{(0)} = b\,\vartheta_C = \frac{M_D\,l}{2\,G I_T}\,b.$$

Im „1"-System (Bild c) setzt sich die Verschiebung $w_B^{(1)}$ aus drei Anteilen zusammen:

a) Durchbiegung $w_{B_1}^{(1)}$ des Balkens $\overline{BC}$,

b) Durchbiegung $w_{B_2}^{(1)}$ (= Durchbiegung w_C des Balkens $\overline{AC}$),

c) Verschiebung $w_{B_3}^{(1)}$ infolge der Verdrehung des Querschnitts C.

Zur Ermittlung der Durchbiegungen verwenden wir Tab. 4.3 (Biegelinien). Mit

$$w_{B_1}^{(1)} = -\frac{X\,b^3}{3\,E I_2}, \quad w_{B_2}^{(1)} = -\frac{X\,l^3}{3\,E I_1}, \quad w_{B_3}^{(1)} = -\frac{(X\,b)l}{G I_T}\,b$$

wird daher insgesamt

$$w_B^{(1)} = -\left(\frac{b^3}{3\,E I_2} + \frac{l^3}{3\,E I_1} + \frac{b^2\,l}{G I_T}\right) X.$$

Da der Punkt B im ursprünglichen System keine Verschiebung erfährt, folgt die noch unbekannte Lagerkraft $X = B$ aus der Verträglichkeitsbedingung

$$w_B^{(0)} + w_B^{(1)} = 0.$$

Auflösen ergibt

$$X = \underline{\underline{B}} = \frac{\frac{M_D l}{2GI_T} b}{\frac{b^3}{3EI_2} + \frac{l^3}{3EI_1} + \frac{b^2 l}{GI_T}} = \underline{\underline{\frac{54}{91} \frac{M_D}{l}}}.$$

Aus dem Kräftegleichgewicht in z-Richtung und aus dem Momentengleichgewicht um die x- bzw. die y-Achse erhält man die Lagerreaktionen bei A (Bild d):

$$A_z - B = 0 \qquad \rightarrow \qquad \underline{\underline{A_z = \frac{54}{91} \frac{M_D}{l}}},$$

$$M_{Ax} - M_D + b B = 0 \qquad \rightarrow \qquad \underline{\underline{M_{Ax} = \frac{73}{91} M_D}}, \qquad \blacktriangleleft$$

$$M_{Ay} + l B = 0 \qquad \rightarrow \qquad \underline{\underline{M_{Ay} = -\frac{54}{91} M_D}}.$$

Zusammenfassung

- Maximale Schubspannung:

$$\tau_{max} = \frac{M_T}{W_T},$$

M_T Torsionsmoment, W_T Torsionswiderstandsmoment.

- Der Drehwinkel ϑ ergibt sich durch Integration von

$$\vartheta' = \frac{M_T}{G I_T},$$

$G I_T$ Torsionssteifigkeit.

Sonderfall $M_T = $ const, $G I_T = $ const: $\vartheta_l = \dfrac{M_T \, l}{G I_T}$.

- Kreiswelle:

$$\tau = \frac{M_T}{I_T} r, \quad I_T = \frac{\pi}{2} R^4, \quad W_T = \frac{\pi}{2} R^3.$$

- Dünnwandiger geschlossener Querschnitt:
  - 1. Bredtsche Formel:

$$\tau(s) = \frac{M_T}{2 A_m t(s)},$$

A_m von Profil eingeschlossene Fläche, s Profilbogenlänge.
Die größte Schubspannung $\tau_{max} = M_T / W_T$ tritt an der Stelle mit der *kleinsten* Wandstärke t_{min} auf.
  - 2. Bredtsche Formel:

$$I_T = \frac{4 A_m^2}{\oint \dfrac{ds}{t}}.$$

  - Kreisförmige und quadratische Hohlprofile mit $t = $ const *verwölben sich nicht.*
- Dünnwandiger offener Querschnitt:

$$I_T = \frac{1}{3} \sum h_i \, t_i^3, \quad W_T = \frac{1}{3} \frac{\sum h_i \, t_i^3}{t_{max}}.$$

Die größte Schubspannung $\tau_{max} = M_T / W_T$ tritt im Querschnittsteil mit der *größten* Wandstärke t_{max} auf.

Der Arbeitsbegriff in der Elastostatik

6

Inhaltsverzeichnis

► **Lernziele** In vielen Fällen ist es zweckmäßig, Verschiebungen bzw. Verdrehungen oder Kräfte bzw. Momente mit Hilfe von Energiemethoden zu berechnen. Die dafür nötigen Grundgleichungen werden im folgenden Kapitel hergeleitet. Es wird gezeigt, wie man mit ihrer Hilfe auf einfache Weise bei Tragwerken zum Beispiel die Verschiebung an einer bestimmten Stelle bestimmen kann. Die Methoden versetzen uns u. a. auch in die Lage, einzelne Lagerreaktion bei statisch unbestimmten Systemen einfach zu ermitteln. Die Studierenden sollen lernen, diese Methoden zur Lösung von konkreten Problemen anzuwenden.

© Springer-Verlag GmbH Deutschland, ein Teil von Springer Nature 2021
D. Gross et al., *Technische Mechanik 2*, https://doi.org/10.1007/978-3-662-61862-2_6

6.1 Einleitung

In den vorangegangenen Kapiteln haben wir zur Ermittlung der Beanspruchungen und der Verformungen stets drei Arten von Gleichungen benutzt:

a) Die *Gleichgewichtsbedingungen* liefern einen Zusammenhang zwischen äußeren Lasten und inneren Kräften (Schnittgrößen).
b) Die *kinematischen Beziehungen* verbinden Verschiebungs- und Verzerrungsgrößen.
c) Das *Elastizitätsgesetz* stellt eine Beziehung zwischen Kraft- und Deformationsgrößen her.

In Tab. 6.1 sind diese Gleichungen für die drei wichtigsten Lastfälle (Zug/Druck, Biegung, Torsion) zusammengestellt. Zusätzlich wurden in der letzten Zeile die Differentialgleichungen für die Verschiebungsgrößen (bei konstanten Steifigkeiten) aufgenommen, die sich jeweils aus den drei Gleichungen ergeben.

Wir haben im ersten Band gezeigt, wie man mit Hilfe des Arbeitsbegriffes das Gleichgewicht eines starren Körpers untersuchen kann: der Arbeitssatz der Statik ist den Gleichgewichtsbedingungen äquivalent (vgl. Band 1, Abschnitt 8.2). Da in der Statik des starren Körpers keine wirklichen Verschiebungen auftreten, mussten wir uns zur Anwendung des Arbeitssatzes das System ausgelenkt denken (virtuelle Verrückungen). Beim elastischen Körper treten nun reale Verformungen auf. Für die Untersuchung des Gleichgewichts solcher Körper und die Berechnung von Verformungen ist es häufig zweckmäßig, den Arbeitsbegriff und Energieaussagen zu verwenden. Mit ihrer Herleitung und ihrer Anwendung wollen wir uns in den folgenden Abschnitten beschäftigen.

Tab. 6.1 Grundgleichungen der Elastostatik

	Zug/Druck	Biegung	Torsion
Gleichgewicht	$N' = -n$	$M' - Q = 0$ $Q' = -q$	$M_T' = -m_T$
Kinematik	$\varepsilon = u'$	$\varkappa_B = -\psi'$ $\psi = -w'$	$\varkappa_T = \vartheta'$
Elastizitätsgesetz	$N = EA\,\varepsilon$	$M = -EI\,\varkappa_B$	$M_T = GI_T\,\varkappa_T$
	$EAu'' = -n$ vgl. (1.20b)	$EI\,w^{IV} = q$ vgl. (4.34b)	$GI_T\,\vartheta'' = -m_T$ vgl. (5.14)

6.2 Arbeitssatz und Formänderungsenergie

Wir betrachten zunächst einen *Zugstab*, an dessen Ende eine Kraft $\bar{F}$ „langsam" (quasistatisch) aufgebracht wird. Diese Kraft wird vom Anfangswert Null aus bis zum Endwert F gesteigert (ein beliebiger Wert zwischen 0 und F wird mit $\bar{F}$ bezeichnet). Dabei verschiebt sich der Lastangriffspunkt um eine Strecke u (Abb. 6.1a). Beim Übergang von der unverformten Lage in die verformte Lage verrichtet die äußere Kraft eine Arbeit

$$W = \int_0^u \bar{F}\, d\bar{u}\,. \tag{6.1}$$

Wenn der Zusammenhang zwischen der Kraft $\bar{F}$ und der Verschiebung $\bar{u}$ bekannt ist, kann das Arbeitsintegral ausgewertet werden. Beim linear-elastischen Stab mit der Länge l und der Dehnsteifigkeit EA gilt nach (1.18) der lineare Zusammenhang

$$\bar{u} = \frac{\bar{F}\, l}{EA} \quad \rightarrow \quad \bar{F} = \frac{EA}{l}\, \bar{u}\,. \tag{6.2}$$

Setzt man diese Beziehung in (6.1) ein, so erhält man

$$W = \frac{EA}{l} \frac{u^2}{2} = \frac{1}{2} \frac{F^2 l}{EA} = \frac{1}{2} F u\,. \tag{6.3}$$

Im Kraft-Verschiebungs-Diagramm nach Abb. 6.1b kann man dieses Ergebnis veranschaulichen: das Integral über die infinitesimalen Arbeiten $dW = \bar{F} d\bar{u}$ ist gleich dem Flächeninhalt $\frac{1}{2} F u$ des Dreiecks.

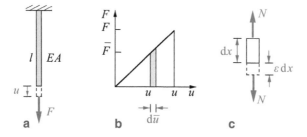

Abb. 6.1 Äußere Arbeit und Formänderungsenergie beim Stab

Wir wollen nun ermitteln, welche Arbeit die inneren Kräfte bei der Belastung verrichten. Ein Stabelement dx verlängert sich unter einer Normalkraft N um $\varepsilon\,dx$ (Abb. 6.1c). Da auch diese Kraft vom Anfangswert Null bis zum Endwert ansteigt und ein linearer Zusammenhang zwischen Kraft und Verlängerung besteht, wird – analog zu (6.3) – am Element eine innere Arbeit vom Betrag

$$d\Pi = \frac{1}{2}\,N\,\varepsilon\,dx \qquad (6.4)$$

verrichtet. Wir haben dabei den Buchstaben Π für ein Potential (vgl. Band 1) verwendet, da diese Arbeit – wie bei einer elastischen Feder – im Stabelement als **innere Energie** gespeichert wird. Man nennt Π auch **Formänderungsenergie**. Man beachte, dass die Formänderungsenergie immer positiv ist (auch bei Druck). Mit dem Elastizitätsgesetz $\varepsilon = N/EA$ folgt

$$d\Pi = \frac{1}{2}\frac{N^2}{EA}\,dx = \Pi^*\,dx\,.$$

Hierbei ist

$$\Pi^* = \frac{1}{2}\frac{N^2}{EA} \qquad (6.5)$$

die innere Energie pro Längeneinheit. Integration über die Stablänge führt auf die insgesamt gespeicherte Energie

$$\Pi = \int_0^l \Pi^*\,dx = \frac{1}{2}\int_0^l \frac{N^2}{EA}\,dx\,. \qquad (6.6)$$

Bei konstanter Dehnsteifigkeit EA und konstanter Längskraft $N = F$ wird hieraus

$$\Pi = \frac{1}{2}\frac{F^2}{EA}\int_0^l dx = \frac{1}{2}\frac{F^2 l}{EA}\,. \qquad (6.7)$$

Ein Vergleich von (6.7) mit (6.3) liefert

$$W = \Pi\,. \qquad (6.8)$$

Diese grundlegende Beziehung, die hier exemplarisch nur für den Stab gewonnen wurde, ist der **Arbeitssatz**; er gilt für jedes elastische System. Der Arbeitssatz sagt aus, dass bei einem elastischen Körper die von den äußeren Lasten verrichtete Arbeit W als innere Energie Π gespeichert wird. Diese Energie wird bei Entlastung des Körpers wiedergewonnen: nach dem Energiesatz geht keine Energie verloren.

Zur Anwendung des Arbeitssatzes auf beliebige elastische Systeme benötigen wir W und Π. Greift an einem Tragwerk eine Kraft F an, so verrichtet diese analog zu (6.3) eine Arbeit

$$W = \frac{1}{2} F f \,. \qquad (6.9a)$$

Dabei ist f die Verschiebung des Kraftangriffspunktes in Richtung der Kraft (Abb. 6.2a). Wenn ein äußeres Moment M_0 wirkt, so ergibt sich für die Arbeit

$$W = \frac{1}{2} M_0 \, \varphi \,. \qquad (6.9b)$$

Hierbei ist φ der Drehwinkel am Angriffspunkt von M_0 in Richtung des Momentes (Abb. 6.2b).

Im Gegensatz zur äußeren Arbeit wird die innere Energie für unterschiedliche Beanspruchungsarten (Zug, Biegung, Torsion) durch unterschiedliche Formeln beschrieben. Wir wollen sie nun für die Biegung ableiten. Hierzu betrachten wir ein Balkenelement der Länge dx. Unter der Wirkung des Biegemomentes M erfahren die Endquerschnitte eine gegenseitige Verdrehung $d\psi$ (Abb. 6.2c). Dabei wird eine Arbeit vom Betrag

$$d\Pi = \frac{1}{2} M \, d\psi = \frac{1}{2} M \, \psi' \, dx \qquad (6.10)$$

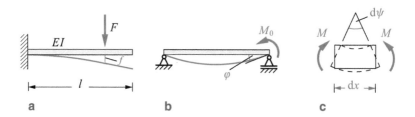

Abb. 6.2 Äußere Arbeit und Formänderungsenergie beim Balken

Tab. 6.2 Formänderungsenergie Π^* pro Längeneinheit

Zug	Biegung	Querkraft	Torsion
$\dfrac{1}{2}\,N\,\varepsilon$	$\dfrac{1}{2}\,M\,\psi'$	$\dfrac{1}{2}\,Q\,\tilde{\gamma}$	$\dfrac{1}{2}\,M_T\,\vartheta'$
$\dfrac{1}{2}\,EA\,\varepsilon^2$	$\dfrac{1}{2}\,EI\,\psi'^2$	$\dfrac{1}{2}\,GA_S\,\tilde{\gamma}^2$	$\dfrac{1}{2}\,GI_T\,\vartheta'^2$
$\dfrac{1}{2}\,\dfrac{N^2}{EA}$	$\dfrac{1}{2}\,\dfrac{M^2}{EI}$	$\dfrac{1}{2}\,\dfrac{Q^2}{GA_S}$	$\dfrac{1}{2}\,\dfrac{M_T^2}{GI_T}$

verrichtet. Einsetzen des Elastizitätsgesetzes $M = EI\,\psi'$ nach (4.24) ergibt die Formänderungsenergie pro Längeneinheit beim Balken:

$$\mathrm{d}\Pi = \frac{1}{2}\frac{M^2}{EI}\,\mathrm{d}x = \Pi^*\,\mathrm{d}x \quad \rightarrow \quad \Pi^* = \frac{1}{2}\frac{M^2}{EI}\,. \tag{6.11}$$

Nach Integration über die Balkenlänge l folgt

$$\Pi = \int_0^l \Pi^*\,\mathrm{d}x = \frac{1}{2}\int_0^l \frac{M^2}{EI}\,\mathrm{d}x\,. \tag{6.12}$$

Die gleichen Überlegungen lassen sich auch auf Torsion bzw. Querkraftbeanspruchung anwenden. Mit dem Elastizitätsgesetz $M_T = GI_T\,\vartheta'$ (vgl. (5.5)) bzw. $Q = GA_S\,\tilde{\gamma}$ (vgl. (4.41)) wird dann die Formänderungsenergie pro Längeneinheit

$$\Pi^* = \frac{1}{2}\frac{M_T^2}{GI_T} \quad \text{bzw.} \quad \Pi^* = \frac{1}{2}\frac{Q^2}{GA_S}\,. \tag{6.13}$$

In der Tab. 6.2 ist die Formänderungsenergie für die einzelnen Lastfälle in verschiedenen Schreibweisen zusammengestellt.

Treten in einem Tragwerk mehrere Beanspruchungsarten auf, so darf superponiert werden: die Gesamtenergie ergibt sich durch Addition der einzelnen Anteile (vgl. Beispiele 6.1 und 6.2). So wird z. B. für ein Bauteil, das auf Biegung, Torsion und Zug beansprucht wird, die Formänderungsenergie insgesamt

$$\Pi = \frac{1}{2}\int \frac{M^2}{EI}\,\mathrm{d}x + \frac{1}{2}\int \frac{M_T^2}{GI_T}\,\mathrm{d}x + \frac{1}{2}\int \frac{N^2}{EA}\,\mathrm{d}x\,. \tag{6.14}$$

Ist das Tragwerk aus mehreren Teilen zusammengesetzt, so ist Π die Summe aller in den einzelnen Teilen gespeicherten Energien.

Der Arbeitssatz in der Form (6.8) hat eine Bedeutung für die direkte Anwendung nur bei statisch bestimmten Systemen, bei denen nur *eine* Kraft bzw. nur *ein* Moment angreift. Wir können mit ihm dann die Verschiebung des Kraftangriffspunktes *in* Richtung der Kraft bzw. die Verdrehung des Momentenangriffspunktes *in* Richtung des Momentes berechnen. So folgt z. B. für den Balken nach Abb. 6.2a die Absenkung f unter der Last F mit (6.9a) aus

$$W = \Pi \quad \rightarrow \quad \frac{1}{2} F f = \frac{1}{2} \int_0^l \frac{M^2}{EI} \, \mathrm{d}x \,. \tag{6.15a}$$

Dabei ist M der Momentenverlauf infolge der Last F. Auf gleiche Weise ergibt sich mit (6.9b) der Drehwinkel φ an der Angriffsstelle des Moments M_0 für den Balken nach Abb. 6.2b:

$$W = \Pi \quad \rightarrow \quad \frac{1}{2} M_0 \, \varphi = \frac{1}{2} \int_0^l \frac{M^2}{EI} \, \mathrm{d}x \,. \tag{6.15b}$$

Hierbei ist M der Momentenverlauf infolge des eingeprägten Moments M_0.

Bei einem *Fachwerk* sind die Normalkräfte in den einzelnen Stäben konstant: $N_i = S_i$. Dann ist die Formänderungsenergie im i-ten Stab $\frac{1}{2} S_i^2 \, l_i / E_i A_i$. Wenn ein Fachwerk aus n Stäben durch *eine* Kraft F belastet wird, so folgt die Verschiebung des Kraftangriffspunktes in Richtung dieser Kraft aus:

$$W = \Pi \quad \rightarrow \quad \frac{1}{2} F f = \frac{1}{2} \sum_{i=1}^n \frac{S_i^2 \, l_i}{E A_i} \,. \tag{6.16}$$

Dabei haben wir für die Dehnsteifigkeit $E_i A_i$ des i-ten Stabes kurz $E A_i$ gesetzt.

Als Anwendungsbeispiel wollen wir die vertikale Absenkung v des Angriffspunkts der Kraft F beim Stabzweischlag nach Abb. 6.3a bestimmen. Sie folgt nach (6.16) aus

$$\frac{1}{2} F v = \frac{1}{2} \left(\frac{S_1^2 \, l_1}{E A} + \frac{S_2^2 \, l_2}{E A} \right) \,.$$

Die Stabkräfte ergeben sich aus dem Kräftedreieck nach Abb. 6.3b (Sinussatz) zu

$$S_1 = F \frac{\sin \beta}{\sin(\alpha + \beta)} \,, \quad S_2 = -F \frac{\sin \alpha}{\sin(\alpha + \beta)} \,.$$

Abb. 6.3 Beispiel zum
Arbeitssatz

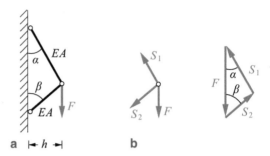

a |← h →| b

Mit den Stablängen $l_1 = h/\sin\alpha$, $l_2 = h/\sin\beta$ erhält man nach Einsetzen und
Auflösen die Absenkung

$$v = \frac{F}{EA}\frac{h}{\sin^2(\alpha+\beta)}\left(\frac{\sin^2\beta}{\sin\alpha}+\frac{\sin^2\alpha}{\sin\beta}\right).$$

In Abschn. 1.5 wurde auf anderem Wege gezeigt, wie man eine Knotenver-
schiebung ermitteln kann. Beim Vergleich beider Lösungswege sieht man, dass bei
der Anwendung des Arbeitssatzes die oft mühsamen geometrischen Überlegungen
vermieden werden können.

Wird ein Tragwerk nicht nur durch eine einzige Kraft bzw. ein Moment bean-
sprucht oder wollen wir z. B. Verschiebungen bzw. Verdrehungen an beliebigen
Stellen ermitteln, so müssen wir den Arbeitssatz geeignet erweitern. Dies wird in
Abschn. 6.2 geschehen.

Vorher wollen wir noch zeigen, wie man mit Hilfe von Energieaussagen den
Schubkorrekturfaktor $\varkappa$ eines Balkenquerschnittes näherungsweise bestimmen
kann. Diese Größe war beim Elastizitätsgesetz (4.25) für die Querkraft eingeführt
worden (vgl. auch Abschn. 4.6):

$$Q = G\varkappa A(w'+\psi) = GA_S(w'+\psi). \tag{6.17}$$

Hierbei wurde angenommen, dass die Querkraft eine mittlere Winkeländerung $\tilde{\gamma} =
w' + \psi$ im Querschnitt hervorruft. Die Schubfläche $A_S = \varkappa A$ erhält man nun,
indem man die Formänderungsenergie Π_Q^* infolge der Querkraft gleichsetzt der
Formänderungsenergie Π_τ^*, die durch die im Querschnitt verteilten Spannungen τ
hervorgerufen wird. Nach Tab. 6.2 gilt

$$\Pi_Q^* = \frac{1}{2}Q\,\tilde{\gamma} = \frac{1}{2}\frac{Q^2}{GA_S}. \tag{6.18}$$

Entsprechend führt die Schubkraft $\tau\,\mathrm{d}A$, die auf ein Flächenelement $\mathrm{d}A$ des Querschnittes wirkt, mit $\tau = G\,\gamma$ auf

$$\mathrm{d}\Pi_\tau^* = \frac{1}{2}(\tau\,\mathrm{d}A)\,\gamma = \frac{1}{2}\frac{\tau^2}{G}\,\mathrm{d}A\,.$$

Durch Integration über den Querschnitt folgt die Formänderungsenergie je Längeneinheit

$$\Pi_\tau^* = \frac{1}{2}\int \frac{\tau^2}{G}\,\mathrm{d}A\,. \tag{6.19}$$

Gleichsetzen von (6.18) und (6.19) ergibt

$$\frac{1}{2}\frac{Q^2}{GA_S} = \frac{1}{2}\int \frac{\tau^2}{G}\,\mathrm{d}A\,. \tag{6.20}$$

Wenn die Schubspannungsverteilung infolge Q bekannt ist, kann man das Integral in (6.20) auswerten und damit A_S bestimmen.

Wir zeigen den Rechengang am Beispiel eines Rechteckquerschnittes. Nach (4.39) gilt in diesem Fall für die Schubspannungsverteilung (vgl. Abb. 4.24b)

$$\tau = \frac{3}{2}\frac{Q}{A}\left(1 - 4\frac{z^2}{h^2}\right)\,.$$

Mit $\mathrm{d}A = b\,\mathrm{d}z$ und $A = b\,h$ ergibt sich durch Einsetzen in (6.20)

$$\frac{1}{A_S} = \frac{9}{4}\frac{1}{A^2}\int_{-h/2}^{h/2}\left(1 - 4\frac{z^2}{h^2}\right)^2 b\,\mathrm{d}z = \frac{6}{5}\frac{1}{b\,h}\,.$$

Damit werden beim Rechteck

$$A_S = \frac{5}{6}b\,h\,,\quad \varkappa = \frac{A_S}{A} = \frac{5}{6}\,. \tag{6.21}$$

Die mittlere Scherung

$$\tilde{\gamma} = w' + \psi = \frac{Q}{GA_S} = 1{,}2\,\frac{Q}{GA}$$

ist hiernach um 20 % größer als die Scherung, die man bei konstanter Schubspannungsverteilung $\tau = Q/A$ erhalten würde.

Bei anderen Vollquerschnitten ergeben sich durch ähnliche Rechnungen für den Schubkorrekturfaktor $\varkappa$ Werte zwischen 0,8 und 0,9. Für den Doppel-T-Träger (vgl. Bild in Beispiel 4.13) findet man, dass die Querkraft im wesentlichen durch den Steg übertragen wird. Es gilt daher dort mit einer für technische Ansprüche genügenden Genauigkeit

$$A_S \approx A_{\text{Steg}} = t\,h\,.$$

Für das dünnwandige Kreisrohr erhält man aus (6.20)

$$A_S = \frac{1}{2}A \quad \text{mit} \quad A = 2\pi r t\,.$$

Der Vergleich der Zahlenwerte zeigt, dass man im Falle einer Berücksichtigung der Schubdeformation genau beachten muss, welche Profilform vorliegt. Die Schubkorrekturfaktoren $\varkappa$ schwanken in einem weiten Bereich, je nachdem ob es sich um Vollquerschnitte, dünnwandige offene oder dünnwandige geschlossene Profile handelt.

Beispiel 6.1

Der dargestellte Kragträger wird nach Bild a durch eine Einzelkraft F belastet.
Wie groß ist die Absenkung f unter der Last bei Berücksichtigung der Schubdeformation des Balkens?

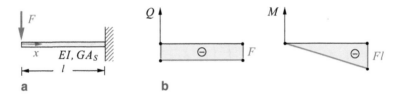

a   **b**

Lösung Nach dem Arbeitssatz (6.8) gilt mit den Energien aus Tab. 6.2

$$\frac{1}{2}F f = \frac{1}{2}\int \frac{M^2}{EI}\,\mathrm{d}x + \frac{1}{2}\int \frac{Q^2}{GA_S}\,\mathrm{d}x\,.$$

Mit der vom freien Ende aus gezählten Koordinate x wird (Bild b)

$$Q = -F\,, \quad M = -F x\,.$$

Einsetzen und Integrieren bei konstanten Steifigkeiten EI und GA_S ergibt

$$\frac{1}{2}\,F\,f = \frac{1}{2}\int_0^l \frac{F^2\,x^2}{EI}\,\mathrm{d}x + \frac{1}{2}\int_0^l \frac{F^2}{GA_S}\,\mathrm{d}x$$

$$= \frac{1}{2}\,F^2\,\frac{l^3}{3\,EI} + \frac{1}{2}\,F^2\,\frac{l}{GA_S} \quad \rightarrow \quad \underline{\underline{f = \frac{F\,l^3}{3\,EI} + \frac{F\,l}{GA_S}}}.$$

Die gleiche Aufgabe wurde in Abschn. 4.6.2 mit Hilfe der Differentialgleichungen für die Biegeabsenkung und die Schubabsenkung gelöst. Dort wurde auch der Einfluss der Schubsteifigkeit diskutiert. ◄

Beispiel 6.2

Ein abgewinkelter Balken trägt am freien Ende eine Last F (Bild a).
Wie groß ist die Absenkung f des Kraftangriffspunktes?

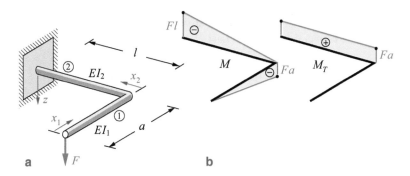

Lösung Der Winkel wird in den Balken ① und ② auf Biegung und in ② außerdem auf Torsion beansprucht. Der Arbeitssatz (6.8) lautet daher

$$\frac{1}{2}\,F\,f = \frac{1}{2}\int \frac{M^2}{EI}\,\mathrm{d}x + \frac{1}{2}\int \frac{M_T^2}{GI_T}\,\mathrm{d}x\,.$$

Wir verwenden die Koordinaten x_1 und x_2 nach Bild a. Im Balken ① wirkt ein Biegemoment $M_1 = -F\,x_1$. Der Balken ② überträgt ein Biegemoment $M_2 = -F\,x_2$ und ein Torsionsmoment $M_{T2} = F\,a$ (vgl. Bild b). Einsetzen ergibt

$$\frac{1}{2}\,F\,f = \frac{1}{2}\int_0^a \frac{F^2\,x_1^2}{E\,I_1}\,dx_1 + \frac{1}{2}\int_0^l \frac{F^2\,x_2^2}{E\,I_2}\,dx_2 + \frac{1}{2}\int_0^l \frac{F^2\,a^2}{G\,I_T}\,dx_2$$

$$= \frac{1}{2}\frac{F^2}{E\,I_1}\frac{a^3}{3} + \frac{1}{2}\frac{F^2}{E\,I_2}\frac{l^3}{3} + \frac{1}{2}\frac{F^2}{G\,I_T}\,a^2\,l\,.$$

Hieraus folgt die gesuchte Absenkung zu

$$f = F\left\{\frac{a^3}{3\,E\,I_1} + \frac{l^3}{3\,E\,I_2} + \frac{a^2\,l}{G\,I_T}\right\}. \;\blacktriangleleft$$

6.3 Das Prinzip der virtuellen Kräfte

Mit dem Arbeitssatz (6.8) können wir die Verschiebung *in* Richtung der Kraft bestimmen. So fanden wir z. B. beim Stabzweischlag nach Abb. 6.3 die vertikale Absenkung v unter der vertikalen Last F aus (vgl. (6.16))

$$W = \Pi \quad\rightarrow\quad \frac{1}{2}\,F\,v = \frac{1}{2}\sum \frac{S_i^2\,l_i}{E\,A_i}\,. \tag{6.22}$$

Bringt man an demselben Stabzweischlag statt F eine horizontale Kraft Q an, so folgt die horizontale Verschiebung u aus

$$\frac{1}{2}\,Q\,u = \frac{1}{2}\sum \frac{S_i^2\,l_i}{E\,A_i}\,, \tag{6.23}$$

wobei jetzt die S_i die Stabkräfte infolge Q sind. Nun verursacht jedoch die vertikale Kraft F (bzw. die horizontale Kraft Q) auch eine horizontale Verschiebung u (bzw. eine vertikale Verschiebung v). Um diese Verschiebungen mit Hilfe des Arbeitssatzes ermitteln zu können, müssen wir **virtuelle Kräfte** einführen. Hierunter versteht man gedachte Kräfte, die nur zu Rechenzwecken gebraucht werden. Wie man mit Hilfe von **virtuellen Verrückungen** Aussagen über wirkliche Kräfte gewinnen kann (vgl. Band 1, Abschnitt 8.2), so kann man mit Hilfe von virtuellen Kräften wirkliche Verschiebungen berechnen.

Wir beschränken uns zunächst auf statisch bestimmte Systeme. Das Vorgehen soll am Beispiel des Stabzweischlags nach Abb. 6.4a erläutert werden. Unter der

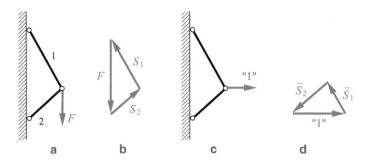

a   b   c   d

Abb. 6.4 Zum Prinzip der virtuellen Kräfte bei einem Fachwerk

vertikalen Last F wirken in den Stäben die Stabkräfte S_i (Abb. 6.4b). Wenn wir die Verschiebung des Knotens in *horizontaler* Richtung berechnen wollen, belasten wir das System zunächst allein durch eine virtuelle Kraft „1" in *horizontaler* Richtung (Abb. 6.4c). Diese Kraft wird quasistatisch bis zum Endwert vom Betrag 1 aufgebracht. Im Krafteck nach Abb. 6.4d ermitteln wir die zugehörigen Stabkräfte $\bar{S}_i$. Der Querstrich über einer Kraft- oder einer Verformungsgröße soll hier und im folgenden stets darauf hinweisen, dass es sich dabei um eine Größe infolge der virtuellen Last handelt. Unter der virtuellen Last erfährt der Knoten eine Verschiebung, deren horizontale Komponente wir mit $\bar{u}$ bezeichnen. Die Kraft „1" verrichtet dabei eine Arbeit

$$W_1 = \frac{1}{2} \cdot 1 \cdot \bar{u} \,. \tag{6.24}$$

Anschließend belasten wir das Fachwerk zusätzlich zu der virtuellen Kraft „1" mit der vertikalen Kraft F. Dabei verschiebt sich der Knoten in vertikaler Richtung um v, und F verrichtet eine Arbeit

$$W_2 = \frac{1}{2} F v \,. \tag{6.25}$$

Bei der Belastung durch F wird der Knoten zusätzlich horizontal um u verschoben, und die dort schon in voller Größe wirkende Kraft „1" verrichtet hierbei eine Arbeit

$$W_3 = 1 \cdot u \,. \tag{6.26}$$

Damit wurde am System insgesamt eine Arbeit verrichtet, die gleich der Summe der drei Anteile ist:

$$W = \frac{1}{2} \cdot 1 \cdot \bar{u} + \frac{1}{2} F v + 1 \cdot u \,. \tag{6.27}$$

Nach dem Superpositionsprinzip wirken in den Stäben insgesamt die Stabkräfte $\bar{S}_i + S_i$. Daher ist nach (6.16) eine Formänderungsenergie

$$
\begin{aligned}
\Pi &= \frac{1}{2} \sum \frac{(\bar{S}_i + S_i)^2 \, l_i}{E A_i} \\
&= \frac{1}{2} \sum \frac{\bar{S}_i^2 \, l_i}{E A_i} + \frac{1}{2} \sum \frac{S_i^2 \, l_i}{E A_i} + \sum \frac{S_i \, \bar{S}_i \, l_i}{E A_i}
\end{aligned}
\tag{6.28}
$$

gespeichert. Nach dem Arbeitssatz (6.8) wird daher

$$
\frac{1}{2} \cdot 1 \cdot \bar{u} + \frac{1}{2} F \, v + 1 \cdot u = \frac{1}{2} \sum \frac{\bar{S}_i^2 \, l_i}{E A_i} + \frac{1}{2} \sum \frac{S_i^2 \, l_i}{E A_i} + \sum \frac{S_i \, \bar{S}_i \, l_i}{E A_i} \, .
$$

Nach (6.22) ist der zweite Term auf der linken Seite gleich dem zweiten Term auf der rechten Seite. Gleiches gilt nach (6.23) mit $Q = 1$ für die ersten Glieder. Als Ergebnis bleibt

$$
1 \cdot u = \sum \frac{S_i \, \bar{S}_i \, l_i}{E A_i} \, .
\tag{6.29}
$$

Damit haben wir mit Hilfe einer virtuellen Kraft „1" in horizontaler Richtung die wirkliche horizontale Verschiebung u unter einer vertikalen Last F erhalten.

Aus einer entsprechenden Überlegung lässt sich die Komponente der Verschiebung eines beliebigen Knotens in einer vorgegebenen Richtung bestimmen. Will man z. B. im Fachwerk nach Abb. 6.5a die Verschiebungskomponente f des Knotens VI in der durch α festgelegten Richtung ermitteln, so bestimmt man zunächst (z. B. mit einem Cremona-Plan) die Stabkräfte S_i unter der gegebenen Last F. Anschließend wird das System allein durch eine virtuelle Kraft „1" am Knoten VI in Richtung der gesuchten Verschiebung belastet (Abb. 6.5b), und die zugehörigen Stabkräfte $\bar{S}_i$ werden bestimmt. Nach (6.29) erhält man dann die gesuchte Verschiebungskomponente zu

$$
f = \sum \frac{S_i \, \bar{S}_i \, l_i}{E A_i} \, .
\tag{6.30}
$$

Dabei haben wir in (6.29) durch die Kraft 1 gekürzt. Die $\bar{S}_i$ in (6.30) sind somit Stabkräfte infolge einer dimensionslosen Kraft 1, und sie sind daher selbst auch dimensionslos. Man beachte, dass sie in (6.28) die Dimension „Kraft" haben müssen, damit S_i und $\bar{S}_i$ addiert werden können.

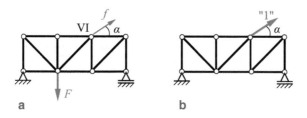

Abb. 6.5 Verschiebung eines beliebigen Knotens

Die Formel (6.30) gilt wegen des Superpositionsprinzips auch für beliebig viele Lasten. Die S_i sind dann die Stabkräfte infolge aller Lasten. Die Gleichung (6.30), welche auf Energiebetrachtungen von wirklichen und von virtuellen Größen beruht, wird als **Prinzip der virtuellen Kräfte** bezeichnet. Wir wollen das Prinzip abgekürzt auch **Arbeitssatz** nennen. Der Begriff „Arbeitssatz" wurde bereits in (6.8) und beim Prinzip der virtuellen Verrückungen (vgl. Band 1, Abschnitt 8.2) verwendet. Diese Mehrdeutigkeit beruht darauf, dass sich alle hier genannten Prinzipien aus einem übergeordneten Arbeitssatz ableiten lassen.

Der Arbeitssatz beim Fachwerk sagt aus: will man die Komponente f der Verschiebung eines beliebigen Knotens k in irgendeiner Richtung bestimmen, so muss man am Knoten k in dieser Richtung eine virtuelle Kraft „1" anbringen. Mit den Stabkräften S_i infolge aller Lasten, den Stabkräften $\bar{S}_i$ infolge „1", den Längen l_i und den Dehnsteifigkeiten EA_i aller Stäbe folgt dann f nach (6.30).

Im allgemeinen weiß man nicht, in welcher Richtung sich ein Knoten verschiebt. Will man die wirkliche Verschiebung eines Knotens berechnen, muss man daher die Prozedur zweimal durchführen: mit einer horizontalen Kraft „1" findet man die horizontale Komponente der Verschiebung, mit einer vertikalen Kraft „1" die vertikale Komponente. Vektorielle Addition ergibt die Gesamtverschiebung des betrachteten Knotens.

Das Prinzip der virtuellen Kräfte lässt sich in gleicher Weise auf andere elastische Systeme (z. B. Balken, Rahmen, Bogen) anwenden. Wir wollen die Formel für die Durchbiegung eines Balkens anhand eines Beispieles ableiten. Hierzu betrachten wir einen beiderseits gelenkig gelagerten Balken unter einer Last F, die an einer Stelle k angreift. Gesucht ist die Verschiebung f an einer Stelle i (Abb. 6.6a). Der Deutlichkeit halber wollen wir hier Doppelindizes verwenden: f_{ik} ist die Absenkung an der Stelle i infolge einer Last F an der Stelle k. Zur Ermittlung der Durchbiegung an der Stelle i bringen wir dort zuerst eine virtuelle Last „1" an (Abb. 6.6c). Anschließend belasten wir in k durch die gegebene Last F. Mit den gleichen Überlegungen wie beim Fachwerk finden wir die Arbeit dieser beiden

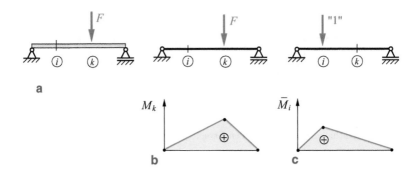

Abb. 6.6 Zum Prinzip der virtuellen Kräfte bei einem Balken

Kräfte:

$$W = \frac{1}{2} \cdot 1 \cdot f_{ii} + \frac{1}{2} F f_{kk} + 1 \cdot f_{ik}.$$ (6.31a)

Die Kraft „1" verursacht im Balken einen Biegemomentenverlauf $\bar{M}_i$ (Dimension Fl), die Kraft F hat einen Momentenverlauf M_k zur Folge (Abb. 6.6b,c). Mit dem Gesamtmoment $\bar{M}_i + M_k$ gilt für die Formänderungsenergie

$$
\begin{aligned}
\Pi &= \frac{1}{2} \int \frac{(\bar{M}_i + M_k)^2}{EI}\, \mathrm{d}x \\
&= \frac{1}{2} \int \frac{\bar{M}_i^2}{EI}\, \mathrm{d}x + \frac{1}{2} \int \frac{M_k^2}{EI}\, \mathrm{d}x + \int \frac{\bar{M}_i M_k}{EI}\, \mathrm{d}x.
\end{aligned}
$$ (6.31b)

Die ersten beiden Summanden in W und Π sind wegen (6.15a) jeweils gleich. Aus $W = \Pi$ folgt damit

$$f_{ik} = \int \frac{\bar{M}_i M_k}{EI}\, \mathrm{d}x.$$ (6.32)

Dabei haben wir wieder durch die Kraft 1 gekürzt. Gleichung (6.32) ist der Arbeitssatz für den Balken. Hiernach erhält man die Durchbiegung f_{ik} an einer Stelle i infolge einer Last F an der Stelle k, indem man zunächst an der Stelle i eine dimensionslose Kraft „1" anbringt und die zugehörige Momentenlinie $\bar{M}_i$ ermittelt. Mit dem Momentenverlauf M_k infolge der gegebenen Last F an der Stelle k folgt dann die gesuchte Absenkung durch Einsetzen in (6.32) und Integration über die Balkenlänge.

Bei beliebiger Belastung (Streckenlast, Einzelkräfte etc.) gilt der Arbeitssatz (6.32) ebenfalls. Dann ist M_k der Momentenverlauf infolge aller Lasten. Man verzichtet dann häufig auf die Indizes i und k und schreibt

$$f = \int \frac{M \bar{M}}{E I} \, dx . \qquad (6.33)$$

Hierin ist M das Moment infolge der gegebenen Lasten und $\bar{M}$ (Dimension $[\bar{M}] = l$) das Moment infolge einer virtuellen Last „1" (dimensionslos) an der Stelle, an der die Verschiebung f gesucht ist.

Will man stattdessen den Biegewinkel φ an einer bestimmten Stelle ermitteln, so muss man an dieser Stelle ein dimensionsloses virtuelles Moment „1" anbringen und in (6.33) für $\bar{M}$ (dimensionslos) den Momentenverlauf im Balken infolge dieses Momentes einsetzen.

Als Anwendungsbeispiel betrachten wir den Kragträger unter einer Last F nach Abb. 6.7a und ermitteln die Absenkung und den Biegewinkel am freien Ende. Wir zählen die Koordinate x vom freien Ende und bestimmen zunächst den Momentenverlauf für die gegebene Last (Abb. 6.7b):

$$M = -F [x - (l - a)] \quad \text{für} \quad x \geq l - a .$$

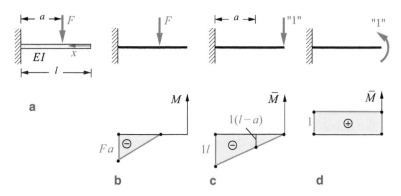

Abb. 6.7 Beispiel zum Prinzip der virtuellen Kräfte

Zur Berechnung der Absenkung am freien Ende bringen wir dort eine Last „1" an und erhalten den Momentenverlauf (Abb. 6.7c)

$$\bar{M} = -1 \cdot x \quad \text{für} \quad x \geq 0.$$

Aus (6.33) folgt damit die Enddurchbiegung (der Bereich $0 \leq x \leq l - a$ liefert wegen $M = 0$ keinen Anteil)

$$f = \int \frac{M\bar{M}}{EI}\,\mathrm{d}x = \frac{1}{EI} \int_{l-a}^{l} (-F)[x - (l-a)](-x)\,\mathrm{d}x$$
$$= \frac{F}{EI}\left[\frac{x^3}{3} - (l-a)\frac{x^2}{2}\right]_{l-a}^{l} = \frac{F\,l^3}{6EI}\left[3\left(\frac{a}{l}\right)^2 - \left(\frac{a}{l}\right)^3\right].$$

(6.34)

Zur Ermittlung des Biegewinkels am Balkenende bringen wir dort ein Moment „1" an. Das zugehörige Biegemoment ist dann im ganzen Balken $\bar{M} = 1$ (Abb. 6.7d), und aus (6.33) ergibt sich

$$\varphi = \int \frac{M\bar{M}}{EI}\,\mathrm{d}x = \frac{1}{EI} \int_{l-a}^{l} (-F)[x - (l-a)] \cdot 1\,\mathrm{d}x$$
$$= -\frac{F}{EI}\left[\frac{x^2}{2} - (l-a)x\right]_{l-a}^{l} = -\frac{F}{EI}\frac{a^2}{2}.$$

(6.35)

Das Minuszeichen zeigt an, dass die Drehrichtung des Winkels am freien Ende entgegengesetzt zu der Richtung ist, die wir für das virtuelle Moment „1" angenommen haben.

Bei vielen Problemen treten nur einige „typische" Momentenverläufe (linear, quadratisch, kubisch) auf. Für solche Verläufe kann man bei *konstanter* Biegesteifigkeit EI die Integrale in (6.33) „auf Vorrat" ausrechnen und in einer Tabelle zusammenstellen. Dabei ist es für die Auswertung der Integrale unwesentlich, welches der Momente aus der wirklichen und welches aus der virtuellen Belastung herrührt. Wir lassen daher den Querstrich weg; die Indizes i und k kennzeichnen jetzt zwei Momentenverläufe, deren Produkt zu integrieren ist: $\int M_i M_k\,\mathrm{d}x$. So gilt z. B. für einen quadratischen Momentenverlauf M_i und einen linearen Verlauf M_k mit den Bezeichnungen nach Abb. 6.8

$$M_i = 4i\left[\frac{x}{s} - \left(\frac{x}{s}\right)^2\right], \quad M_k = k\,\frac{x}{s}.$$

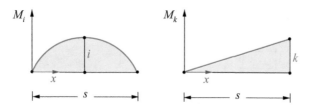

Abb. 6.8 Kopplung von Parabel mit Dreieck

Das Integral ergibt sich in diesem Fall zu

$$\int_0^s M_i\, M_k\, \mathrm{d}x = \int_0^s 4\, i \left[\frac{x}{s} - \left(\frac{x}{s}\right)^2\right] k\, \frac{x}{s}\, \mathrm{d}x = 4\frac{i\,k}{s^2}\left(\frac{s^3}{3} - \frac{s^3}{4}\right) = \frac{1}{3}s\, i\, k\,.$$

Man bezeichnet die Multiplikation von Momentenlinien und die anschließende Integration insgesamt als „Koppeln". Werte solcher Integrale sind in der Tab. 6.3 zusammengestellt. Man findet dort für das Beispiel nach Abb. 6.8 aus der Kopplung von quadratischer Parabel mit einem Dreieck in der vierten Zeile und der zweiten Spalte den bereits berechneten Wert $\frac{1}{3}s\, i\, k$.

Der Arbeitssatz lässt sich sinngemäß auch auf andere Beanspruchungsarten (z. B. Torsion) oder auf zusammengesetzte Beanspruchungen anwenden. So gilt z. B. für ein System, in dem Biegung, Torsion und Zug auftreten

$$f = \int \frac{M\,\bar{M}}{EI}\, \mathrm{d}x + \int \frac{M_T\,\bar{M}_T}{GI_T}\, \mathrm{d}x + \int \frac{N\,\bar{N}}{EA}\, \mathrm{d}x\,. \qquad (6.36)$$

Hierin sind M, M_T und N der Biegemomenten-, der Torsionsmomenten- und der Normalkraftverlauf infolge der gegebenen Belastung. Entsprechend sind $\bar{M}, \bar{M}_T$ und $\bar{N}$ die Verläufe infolge einer virtuellen Kraft „1", die an der zu untersuchenden Stelle in der Richtung angebracht werden muss, in der die Verschiebung f ermittelt werden soll. Dabei sind die Integrale über alle Bauteile eines Systems auszuwerten, in denen die entsprechenden Schnittgrößen auftreten. Sind die Steifigkeiten GI_T bzw. EA in einem Bauteil konstant, so können die Integrale

$$\int M_T\,\bar{M}_T\, \mathrm{d}x\,, \qquad \int N\,\bar{N}\, \mathrm{d}x$$

auch mit der Hilfstafel (Koppeltafel) nach Tab. 6.3 ermittelt werden.

Tab. 6.3 Hilfstafel zur Ermittlung der Integrale $\int M_i\, M_k\, \mathrm{d}x$

M_i \ M_k	rechteck	dreieck (rechts)	dreieck (links)	trapez
1 (Rechteck)	$s\,i\,k$	$\dfrac{1}{2}s\,i\,k$	$\dfrac{1}{2}s\,i\,k$	$\dfrac{1}{2}s\,i\,(k_1+k_2)$
2 (Dreieck)	$\dfrac{1}{2}s\,i\,k$	$\dfrac{1}{3}s\,i\,k$	$\dfrac{1}{6}s\,i\,k$	$\dfrac{1}{6}s\,i\,(k_1+2\,k_2)$
3 (Trapez)	$\dfrac{1}{2}s(i_1+i_2)k$	$\dfrac{1}{6}s(i_1+2\,i_2)k$	$\dfrac{1}{6}s(2\,i_1+i_2)k$	$\dfrac{1}{6}s(2\,i_1\,k_1+2\,i_2\,k_2+i_1\,k_2+i_2\,k_1)$
4 quad. Parabel	$\dfrac{2}{3}s\,i\,k$	$\dfrac{1}{3}s\,i\,k$	$\dfrac{1}{3}s\,i\,k$	$\dfrac{1}{3}s\,i\,(k_1+k_2)$
5 quad. Parabel	$\dfrac{2}{3}s\,i\,k$	$\dfrac{5}{12}s\,i\,k$	$\dfrac{1}{4}s\,i\,k$	$\dfrac{1}{12}s\,i\,(3\,k_1+5\,k_2)$
6 quad. Parabel	$\dfrac{1}{3}s\,i\,k$	$\dfrac{1}{4}s\,i\,k$	$\dfrac{1}{12}s\,i\,k$	$\dfrac{1}{12}s\,i\,(k_1+3\,k_2)$
7 kub. Parabel	$\dfrac{1}{4}s\,i\,k$	$\dfrac{1}{5}s\,i\,k$	$\dfrac{1}{20}s\,i\,k$	$\dfrac{1}{20}s\,i\,(k_1+4\,k_2)$
8 kub. Parabel	$\dfrac{3}{8}s\,i\,k$	$\dfrac{11}{40}s\,i\,k$	$\dfrac{1}{10}s\,i\,k$	$\dfrac{1}{40}s\,i\,(4\,k_1+11\,k_2)$
9 kub. Parabel	$\dfrac{1}{4}s\,i\,k$	$\dfrac{2}{15}s\,i\,k$	$\dfrac{7}{60}s\,i\,k$	$\dfrac{1}{60}s\,i\,(7\,k_1+8\,k_2)$

Quadratische Parabeln: $\circ$ kennzeichnet den Scheitelpunkt

Kubische Parabeln: $\circ$ kennzeichnet die Nullstelle der Dreiecksbelastung

Trapeze: i_1 und i_2 (bzw. k_1 und k_2) können unterschiedliche Vorzeichen haben

Erfährt bei einem Fachwerk der i-te Stab eine Temperaturänderung ΔT_i, so ist in (6.30) analog zu (1.17) zur Längenänderung $\frac{S_i l_i}{EA_i}$ infolge der Stabkraft S_i die Längenänderung $\alpha_{T_i} \Delta T_i l_i$ infolge der Temperatur hinzuzufügen:

$$f = \sum \frac{S_i \, \bar{S}_i \, l_i}{EA_i} + \sum \bar{S}_i \, \alpha_{Ti} \, \Delta T_i \, l_i \, .$$

Entsprechend muss bei Biegung in (6.33) zum Moment M aus den Lasten ein Temperaturmoment $M_{\Delta T}$ nach (4.63) addiert werden, falls ein Balken einer Temperaturbelastung nach Abschn. 4.9 unterliegt:

$$f = \int \frac{(M + M_{\Delta T}) \, \bar{M}}{EI} \, \mathrm{d}x \, .$$

Beispiel 6.3

Für das Fachwerk nach Bild a ermittle man die Absenkung f_V des Knotens V. Alle Stäbe haben die gleiche Dehnsteifigkeit EA.

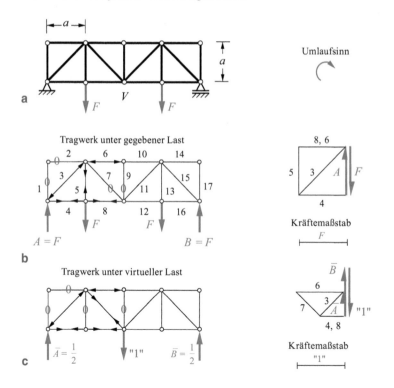

Lösung Das Fachwerk hat $k = 10$ Knoten, $s = 17$ Stäbe und $r = 3$ Lagerkräfte. Damit ist die notwendige Bedingung $2\,k = s + r$ für statische Bestimmtheit erfüllt (vgl. Band 1, Abschnitt 6.1).

Die Verschiebung bestimmen wir mit Hilfe von (6.30). Dazu ermitteln wir zunächst in einem Cremona-Plan die Stabkräfte S_i unter den gegebenen äußeren Lasten (Bild b). Wegen der Symmetrie von Tragwerk und Belastung benötigen wir dabei nur die Stabkräfte einer Tragwerkshälfte. Es ist zweckmäßig, diese Stabkräfte (unter Beachtung der Vorzeichen) in einer Tabelle zusammenzustellen.

Anschließend belasten wir das Fachwerk allein durch eine virtuelle Kraft „1" am Knoten V in Richtung der gesuchten Verschiebung f_V (Bild c). Aus dem zugehörigen Cremona-Plan können die Stabkräfte $\bar{S}_i$ abgelesen werden (vgl. nachstehende Tabelle). Mit den Stablängen l_i bilden wir die Produkte $S_i\,\bar{S}_i\,l_i$, die in der letzten Spalte eingetragen sind. Nach (6.30) finden wir die gesuchte Absenkung nach Addition der Werte in der letzten Spalte mit $EA_i = EA$ zu

$$\underline{\underline{f_V}} = \sum \frac{S_i\,\bar{S}_i\,l_i}{EA} = \underline{\underline{(4 + 2\sqrt{2})\frac{F\,a}{EA}}}\,.$$

i	S_i	$\bar{S}_i$	l_i	$S_i\,\bar{S}_i\,l_i$
1	0	0	a	0
2	0	0	a	0
3	$-\sqrt{2}F$	$-\sqrt{2}/2$	$\sqrt{2}\,a$	$\sqrt{2}\,F\,a$
4	F	$1/2$	a	$Fa/2$
5	F	0	a	0
6	$-F$	-1	a	$F\,a$
7	0	$\sqrt{2}/2$	$\sqrt{2}\,a$	0
8	F	$1/2$	a	$Fa/2$
9	0	0	a	0
10	$-F$	-1	a	$F\,a$
11	0	$\sqrt{2}/2$	$\sqrt{2}\,a$	0
12	F	$1/2$	a	$F\,a/2$
13	F	0	a	0
14	0	0	a	0
15	$-\sqrt{2}F$	$-\sqrt{2}/2$	$\sqrt{2}\,a$	$\sqrt{2}\,F\,a$
16	F	$1/2$	a	$F\,a/2$
17	0	0	a	0

$$\sum S_i\,\bar{S}_i\,l_i = (4 + 2\sqrt{2})\,F\,a \quad \blacktriangleleft$$

Beispiel 6.4

Für das Fachwerk nach Bild a ermittle man die horizontale und die vertikale Verschiebung des Knotens B. Die Stäbe 1 bis 3 haben die Dehnsteifigkeit EA, der Stab 4 die Dehnsteifigkeit $2\,EA$.

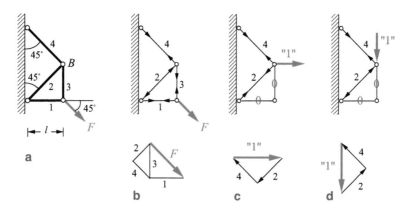

Lösung Das Fachwerk ist statisch bestimmt. Aus dem Gleichgewicht an den Knoten lassen sich die Stabkräfte S_i unter der gegebenen Last F ermitteln (Bild b).

Zur Berechnung der horizontalen Verschiebung belasten wir das Fachwerk in B nach Bild c durch eine horizontale Last „1" und ermitteln die Stabkräfte $\bar{S}_{iH}$. Analog finden wir mit Bild d die Stabkräfte $\bar{S}_{iV}$ unter einer vertikalen Last „1" in B. Alle Stabkräfte sind in nachstehender Tabelle eingetragen.

i	l_i	S_i	$\bar{S}_{iH}$	$\bar{S}_{iV}$	$S_i\,\bar{S}_{iH}\,l_i$	$S_i\,\bar{S}_{iV}\,l_i$
1	l	$\dfrac{F}{\sqrt{2}}$	0	0	0	0
2	$\sqrt{2}\,l$	$-\dfrac{F}{2}$	$\dfrac{1}{2}\sqrt{2}$	$-\dfrac{1}{2}\sqrt{2}$	$-\dfrac{1}{2}F\,l$	$\dfrac{1}{2}F\,l$
3	l	$\dfrac{F}{\sqrt{2}}$	0	0	0	0
4	$\sqrt{2}\,l$	$\dfrac{F}{2}$	$\dfrac{1}{2}\sqrt{2}$	$\dfrac{1}{2}\sqrt{2}$	$\dfrac{1}{2}F\,l$	$\dfrac{1}{2}F\,l$

Mit (6.30) folgen unter Beachtung der unterschiedlichen Dehnsteifigkeiten die Verschiebungen des Knotens B:

$$\underline{\underline{f_H}} = \sum \frac{S_i \bar{S}_{iH} l_i}{E A_i} = -\frac{1}{2}\frac{F l}{E A} + \frac{1}{2}\frac{F l}{2 E A} = -\underline{\underline{\frac{1}{4}\frac{F l}{E A}}},$$

$$\underline{\underline{f_V}} = \sum \frac{S_i \bar{S}_{iV} l_i}{E A_i} = \frac{1}{2}\frac{F l}{E A} + \frac{1}{2}\frac{F l}{2 E A} = \underline{\underline{\frac{3}{4}\frac{F l}{E A}}}.$$

Das Minuszeichen bei f_H zeigt an, dass die horizontale Verschiebung entgegen der angenommenen „1"-Richtung erfolgt. Der Knoten B erfährt im Beispiel eine vertikale Verschiebung nach unten, die dreimal so groß ist wie die horizontale Verschiebung. ◄

Beispiel 6.5

Der Rahmen (Biegesteifigkeit $E\,I$) nach Bild a ist durch eine Gleichstreckenlast q_0 und eine Einzelkraft F belastet.
Welche horizontale Verschiebung u_B erfährt das Lager B?

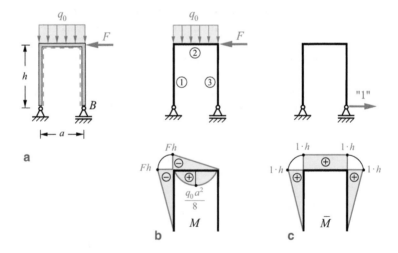

Lösung Für den dehnstarren Rahmen lässt sich die Verschiebung aus (6.33) ermitteln. Wir bestimmen zunächst den Momentenverlauf M unter den gegebenen äußeren Lasten. Um die Kopplung zu erleichtern, ist es zweckmäßig, dabei die Momente im Querriegel ② infolge q_0 und infolge F getrennt aufzutragen (Bild b).

Dann belasten wir den Rahmen allein im Punkt B durch eine Kraft „1" in der gesuchten Verschiebungsrichtung und bestimmen die zugehörige Momentenlinie $\bar{M}$ (Bild c).

Die Lagerverschiebung u_B erhalten wir nun durch Koppeln der Momentenflächen über alle Rahmenteile:

Pfosten ①: Dreieck mit Dreieck

$$\int M\,\bar{M}\,\mathrm{d}x = \frac{1}{3}h(-F\,h)(1\cdot h) = -\frac{1}{3}F\,h^3$$

Querriegel ②: Rechteck mit Dreieck

$$\int M\,\bar{M}\,\mathrm{d}x = \frac{1}{2}a(-F\,h)(1\cdot h) = -\frac{1}{2}F\,a\,h^2$$

Rechteck mit quadratischer Parabel

$$\int M\,\bar{M}\,\mathrm{d}x = \frac{2}{3}a\frac{q_0\,a^2}{8}(1\cdot h) = \frac{1}{12}q_0\,a^3\,h$$

Pfosten ③: Wegen $M = 0$ wird $\int M\,\bar{M}\,\mathrm{d}x = 0$.
              Aufsummieren und Einsetzen in (6.33) ergibt

$$EI\,u_B = \frac{1}{12}q_0\,a^3\,h - \frac{1}{6}F\,h^2(2\,h + 3\,a)\,.$$

Die Vorzeichen zeigen an, dass das Lager infolge q_0 nach rechts, infolge F nach links verschoben wird. ◄

Beispiel 6.6

Das in Bild a skizzierte Tragwerk besteht aus einem abgewinkelten Rahmen BCD mit der Biegesteifigkeit EI und zwei Stäben 1 und 2 gleicher Dehnsteifigkeit EA. Es wird in der Ecke C durch ein Moment M_0 belastet.

Gesucht sind die Verschiebung v_B des Lagers B und die Verdrehung φ_C der Ecke C.

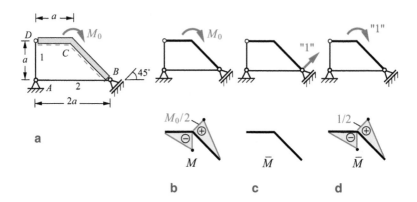

a

b   c   d

Lösung Wir bestimmen zunächst die Momentenlinie M (Bild b) und die Stab-kräfte $S_1 = M_0/2\,a$ und $S_2 = -M_0/2\,a$ infolge der gegebenen Belastung M_0. Zur Ermittlung der Lagerverschiebung v_B bringen wir in der möglichen Be-wegungsrichtung eine Kraft „1" an (Bild c). In diesem System verschwindet das zugehörige Biegemoment $\bar{M}$, und es tritt nur eine Stabkraft $\bar{S}_2 = \sqrt{2}$ auf. Dementsprechend liefern bei der Kopplung nach (6.36) nur die Stabkräfte einen Anteil:

$$\underline{\underline{v_B}} = \frac{S_2\,\bar{S}_2\,l_2}{EA} = -\frac{M_0}{2\,a}\sqrt{2}\,\frac{2\,a}{EA} = -\sqrt{2}\,\frac{M_0}{EA}\,.$$

Wenn wir die Verdrehung der Ecke C berechnen wollen, müssen wir dort ein Moment „1" anbringen. Diesmal treten Biegemomente $\bar{M}$ nach Bild d auf. Die Stabkräfte berechnen wir zu $\bar{S}_1 = 1/2\,a$ und $\bar{S}_2 = -1/2\,a$. Aus dem Arbeitssatz

$$\varphi_C = \int \frac{M\,\bar{M}}{EI}\,\mathrm{d}x + \sum \frac{S_i\,\bar{S}_i\,l_i}{EA}$$

folgt unter Verwendung von Tab. 6.3

$$\underline{\underline{\varphi_C}} = \frac{1}{EI}\left[\frac{1}{3}\left(-\frac{M_0}{2}\right)\left(-\frac{1}{2}\right)a + \frac{1}{3}\frac{M_0}{2}\frac{1}{2}\sqrt{2}\,a\right]$$

$$+ \frac{1}{EA}\left[\frac{M_0}{2\,a}\frac{1}{2\,a}a + \left(-\frac{M_0}{2\,a}\right)\left(-\frac{1}{2\,a}\right)2\,a\right] \blacktriangleleft$$

$$= \frac{M_0\,a}{12\,EI}\left[1 + \sqrt{2} + 9\frac{EI}{EA\,a^2}\right]\,.$$

Beispiel 6.7

Für den eingespannten Rahmen nach Bild a ermittle man die Verschiebung des Punktes C infolge eines Momentes M_0.

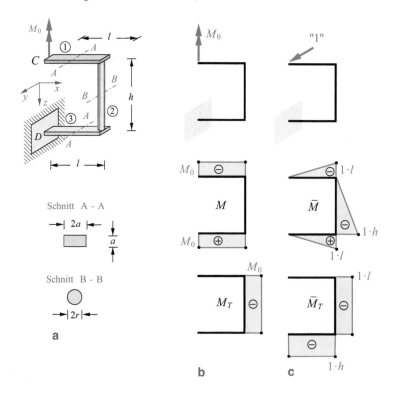

Lösung Die Rahmenteile ① und ③ werden auf Biegung, der Pfosten ② wird auf Torsion beansprucht. Man kann sich anschaulich überlegen, dass C dabei nur eine Verschiebung v in y-Richtung erfährt.

Wir bestimmen zuerst den Biegemomentenverlauf M und den Torsionsmomentenverlauf M_T unter der gegebenen Belastung M_0 (Bild b). Dabei kann man für jeden Balken eine Vorzeichenwahl beliebig treffen; man muss dann allerdings in dem System, in dem die Kraft „1" angebracht wird, mit denselben Vorzeichen arbeiten. Für eine Kraft „1" in v-Richtung ergeben sich $\bar{M}$ und $\bar{M}_T$ nach Bild c.

Aus der Kopplung folgt die gesuchte Verschiebung

$$v = \int \frac{M \bar{M}}{EI}\, dx + \int \frac{M_T \bar{M}_T}{GI_T}\, dx$$
$$= \frac{1}{2} \frac{M_0\, l}{EI_1}\, l + \frac{1}{2} \frac{M_0\, l}{EI_3}\, l + \frac{M_0\, l}{GI_{T2}}\, h\,.$$

Mit den Querschnittskennwerten

$$I_1 = I_3 = \frac{a\,(2\,a)^3}{12} = \frac{2}{3}a^4\,, \quad I_{T2} = \frac{\pi}{2}r^4$$

wird

$$v = \frac{3}{2} \frac{M_0\, l^2}{E\, a^4} + \frac{2\, M_0\, l\, h}{G\, \pi\, r^4}\,. \quad \blacktriangleleft$$

Beispiel 6.8

Eine bogenförmige Straßenlampe (konstante Biegesteifigkeit EI) wird nach Bild a durch eine Laterne vom Gewicht G belastet.

Wie groß ist die Verschiebung des Punktes A, wenn das Eigengewicht des Bogens vernachlässigt wird?

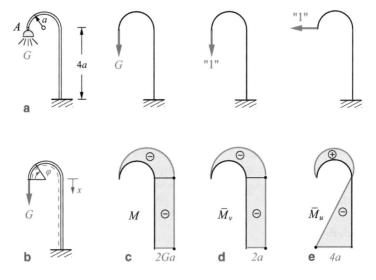

Lösung Wir führen nach Bild b eine gestrichelte Faser und die Koordinaten x und φ ein. Dann erhalten wir für den Momentenverlauf M unter der Last G in den beiden Bereichen (Bild c)

$$
M = \begin{cases} -Ga(1 - \cos\varphi), & 0 \le \varphi \le \pi, \\ -G2a, & 0 \le x \le 4a. \end{cases}
$$

Zur Ermittlung der Vertikalverschiebung v von A bringen wir dort nach Bild d eine Kraft „1" in vertikaler Richtung an. Den zugehörigen Momentenverlauf $\bar{M}_v$ erhält man unmittelbar aus M, wenn man dort G durch „1" ersetzt:

$$
\bar{M}_v = \begin{cases} -a(1 - \cos\varphi), & 0 \le \varphi \le \pi, \\ -2a, & 0 \le x \le 4a. \end{cases}
$$

Die Vertikalverschiebung folgt dann zu

$$
v = \int \frac{M \bar{M}_v}{EI} \, ds = \frac{1}{EI} \int\limits_0^\pi -Ga(1 - \cos\varphi)[-a(1 - \cos\varphi)]a \, d\varphi
$$

$$
+ \frac{1}{EI} \int\limits_0^{4a} (-2aG)(-2a) \, dx
$$

$$
= \frac{Ga^3}{EI} \int\limits_0^\pi (1 - 2\cos\varphi + \cos^2\varphi) \, d\varphi + \frac{4Ga^2}{EI} 4a
$$

$$
= \frac{Ga^3}{EI} \left(\frac{3\pi}{2} + 16 \right) \approx 20.7 \frac{Ga^3}{EI}.
$$

Zur Ermittlung der horizontalen Verschiebungskomponente u führen wir nach Bild e eine horizontale Kraft „1" ein. Der zugehörige Momentenverlauf $\bar{M}_u$ lautet

$$
\bar{M}_u = \begin{cases} a\sin\varphi, & 0 \le \varphi \le \pi, \\ -x, & 0 \le x \le 4a. \end{cases}
$$

Damit ergibt sich die Horizontalverschiebung zu

$$u = \int \frac{M \bar{M}_u}{E I} \, ds$$

$$= \frac{1}{E I} \int_0^\pi -Ga(1 - \cos\varphi)a \sin\varphi \, a \, d\varphi + \frac{1}{E I} \int_0^{4a} (-2a\,G)(-x) \, dx$$

$$= \frac{Ga^3}{E I}(-2 + 16) = 14\,\frac{Ga^3}{E I}\,.$$

Der Betrag der Gesamtverschiebung f_A folgt zu

$$\underline{\underline{f_A}} = \sqrt{u^2 + v^2} \approx \frac{Ga^3}{E I}\sqrt{429 + 196} = 25\,\frac{Ga^3}{E I}\,.$$

Das Ergebnis zeigt, dass auch bei rein vertikaler Last wegen ihrer Exzentrizität eine beträchtliche horizontale Verschiebung auftritt. ◄

6.4 Einflusszahlen und Vertauschungssätze

Mit Hilfe des Arbeitssatzes können wir eine Verschiebung f_{ik} an einer beliebigen Stelle i eines Balkens berechnen. Wenn nur eine einzige Kraft F_k an einer Stelle k wirkt, sind alle Durchbiegungen proportional zu dieser Kraft. Man kann daher die Kraft als Proportionalitätsfaktor abspalten und erhält so

$$f_{ik} = \alpha_{ik}\,F_k\,. \tag{6.37}$$

Die Größe α_{ik} heißt **Verschiebungseinflusszahl** oder kurz **Einflusszahl**. Sie liefert die Verschiebung an der Stelle i infolge einer Kraft „1“ an der Stelle k. Als Beispiel betrachten wir den Kragträger nach Abb. 6.7a, an dem eine Kraft an der Stelle a angreift. Man erhält die Einflusszahl für die Absenkung am freien Ende mit (6.34) zu

$$\alpha_{la} = \frac{f}{F} = \frac{l^3}{6\,E I}\left[3\left(\frac{a}{l}\right)^2 - \left(\frac{a}{l}\right)^3\right]\,.$$

Ähnlich findet man die Einflusszahl für die Durchbiegung an der Stelle x des Balkens in Beispiel 4.6 infolge des Momentes M_0, das am Rand l angreift, zu

$$\alpha_{xl} = \frac{w(x)}{M_0} = \frac{l^2}{6\,E I}\left[\left(\frac{x}{l}\right) - \left(\frac{x}{l}\right)^3\right]\,.$$

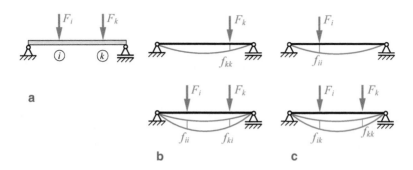

Abb. 6.9 Zum Satz von Betti

Man beachte, dass die beiden hier aufgeführten Einflusszahlen unterschiedliche Dimensionen haben.

Wirken auf einen Balken n Lasten F_k, so folgt die Durchbiegung f an der Stelle i aus der Superposition zu

$$f = \sum_k f_{ik} = \alpha_{i1} F_1 + \alpha_{i2} F_2 + \alpha_{i3} F_3 + \ldots + \alpha_{in} F_n \,.$$

Wir wollen mit Hilfe der Einflusszahlen die Belastung eines Balkens durch *zwei* Kräfte nochmals verfolgen. Am Balken nach Abb. 6.9a greife an der Stelle i eine Kraft F_i und an der Stelle k eine Kraft F_k an. Wenn wir zuerst die Kraft F_k und dann zusätzlich die Kraft F_i anbringen (Abb. 6.9b), wird eine Arbeit

$$\begin{aligned} W &= \frac{1}{2} f_{kk} F_k + \frac{1}{2} f_{ii} F_i + F_k f_{ki} \\ &= \frac{1}{2} \alpha_{kk} F_k^2 + \frac{1}{2} \alpha_{ii} F_i^2 + F_k(\alpha_{ki} F_i) \end{aligned}$$

(6.38a)

verrichtet. Kehren wir die Lastfolge um, lassen also erst F_i und dann F_k wirken (Abb. 6.9c), so wird

$$\begin{aligned} W &= \frac{1}{2} f_{ii} F_i + \frac{1}{2} f_{kk} F_k + F_i f_{ik} \\ &= \frac{1}{2} \alpha_{ii} F_i^2 + \frac{1}{2} \alpha_{kk} F_k^2 + F_i(\alpha_{ik} F_k) \,. \end{aligned}$$

(6.38b)

Da die Formänderungsenergie im Endzustand unabhängig von der Reihenfolge der Belastung ist, trifft dies auch für die Gesamtarbeit zu. Aus dem Vergleich von

(6.38a) und (6.38b) folgt daher zunächst

$$F_k \, f_{ki} = F_i \, f_{ik} \, . \qquad\qquad (6.39)$$

Dies ist der **Satz von Betti** (Enrico Betti, 1823–1892). Er sagt aus: Die Kraft F_k verrichtet an der Verschiebung f_{ki} infolge F_i dieselbe Arbeit wie die Kraft F_i an der Verschiebung f_{ik} infolge F_k. Dieser Satz lässt sich auf beliebige elastische Systeme verallgemeinern.

Mit $f_{ki} = \alpha_{ki} \, F_i$ und $f_{ik} = \alpha_{ik} \, F_k$ folgt aus (6.39) der **Vertauschungssatz von Maxwell** (James Clerk Maxwell, 1831–1879):

$$\alpha_{ik} = \alpha_{ki} \, . \qquad\qquad (6.40)$$

Hiernach ist die Durchbiegung α_{ik} eines Punktes i infolge einer in k angreifenden Kraft „1" gleich der Durchbiegung α_{ki} des Punktes k infolge einer Kraft „1", die in i angreift.

Wir wollen nun zeigen, dass sich der Vertauschungssatz sinngemäß anwenden lässt, wenn Momente wirken. Hierzu betrachten wir als Beispiel den Balken nach Abb. 6.10a, der durch eine Last F und ein Moment M_0 belastet wird. Nach Tab. 4.3, Lastfall 5, verursacht das Moment M_0 am Angriffspunkt der Kraft ($\xi = 1/2$) mit $\beta = d/l$ eine Verschiebung in Richtung der Kraft (Drehrichtung von M_0 beachten!)

$$f_{12} = \alpha_{12} \, M_0 = -\frac{l^2}{6} \left\{ \frac{1}{2} \left[3 \left(\frac{d}{l} \right)^2 - 1 \right] + \frac{1}{8} \right\} \frac{M_0}{EI} \, . \qquad (6.41)$$

Nun bestimmen wir den Neigungswinkel an der Stelle ② infolge F. Aus der Biegelinientafel (Lastfall 1) in Tab. 4.3 folgt zunächst durch Ableitung für die Neigung an einer beliebigen Stelle ξ

$$EI \, w' = \frac{F \, l^2}{6} [\beta(1 - \beta^2 - 3\,\xi^2) + 3\langle \xi - \alpha \rangle^2] \, .$$

Mit $\alpha = \beta = 1/2$ erhält man speziell im Beispiel

$$EI \, w' = \frac{F \, l^2}{6} \left[\frac{1}{2} \left(1 - \frac{1}{4} - 3\,\xi^2 \right) + 3 \left\langle \xi - \frac{1}{2} \right\rangle^2 \right] \, .$$

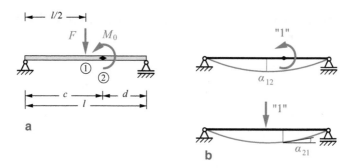

Abb. 6.10 Beispiel zum Vertauschungssatz

Der Winkel muss im gleichen Sinn wie das Moment positiv gezählt werden. An der Stelle ② ist daher $\varphi_{21} = -w'$. Mit $\xi = c/l$ wird

$$\varphi_{21} = \alpha_{21} F = -\frac{l^2}{6EI}\left[\frac{1}{2}\left(\frac{3}{4} - 3\left(\frac{c}{l}\right)^2\right) + 3\left(\left(\frac{c}{l}\right) - \frac{1}{2}\right)^2\right] F$$

$$= -\frac{l^2}{6EI}\left[\frac{3}{2}\left(\frac{c}{l}\right)^2 - 3\left(\frac{c}{l}\right) + \frac{9}{8}\right] F.$$

Mit $c = l - d$ lässt sich dies umschreiben:

$$\varphi_{21} = \alpha_{21} F = -\frac{l^2}{6EI}\left\{\frac{1}{2}\left[3\left(\frac{d}{l}\right)^2 - 1\right] + \frac{1}{8}\right\} F. \qquad (6.42)$$

Aus dem Vergleich von (6.41) und (6.42) folgt

$$\alpha_{12} = \alpha_{21}.$$

In Worten: Die Verschiebung α_{12} an der Stelle ① infolge eines Momentes „1" an der Stelle ② ist gleich der Verdrehung α_{21} an der Stelle ② infolge einer Kraft „1" an der Stelle ① (Abb. 6.10b). Man beachte, dass hier die Einheitsverschiebung α_{12} und die Einheitsverdrehung α_{21} gleiche Dimension haben.

Der Maxwellsche Vertauschungssatz hat für die praktische Anwendung große Bedeutung. So hätten wir uns im vorangehenden Beispiel die trotz Biegelinientafel recht mühsame Berechnung des Winkels φ_{21} ersparen können, da α_{21} und damit φ_{21} nach (6.40) bekannt sind, wenn man α_{12} vorher bereits ermittelt hat.

6.5 Anwendung des Arbeitssatzes auf statisch unbestimmte Systeme

In den Abschn. 1.4, 1.6 und 4.5.4 wurden statisch unbestimmte Systeme mit Hilfe der Superposition behandelt. Hierzu wurde z. B. bei einem *einfach statisch unbestimmt* gelagerten Tragwerk ein überzähliges Lager zunächst entfernt. In dem dann statisch bestimmten „0"-System wurde die Verschiebung $v^{(0)}$ unter den gegebenen Lasten an der Stelle berechnet, an der das Lager gelöst wurde. In Anlehnung an die in Abschn. 6.4 eingeführten Einflusszahlen wollen wir diese Verschiebung im Nullsystem mit α_{10} bezeichnen: $v^{(0)} = \alpha_{10}$. Anschließend wurde das gleiche, statisch bestimmt gelagerte Tragwerk in einem „1"-System *nur* durch eine noch unbekannte Kraft X (statisch Überzählige) an der Stelle belastet, an der wir das Lager entfernt hatten. Die Verschiebung unter der Last X beträgt $v^{(1)} = X\,\alpha_{11}$, wobei α_{11} die Verschiebung unter der Last $X = 1$ ist. Im wirklichen System darf an dem dort vorhandenen Lager keine Verschiebung v auftreten:

$$v = v^{(0)} + v^{(1)} = 0. \tag{6.43}$$

Aus dieser Kompatibilitätsbedingung lässt sich die statisch Überzählige X bestimmen:

$$\alpha_{10} + X\,\alpha_{11} = 0 \quad \rightarrow \quad X = -\frac{\alpha_{10}}{\alpha_{11}}. \tag{6.44}$$

Sinngemäß verfährt man, wenn man einen statisch unbestimmt gelagerten Balken dadurch bestimmt macht, dass man an einer Stelle G ein Gelenk anbringt. Man muss dann als statisch Überzählige X ein Moment einführen. An die Stelle einer Verschiebung v tritt dann in (6.43) der *Winkel* φ_G am Gelenk (vgl. Beispiele 4.11 und 6.12). Auch für ein statisch unbestimmtes Fachwerk mit einem überzähligen Stab („innerlich" statisch unbestimmt) gilt die gleiche Überlegung: der überzählige Stab wird entfernt, und im „0"- und im „1"-System werden die Knotenverschiebungen ermittelt. Die Verträglichkeit entsprechend (6.43) verlangt nun, dass die Abstandsänderung der Knoten, zwischen denen der Stab entfernt wurde, gleich der Längenänderung dieses Stabes ist (keine „Klaffung", vgl. das Anwendungsbeispiel in Abschn. 1.6). Gleichung (6.44) gilt weiter, wobei nun für die α_{ik} die entsprechenden Einflusszahlen des Fachwerks eingesetzt werden müssen (siehe (6.46)).

Wir werden in diesem Abschnitt das Superpositionsprinzip in gleicher Weise anwenden, wobei wir jedoch jetzt die Verschiebungen (bzw. Winkeländerungen, Klaffungen) mit Hilfe des Arbeitssatzes ermitteln wollen.

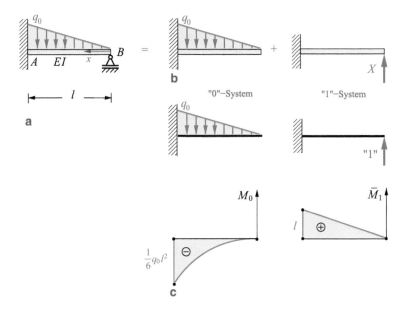

Abb. 6.11   Statisch unbestimmt gelagerter Balken

Als Anwendungsbeispiel betrachten wir den Balken unter einer Dreieckslast nach Abb. 6.11a. Wird das rechte Lager B entfernt und durch die unbekannte Lagerkraft X ersetzt, so entstehen zwei statisch bestimmte Teilsysteme (Abb. 6.11b). Im Hinblick auf die Anwendung des Arbeitssatzes verwenden wir eine geänderte Indizierung: Biegemomente im „0"-System bezeichnen wir jetzt mit M_0, Biegemomente im „1"- System mit $\bar{M}_1$. (In Abschn. 4.5.4 heißen die entsprechenden Größen $M^{(0)}$ und $M^{(1)} = X\bar{M}_1$). Die statisch Überzählige folgt nach (6.44) zu

$$X = -\frac{\alpha_{10}}{\alpha_{11}} = -\frac{\int \frac{\bar{M}_1 M_0}{EI}\,\mathrm{d}x}{\int \frac{\bar{M}_1^2}{EI}\,\mathrm{d}x}. \qquad (6.45)$$

Wenn wir die Koordinate x vom rechten Rand aus zählen, finden wir die Momentenverläufe für das „0"- und das „1"-System (Abb. 6.11c) zu

$$M_0 = -\frac{1}{2}x\left(q_0\frac{x}{l}\right)\frac{x}{3} = -\frac{q_0}{6l}x^3, \quad \bar{M}_1 = x.$$

Damit ergeben sich im Beispiel die Größen

$$\alpha_{10} = \int \frac{\bar{M}_1 M_0}{EI}\, dx = \frac{1}{EI} \int_0^l x \left(-\frac{q_0}{6l} x^3\right) dx = -\frac{q_0\, l^4}{30\, EI},$$

$$\alpha_{11} = \int \frac{\bar{M}_1^2}{EI}\, dx = \frac{1}{EI} \int_0^l x^2\, dx = \frac{l^3}{3\, EI}.$$

(Anstelle der hier durchgeführten Integration hätte man zur Auswertung der Integrale auch die Tab. 6.3 verwenden können.) Mit (6.45) folgt

$$X = B = -\frac{\alpha_{10}}{\alpha_{11}} = \frac{q_0\, l}{10}.$$

Durch Superposition ergibt sich hiermit der Momentverlauf

$$M = M_0 + X\,\bar{M}_1 = -\frac{q_0}{6l} x^3 + \frac{q_0\, l}{10} x.$$

Insbesondere wird das Einspannmoment

$$M_A = M(l) = -\frac{q_0\, l^2}{15}.$$

Wir können diese Aufgabe auch dadurch lösen, dass wir ein „0"-System verwenden, bei dem die Einspannung durch eine gelenkige Lagerung ersetzt wurde. Wir müssen dann im „1"-System am linken Balkenende ein Moment „1" anbringen (Abb. 6.12). Die Momentenverläufe lauten jetzt

$$M_0 = \frac{q_0}{6} l\, x - \frac{q_0}{6l} x^3, \quad \bar{M}_1 = \frac{x}{l}.$$

An der Einspannung muss der Neigungswinkel w'_A verschwinden. Analog zu (6.43) folgt aus dieser Kompatibilitätsbedingung nun das Einspannmoment

$$X = M_A = -\frac{\alpha_{10}}{\alpha_{11}} = -\frac{\int \frac{\bar{M}_1 M_0}{EI}\, dx}{\int \frac{\bar{M}_1^2}{EI}\, dx} = -\frac{\int_0^l \frac{x}{l}\left(\frac{q_0}{6} l\, x - \frac{q_0}{6l} x^3\right) dx}{\int_0^l \left(\frac{x}{l}\right)^2 dx} = -\frac{q_0\, l^2}{15}.$$

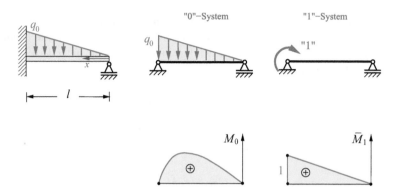

Abb. 6.12 Alternative Lösung

Wenn man ein einfach unbestimmtes *Fachwerk* berechnen will, sind in (6.44)
für α_{10} und α_{11} die Werte einzusetzen, die sich sinngemäß aus (6.30) ergeben:

$$X = -\frac{\sum \frac{\bar{S}_i S_i^{(0)} l_i}{EA_i}}{\sum \frac{\bar{S}_i^2 l_i}{EA_i}} . \tag{6.46}$$

Hierin sind $S_i^{(0)}$ die Stabkräfte im Nullsystem und $\bar{S}_i$ die Stabkräfte im „1"-System.
Treten schließlich in einem Tragwerk Biegemomente, Torsionsmomente und
veränderliche Längskräfte auf, so folgt die statisch Überzählige aus (vgl. (6.14))

$$X = -\frac{\int \frac{\bar{M}_1 M_0}{EI} \, dx + \int \frac{\bar{M}_{T1} M_{T0}}{GI_T} \, dx + \int \frac{\bar{N}_1 N_0}{EA} \, dx}{\int \frac{\bar{M}_1^2}{EI} \, dx + \int \frac{\bar{M}_{T1}^2}{GI_T} \, dx + \int \frac{\bar{N}_1^2}{EA} \, dx} . \tag{6.47}$$

Nachdem man X berechnet hat, kann man alle weiteren Lagerreaktionen, Schnittgrößen und Verschiebungen bestimmen.

Wir wollen nun noch zeigen, wie man bei einem einfach statisch unbestimmten System auch Verschiebungen mit Hilfe des Arbeitssatzes berechnen kann. Wir
erläutern das Verfahren am Balken und wenden hierzu (6.33) auf ein statisch unbestimmtes System an:

$$f = \int \frac{M \bar{M}}{EI} \, dx . \tag{6.48}$$

Hierbei ist M der wirkliche Momentenverlauf im statisch unbestimmten Balken,
den wir zuvor mit Hilfe von (6.45) ermittelt haben: $M = M_0 + X \bar{M}_1$. Der Momentenverlauf $\bar{M}$ gehört zu einer Kraft „1" an der Stelle i, an der wir die Durchbiegung

bestimmen wollen. Da diese Kraft aber nun auch an dem gleichen *statisch unbe-stimmten* System angreift, müssen wir eine zweite statisch unbestimmte Rechnung durchführen. Bezeichnen wir die Überzählige in diesem System unter der Last „1" mit $\bar{X}$, so folgt dann der Momentenverlauf aus

$$\bar{M} = \bar{M}_0 + \bar{X}\bar{M}_1 \,.$$

Dabei ist $\bar{M}_0$ der Momentenverlauf im „0"-System infolge einer Kraft „1" an der Stelle, an der die Durchbiegung gesucht ist. Einsetzen in (6.48) ergibt

$$f = \int \frac{M}{EI} (\bar{M}_0 + \bar{X}\,\bar{M}_1)\,\mathrm{d}x$$

$$= \int \frac{M\bar{M}_0}{EI}\,\mathrm{d}x + \bar{X} \int \frac{M\bar{M}_1}{EI}\,\mathrm{d}x \,.$$

Wegen $M = M_0 + X\bar{M}_1$ verschwindet aber mit (6.45) das zweite Integral:

$$\int \frac{M\bar{M}_1}{EI}\,\mathrm{d}x = \int \frac{M_0\bar{M}_1}{EI}\,\mathrm{d}x + X \int \frac{\bar{M}_1^2}{EI}\,\mathrm{d}x = 0 \,.$$

Es bleibt daher nur das erste Integral, und man erhält die gesuchte Durchbiegung aus

$$f = \int \frac{M\bar{M}_0}{EI}\,\mathrm{d}x \,. \tag{6.49}$$

Dies ist der **Reduktionssatz**: die Verschiebung in einem *statisch unbestimmten* System findet man, indem man den wirklichen Momentenverlauf M im unbe-stimmten System mit dem Momentenverlauf $\bar{M}_0$ infolge einer Kraft „1" für ein beliebig zugeordnetes *statisch bestimmtes* System nach (6.49) koppelt. Die For-mel gilt entsprechend zur Ermittlung einer Verdrehung, wobei ein Moment „1" am statisch bestimmten System angebracht werden muss. Sie kann ferner für Torsion, Längskräfte und Querkräfte angewendet werden, wenn man (6.49) um die entspre-chenden Größen erweitert.

Man kann sich den Reduktionssatz auch anschaulich wie folgt klarmachen: zu-nächst löst man das statisch unbestimmte Problem und berechnet dabei die statisch Überzählige. Dann denkt man sich das statisch unbestimmte System durch ein sta-tisch bestimmtes System ersetzt, an dem neben den gegebenen äußeren Lasten zusätzlich die jetzt bekannte Überzählige (wie eine äußere Last) angreift. Für die-ses *reduzierte* System kann man nun die Verschiebungen an einer beliebigen Stelle nach den Regeln berechnen, die für statisch bestimmte Systeme gelten.

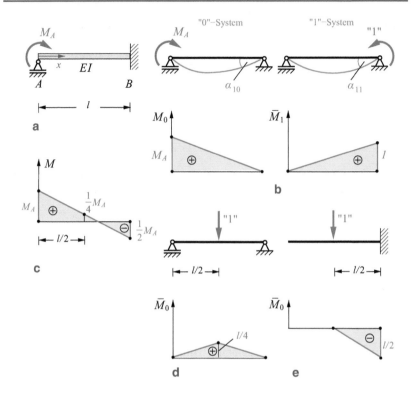

Abb. 6.13 Beispiel zum Reduktionssatz

Als Anwendungsbeispiel für den Reduktionssatz betrachten wir einen Träger unter einem Endmoment M_A nach Abb. 6.13a. Gesucht ist die Durchbiegung in der Mitte. Wir lösen zunächst die statisch unbestimmte Aufgabe durch Zerlegung in ein „0"- und ein „1"-System nach Abb. 6.13b. Da an der Einspannung B die Neigung verschwinden muss, folgt die statisch Überzählige (= Einspannmoment) aus

$$w'_B = \alpha_{10} + X\,\alpha_{11} = 0\,.$$

Die α_{ik} (im Beispiel sind es die Winkel bei B) ergeben sich mit der Koppeltafel zu

$$\alpha_{10} = \int \frac{\bar{M}_1 M_0}{EI}\,\mathrm{d}x = \frac{1}{6}\frac{M_A\,l}{EI}\,, \quad \alpha_{11} = \int \frac{\bar{M}_1^2}{EI}\,\mathrm{d}x = \frac{l}{3\,EI}\,.$$

Hieraus folgt für die statisch Überzählige

$$X = M_B = -\frac{\alpha_{10}}{\alpha_{11}} = -\frac{1}{2} M_A \,,$$

und man erhält den Momentenverlauf (Abb. 6.13c):

$$M = M_0 + X \bar{M}_1 = M_A \left(1 - \frac{x}{l}\right) - \frac{1}{2} M_A \frac{x}{l} = M_A \left(1 - \frac{3}{2} \frac{x}{l}\right) \,.$$

Zur Ermittlung der Durchbiegung f in der Mitte wählen wir als statisch bestimmtes System den Balken auf zwei Stützen nach Abb. 6.13d. Aus (6.49) folgt dann aus der Kopplung von $\bar{M}_0$ und M (Dreiecke mit Trapezen):

$$\begin{aligned}
EI\,f &= \frac{1}{6} s\,i(k_1 + 2k_2) + \frac{1}{6} s\,i(2k_1 + k_2) \\
&= \frac{1}{6} \frac{l}{2} \frac{l}{4} \left(M_A + 2 \cdot \frac{1}{4} M_A\right) \\
&\quad + \frac{1}{6} \frac{l}{2} \frac{l}{4} \left(2 \cdot \frac{1}{4} M_A - \frac{1}{2} M_A\right) = \frac{1}{32} M_A\, l^2 \,.
\end{aligned}$$

Wir hätten als statisch bestimmtes Hilfssystem auch den Kragträger nach Abb. 6.13e wählen können. Aus der Kopplung von $\bar{M}_0$ und M (Dreieck mit Trapez) folgt dann derselbe Wert wie oben:

$$EI\,f = \frac{1}{6} \frac{l}{2} \left(-\frac{l}{2}\right) \left(\frac{1}{4} M_A - 2 \cdot \frac{1}{2} M_A\right) = \frac{1}{32} M_A\, l^2 \,.$$

Zum Abschluss dieses Abschnittes wollen wir noch andeuten, wie der Lösungsweg verläuft, wenn ein System mehrfach statisch unbestimmt ist. Bei *n-fach statisch unbestimmten* Systemen muss man n Bindungen lösen, damit ein statisch bestimmtes „0"-System entsteht. Hinzu treten n verschiedene Hilfssysteme für die n statisch Überzähligen X_i. Die Überzähligen erhält man aus den n Kompatibilitätsbedingungen (vgl. Beispiel 6.12):

$$\begin{aligned}
\alpha_{10} + X_1\,\alpha_{11} + \ldots + X_n\,\alpha_{1n} &= 0\,, \\
\alpha_{20} + X_1\,\alpha_{21} + \ldots + X_n\,\alpha_{2n} &= 0\,, \\
&\cdots\cdots\cdots\cdots\cdots\cdots\cdots \\
\alpha_{n0} + X_1\,\alpha_{n1} + \ldots + X_n\,\alpha_{nn} &= 0\,.
\end{aligned}$$

(6.50)

Dabei folgen die Verformungen im „0"-System aus

$$\alpha_{r0} = \int \frac{\bar{M}_r M_0}{E I} \, dx$$

und die in den Hilfssystemen aus

$$\alpha_{ri} = \int \frac{\bar{M}_r \bar{M}_i}{E I} \, dx \, .$$

Hierbei sind M_0 der Momentenverlauf im „0"-System infolge der gegebenen Lasten und die $\bar{M}_i$ die Momentenverläufe am gleichen System infolge der „1"-Kräfte (Momente) an den Stellen i $(i = 1, 2, \ldots, n)$.

Beispiel 6.9

Für das Fachwerk nach Bild a ermittle man die Stabkräfte. Alle Stäbe haben die gleiche Dehnsteifigkeit $E A$.

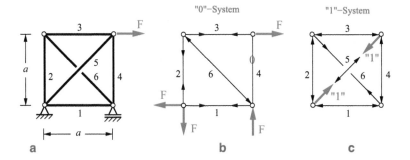

a   b   c

Lösung Das Fachwerk hat $k = 4$ Knoten, $s = 6$ Stäbe und $r = 3$ Lagerreaktionen. Es ist daher nach Band 1, Abschnitt 6.1, einfach statisch unbestimmt: $s + r - 2k = 1$. Ein statisch bestimmtes Grundsystem erhalten wir, indem wir einen Stab „auslösen". Wir wählen den Stab 5 und erhalten dann das „0"-System nach Bild b. Dann belasten wir im „1"-System den Stab 5 durch eine Kraft „1". Die entsprechenden Gegenkräfte wirken auf die Knoten (Bild c). Die Stabkräfte in beiden Systemen können in diesem einfachen Beispiel aus dem Gleichgewicht an den Knoten unmittelbar abgelesen werden. Sie sind zusammen mit den Abmessungen in der Tabelle eingetragen.

i	$S_i^{(0)}$	$\bar{S}_i$	l_i	$\bar{S}_i\,S_i^{(0)}\,l_i$	$\bar{S}_i^2\,l_i$	S_i
1	F	$-1/\sqrt{2}$	a	$-F\,a/\sqrt{2}$	$\frac{1}{2}a$	$+0{,}40\,F$
2	F	$-1/\sqrt{2}$	a	$-F\,a/\sqrt{2}$	$\frac{1}{2}a$	$+0{,}40\,F$
3	F	$-1/\sqrt{2}$	a	$-F\,a/\sqrt{2}$	$\frac{1}{2}a$	$+0{,}40\,F$
4	0	$-1/\sqrt{2}$	a	0	$\frac{1}{2}a$	$-0{,}60\,F$
5	0	1	$\sqrt{2}\,a$	0	$\sqrt{2}\,a$	$+0{,}85\,F$
6	$-\sqrt{2}\,F$	1	$\sqrt{2}\,a$	$-2\,a\,F$	$\sqrt{2}\,a$	$-0{,}56\,F$

Mit $\sum \bar{S}_i\,S_i^{(0)}\,l_i = (-2 - 3/\sqrt{2})\,F\,a$ und $\sum \bar{S}_i^2\,l_i = 2(1 + \sqrt{2})a$ folgt aus (6.46) die unbekannte Stabkraft zu

$$X = \underline{\underline{S_5}} = -\frac{\left(-2 - \dfrac{3}{\sqrt{2}}\right)F\,a}{2(1 + \sqrt{2})\,a} = \frac{3 + 2\sqrt{2}}{2(2 + \sqrt{2})}\,F \approx \underline{\underline{0{,}85\,F}}\,.$$

Die restlichen Stabkräfte ergeben sich aus

$$S_i = S_i^{(0)} + X\,\bar{S}_i\,.$$

Sie sind in der letzten Spalte der Tabelle eingetragen.

Es sei noch darauf hingewiesen, dass bei einem *innerlich* statisch unbestimmten System – wie es in der Aufgabe vorliegt – die Lagerkräfte vorweg berechnet werden können. ◄

Beispiel 6.10

Das Tragwerk nach Bild a besteht aus einem Rahmen (Biegesteifigkeit EI) und zwei Stäben (Dehnsteifigkeit EA). Es wird durch eine Kraft F belastet.

Gesucht sind die Stabkräfte und die Momentenlinie.

Lösung Das Tragwerk ist einfach statisch unbestimmt gelagert. Wir erzeugen ein „0"-System, indem wir das feste Lager C durch ein Rollenlager ersetzen, das in horizontaler Richtung verschieblich ist. Im „0"-System (Bild b) erhalten wir aus den Gleichgewichtsbedingungen

$$C_V^{(0)} = 2\,F\,,\quad S_1^{(0)} = \sqrt{2}\,F\,,\quad S_2^{(0)} = -F\,.$$

Im „1"-System (Bild c) wirkt in C eine horizontale Kraft „1". Wir finden nun aus den Gleichgewichtsbedingungen

$$\bar{C}_V = 1\,,\quad \bar{S}_1 = \sqrt{2}\,,\quad \bar{S}_2 = -2\,.$$

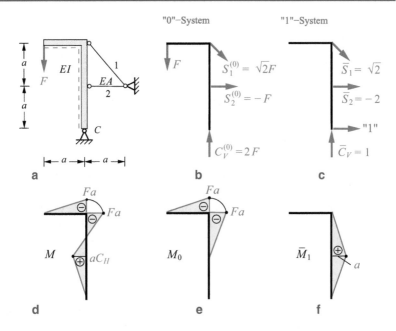

Damit lassen sich die Momentenlinien M_0 und $\bar{M}_1$ bestimmen (Bild e, f). Da das vorliegende Tragwerk aus Balken und Stäben besteht, erhalten wir die statisch Überzählige ($=$ Horizontalkraft C_H) nach (6.47) aus

$$X = C_H = -\frac{\int \dfrac{\bar{M}_1 M_0}{EI}\, dx + \sum \bar{S}_i \dfrac{S_i^{(0)} l_i}{EA}}{\int \dfrac{\bar{M}_1^2}{EI}\, dx + \sum \bar{S}_i^2 \dfrac{l_i}{EA}}\,.$$

Unter Anwendung von Tab. 6.3 für die Momentenverläufe (Dreiecke mit Dreiecken) ergibt sich mit der Abkürzung $\varkappa = EA\,a^2/EI$:

$$
\begin{aligned}
X = C_H &= -\frac{\dfrac{1}{6}a(-F\,a)\dfrac{a}{EI} + \left(\sqrt{2}\sqrt{2}\,F\dfrac{a\sqrt{2}}{EA} + (-2)(-F)\dfrac{a}{EA}\right)}{2\cdot\dfrac{1}{3}a\dfrac{a^2}{EI} + \sqrt{2}\sqrt{2}\dfrac{\sqrt{2}a}{EA} + (-2)(-2)\dfrac{a}{EA}}\\[2mm]
&= \frac{\varkappa - 12(\sqrt{2}+1)}{4\,\varkappa + 12(\sqrt{2}+2)}\,F\,.
\end{aligned}
$$

Damit erhält man die Stabkräfte aus $S_i = S_i^{(0)} + X \bar{S}_i$ zu

$$\underline{\underline{S_1}} = \sqrt{2}\,F + \frac{\varkappa - 12(\sqrt{2}+1)}{4\varkappa + 12(\sqrt{2}+2)}\,\sqrt{2}\,F = \frac{5\sqrt{2}\,\varkappa + 12(\sqrt{2}+1)}{4\varkappa + 12(\sqrt{2}+2)}\,F\,,$$

$$\underline{\underline{S_2}} = -F + \frac{\varkappa - 12(\sqrt{2}+1)}{4\varkappa + 12(\sqrt{2}+2)}\,(-2)\,F = \frac{-6\varkappa + 12\sqrt{2}}{4\varkappa + 12(\sqrt{2}+2)}\,F\,.$$

Aus $M = M_0 + X\,\bar{M}_1$ folgt der in Bild d aufgetragene Momentenverlauf.
Häufig nimmt der Steifigkeitsparameter $\varkappa$ große Werte an. (Sind z. B. Balken
und Stäbe aus gleichem Material und haben ungefähr gleiche Querschnittsflä-
chen, so ist $\varkappa \sim (a/i)^2$. Da aber die Balkenlänge a sehr viel größer ist als der
Trägheitsradius i, gilt dann $\varkappa \gg 1$.) Man kann in diesem Fall mit hinreichender
Genauigkeit den Grenzwert $\varkappa \to \infty$ verwenden und erhält hierfür

$$C_H = \frac{F}{4}\,,\quad C_V = \frac{9}{4}\,F\,,\quad S_1 = \frac{5}{4}\sqrt{2}\,F\,,\quad S_2 = -\frac{3}{2}\,F\,.$$

Dies sind die Lagerreaktionen und Stabkräfte im Sonderfall dehnstarrer Stäbe
$(EA \to \infty)$. ◀

Beispiel 6.11

Der Balken nach Bild a wird durch ein Moment M_D und eine Gleichstreckenlast
q_0 belastet.
Gesucht ist das Einspannmoment M_A.

Lösung Der Gelenkträger ist einfach statisch unbestimmt gelagert (vgl. Band 1,
Abschnitt 5.3.3). Wir wählen das gesuchte Einspannmoment M_A als Überzählige und erhalten daher das „0"-System, indem wir die Einspannung durch ein
gelenkiges Lager ersetzen. Aus den Gleichgewichtsbedingungen für den Ger-
berbalken (Bild b) folgen die Lagerreaktionen zu

$$A^{(0)} = \frac{M_D}{2a}\,,\quad B^{(0)} = \frac{M_D}{a} + \frac{1}{2}q_0\,a\,,\quad C^{(0)} = -\frac{M_D}{2a} + \frac{1}{2}q_0\,a\,.$$

Für die spätere Kopplung ist es zweckmäßig, den zugehörigen Momentenverlauf M_0 für die Lasten M_D und q_0 getrennt aufzutragen (Bild d).

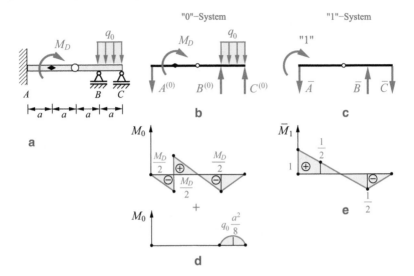

Zu dem Moment „1" gehören im „1"-System (Bild c) die Lagerreaktionen

$$\bar{A} = \frac{1}{2a}, \quad \bar{B} = \frac{1}{a}, \quad \bar{C} = \frac{1}{2a}.$$

In Bild e ist der zugehörige Momentenverlauf $\bar{M}_1$ dargestellt. Die statisch Überzählige ermitteln wir nach (6.44) aus $X = -\alpha_{10}/\alpha_{11}$. Die α_{ik} können wir mit Hilfe von Tab. 6.3 bestimmen. Wir erhalten infolge q_0 (Parabel mit Dreieck)

$$E I \, \alpha_{10q} = \int \bar{M}_1 \, M_{0q} \, \mathrm{d}x = \frac{1}{3} a \left(-\frac{1}{2} \right) \frac{q_0 a^2}{8} = -\frac{1}{48} q_0 a^3 \,,$$

infolge M_D (Dreieck mit Trapez, Dreiecke mit Dreiecken)

$$E I \, \alpha_{10M} = \int \bar{M}_1 \, M_{0M} \, \mathrm{d}x = \frac{1}{6} a \left(-\frac{M_D}{2} \right) \left(1 + 2 \cdot \frac{1}{2} \right) + \frac{1}{3} a \frac{M_D}{2} \frac{1}{2}$$

$$+ \frac{1}{3} a \left(-\frac{M_D}{2} \right) \left(-\frac{1}{2} \right) + \frac{1}{3} a \left(-\frac{M_D}{2} \right) \left(-\frac{1}{2} \right) = \frac{1}{12} M_D \, a \,,$$

infolge „1" (Dreiecke mit Dreiecken)

$$E I \, \alpha_{11} = \int \bar{M}_1^2 \, \mathrm{d}x = \frac{1}{3} \cdot 1 \cdot 1 \cdot 2a + \frac{1}{3} \cdot \frac{1}{2} \cdot \frac{1}{2} \cdot a$$

$$+ \frac{1}{3} \cdot \frac{1}{2} \cdot \frac{1}{2} \cdot a = \frac{5}{6} a \,.$$

Mit $\alpha_{10} = \alpha_{10q} + \alpha_{10M}$ folgt

$$X = \underline{\underline{M_A}} = -\frac{\alpha_{10}}{\alpha_{11}} = -\frac{\dfrac{-q_0 a^3}{48} + \dfrac{1}{12} M_D\, a}{\dfrac{5}{6} a} = \underline{\underline{\frac{q_0 a^2}{40} - \frac{M_D}{10}}}. \quad \blacktriangleleft$$

Beispiel 6.12

Für den Rahmen nach Bild a ermittle man alle Lagerreaktionen (konstante Biegesteifigkeit EI).

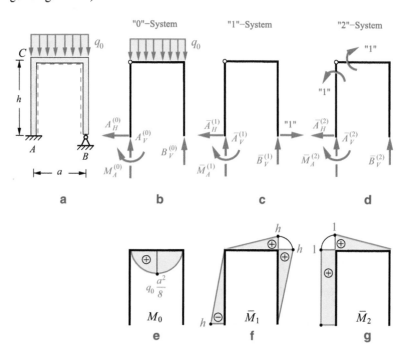

Lösung Am Rahmen treten fünf Lagerreaktionen auf (eine Einspannung, ein Festlager). Er ist daher *zweifach* statisch unbestimmt gelagert. Um ein statisch bestimmtes Grundsystem zu erhalten, ersetzen wir das Festlager in B durch ein Rollenlager, das sich horizontal verschieben kann und bringen außerdem in C ein Gelenk an.

Im „0"-System (Bild b) erhalten wir die Lagerreaktionen

$$A_V^{(0)} = B_V^{(0)} = \frac{q_0\,a}{2}\,, \quad M_A^{(0)} = 0\,, \quad A_H^{(0)} = 0\,.$$

Der zugehörige Momentenverlauf M_0 ist in Bild e aufgetragen. Entsprechend den zwei gelösten Bindungen brauchen wir zwei Hilfssysteme. Im „1"-System bringen wir in B eine horizontale Kraft „1" an (Bild c). Mit den Lagerreaktionen

$$\bar{A}_V^{(1)} = -\bar{B}_V^{(1)} = \frac{h}{a}\,, \quad \bar{M}_A^{(1)} = -h\,, \quad \bar{A}_H^{(1)} = 1$$

lässt sich der Momentenverlauf $\bar{M}_1$ berechnen (Bild f). Im „2"-System greift an der Ecke C ein Schnittmoment „1" an. Es wirkt als inneres Moment auf beide Rahmenteile und dient dazu, die Wirkung des von uns hinzugefügten Gelenks wieder aufzuheben. Mit den Lagerkräften (Bild d)

$$\bar{A}_V^{(2)} = -\bar{B}_V^{(2)} = -\frac{1}{a}\,, \quad \bar{M}_A^{(2)} = 1\,, \quad \bar{A}_H^{(2)} = 0$$

ergibt sich der Momentenverlauf $\bar{M}_2$ nach Bild g.

Die beiden statisch Überzähligen folgen aus zwei Verträglichkeitsbedingungen:

a) am Lager B darf keine horizontale Verschiebung w_B auftreten,
b) in der Ecke C muss der rechte Winkel erhalten bleiben ($\Delta\,w_C' = 0$).

Diese Bedingungen lauten formelmäßig (vgl. (6.50)):

$$w_B = \alpha_{10} + X_1\,\alpha_{11} + X_2\,\alpha_{12} = 0\,,$$
$$\Delta w_C' = \alpha_{20} + X_1\,\alpha_{21} + X_2\,\alpha_{22} = 0\,.$$

Die α_{ik} finden wir mit Hilfe von Tab. 6.3

$$EI\,\alpha_{10} = \int \bar{M}_1\,M_0\,\mathrm{d}x = \frac{1}{3}a\,h\,\frac{q_0\,a^2}{8} = \frac{1}{24}q_0\,a^3\,h\,,$$
$$EI\,\alpha_{20} = \int \bar{M}_2\,M_0\,\mathrm{d}x = \frac{1}{3}a\,\frac{q_0\,a^2}{8} = \frac{1}{24}q_0\,a^3\,,$$

$$EI\,\alpha_{11} = \int \bar{M}_1^2\,dx = \frac{1}{3}(h \cdot h^2 + a\,h^2 + h \cdot h^2) = \frac{h^2}{3}(2\,h + a)\,,$$

$$EI\,\alpha_{22} = \int \bar{M}_2^2\,dx = h + \frac{1}{3}a\,,$$

$$EI\,\alpha_{12} = \int \bar{M}_1\,\bar{M}_2\,dx = \frac{1}{2}(-h)h + \frac{1}{6}a\,h$$

$$= \frac{1}{6}h(a - 3\,h) = EI\,\alpha_{21}\,.$$

Damit folgt das Gleichungssystem

$$\frac{1}{24}q_0\,a^3\,h + X_1\frac{h^2}{3}(2\,h + a) + X_2\frac{1}{6}h(a - 3\,h) = 0\,,$$

$$\frac{1}{24}q_0\,a^3 + X_1\frac{1}{6}h(a - 3\,h) + X_2(h + \frac{1}{3}a) = 0\,.$$

Hieraus findet man die statisch Überzähligen

$$X_1 = B_H = -\frac{1}{4}q_0\,a^3\,\frac{9\,h + a}{15\,h^3 + 26\,a\,h^2 + 3\,h\,a^2}\,,$$

$$X_2 = M_C = -\frac{1}{4}q_0\,a^3\,\frac{7\,h + a}{15\,h^2 + 26\,a\,h + 3\,a^2}\,.$$

Dabei ist M_C das Schnittmoment an der Ecke C. Aus der Superposition aller drei Lastfälle ergeben sich die Lagerreaktionen (mit $A_H^{(0)} = 0$, $M_A^{(0)} = 0$, $A_H^{(2)} = 0$) zu

$$\underline{\underline{A_V}} = A_V^{(0)} + X_1\,\bar{A}_V^{(1)} + X_2\,\bar{A}_V^{(2)} = \frac{15\,h^2 + 25\,a\,h + 3\,a^2}{15\,h^2 + 26\,a\,h + 3\,a^2}\,\frac{q_0\,a}{2}\,,$$

$$\underline{\underline{A_H}} = X_1\,\bar{A}_H^{(1)} = -\frac{1}{4}\frac{9\,h + a}{15\,h^3 + 26\,a\,h^2 + 3\,h\,a^2}\,q_0\,a^3 = \underline{\underline{B_H}}\,,$$

$$\underline{\underline{M_A}} = X_1\,\bar{M}_A^{(1)} + X_2\,\bar{M}_A^{(2)} = \frac{1}{4}\frac{2\,h}{15\,h^2 + 26\,a\,h + 3\,a^2}\,q_0\,a^3\,,$$

$$\underline{\underline{B_V}} = B_V^{(0)} + X_1\,\bar{B}_V^{(1)} + X_2\,\bar{B}_V^{(2)} = \frac{15\,h^2 + 27\,a\,h + 3\,a^2}{15\,h^2 + 26\,a\,h + 3\,a^2}\,\frac{q_0\,a}{2}\,.$$

Die Ergebnisse zeigen, dass im Beispiel die vertikalen Lagerkräfte A_V und B_V sich nur wenig von den Werten $q_0\,a/2$ unterscheiden, die bei statisch bestimmter Lagerung, mit einem Festlager anstatt der Einspannstelle, auftreten. ◀

Zusammenfassung

- Arbeitssatz

$$W = \Pi \,,$$

$W = \frac{1}{2} F f$ Arbeit einer eingeprägten Kraft F am linear-elastischen Stab/Balken (analoges gilt für eingeprägtes Moment),

$\Pi = \frac{1}{2} \int \frac{M^2}{EI} \, dx$ Formänderungsenergie bei Biegung (analoges gilt für Torsion, Zug/Druck).

- Prinzip der virtuellen Kräfte
  - Verschiebung (Verdrehung) unter Biegung (analoges gilt für Torsion und Zug/Druck):

$$f = \int \frac{M \bar{M}}{EI} \, dx \,,$$

M Schnittmoment infolge gegebener Belastung,
$\bar{M}$ Schnittmoment infolge virtueller Kraft (Moment) „1".
Sonderfall Fachwerk:

$$f = \sum \frac{S_i \bar{S}_i l_i}{E A_i} \,.$$

  - Bestimmung der statisch unbestimmten Kraftgröße X beim 1-fach statisch unbestimmten Balken:

$$X = -\frac{\alpha_{10}}{\alpha_{11}} \,, \quad \alpha_{10} = \int \frac{\bar{M}_1 M_0}{EI} \, dx \,, \quad \alpha_{11} = \int \frac{\bar{M}_1^2}{EI} \, dx \,,$$

M_0 Schnittmoment im „0"-System,
$\bar{M}_1$ Schnittmoment im „1"-System.
Bei einem System unter Biegung, Torsion und Zug/Druck müssen die entsprechenden zusätzlichen Terme berücksichtigt werden.

- Einflusszahlen
  - α_{ik} Verschiebung an der Stelle i infolge einer Last „1" an der Stelle k.
  - Vertauschungssatz von Maxwell:

$$\alpha_{ik} = \alpha_{ki} \,.$$

Knickung

7

Inhaltsverzeichnis

▶ **Lernziele** In diesem Kapitel wird die Stabilität von Gleichgewichtslagen druckbelasteter Stäbe behandelt. Wir lernen Methoden kennen, mit denen man die sogenannte **kritische Last** bestimmen kann, bei welcher ein Stab aus der ursprünglichen Gleichgewichtslage ausknickt. Die Leser sollen befähigt werden, Knicklasten selbständig zu bestimmen und die entsprechenden Verfahren richtig anzuwenden.

© Springer-Verlag GmbH Deutschland, ein Teil von Springer Nature 2021
D. Gross et al., *Technische Mechanik 2*, https://doi.org/10.1007/978-3-662-61862-2_7

7.1 Verzweigung einer Gleichgewichtslage

Wenn man einen Stab auf Zug beansprucht, erhält man einen eindeutigen Zusammenhang zwischen äußerer Last und Stabverlängerung (vgl. (1.18)). Dabei sind die Verformungen so klein, dass man die Gleichgewichtsbedingungen am *unverformten* System aufstellen darf. Beim Druckstab braucht dagegen der Zusammenhang zwischen Last und Verformung nicht eindeutig zu sein. Ab bestimmten Drucklasten treten weitere Gleichgewichtslagen auf, die mit seitlichen Ausbiegungen verbunden sind. Diese Erscheinung, die besonders bei schlanken Stäben zu beobachten ist, heißt **Knicken**. Wir wollen im folgenden die zugehörigen Knicklasten berechnen. Dabei muss man die Gleichgewichtsbedingungen nun am *verformten* System aufstellen.

Zur Vorbereitung auf die Behandlung des Knickstabes untersuchen wir zunächst ein einfaches Beispiel. Bereits in Band 1 hatten wir in Beispiel 8.8 bei einem starren Stab mit seitlicher Stützung durch Federn gefunden, dass es unter gewissen Bedingungen bei gleicher Last mehrere Gleichgewichtslagen gibt. Wir betrachten jetzt einen starren Stab unter einer Last F, der am Lager durch eine elastische Drehfeder (Federsteifigkeit c_T) gehalten wird (Abb. 7.1a). Dabei sei vorausgesetzt, dass die vertikale Last bei einer seitlichen Auslenkung vertikal bleibt (die Kraft ist **richtungstreu**). Wir wollen die Gleichgewichtslagen ermitteln und deren Stabilität untersuchen. Hierzu betrachten wir zweckmäßigerweise das Gesamtpotential des Systems. Legen wir das Nullniveau für die potentielle Energie von F auf die Höhe des Lagers, so ist das Gesamtpotential in der um φ ausgelenkten Lage (Abb. 7.1b)

$$\Pi = F\,l\,\cos\varphi + \frac{1}{2}c_T\,\varphi^2\,.$$

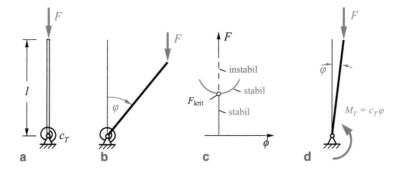

Abb. 7.1 Elastisch gelagerter starrer Stab

Die Gleichgewichtslagen finden wir nach Band 1, Gl. (8.13) aus

$$\Pi' = \frac{\mathrm{d}\Pi}{\mathrm{d}\varphi} = 0 \quad \rightarrow \quad -F\,l\,\sin\varphi + c_T\,\varphi = 0. \tag{7.1}$$

Diese Gleichung ist stets erfüllt für $\varphi = 0$, d. h. unabhängig von den Parametern F, l und c_T erhalten wir als erste Gleichgewichtslage die vertikale Lage

$$\varphi_1 = 0. \tag{7.2}$$

Eine zweite Gleichgewichtslage folgt nach (7.1) aus der Bedingung

$$\frac{\varphi_2}{\sin\varphi_2} = \frac{F\,l}{c_T}. \tag{7.3}$$

Für $\varphi_2 \neq 0$ ist $\varphi_2/\sin\varphi_2 > 1$. Eine ausgelenkte Lage φ_2 kann daher nur für $F\,l/c_T > 1$ auftreten. Für $F\,l/c_T = 1$ wird $\sin\varphi_2 = \varphi_2 = 0$, d. h. beide Gleichgewichtslagen gehen dann ineinander über.

Zur Untersuchung der Stabilität bilden wir die zweite Ableitung des Gesamtpotentials:

$$\Pi'' = \frac{\mathrm{d}^2\Pi}{\mathrm{d}\varphi^2} = -F\,l\,\cos\varphi + c_T. \tag{7.4}$$

Wir setzen zunächst die Lösung $\varphi_1 = 0$ der ersten Gleichgewichtslage ein:

$$\Pi''(\varphi_1) = -F\,l + c_T = c_T\left(1 - \frac{F\,l}{c_T}\right).$$

Das Vorzeichen von Π'' und damit die Stabilität dieser Gleichgewichtslage hängt vom Vorzeichen der Klammer ab. Es folgt daher

$$\Pi''(\varphi_1) > 0 \quad \text{für} \quad \frac{F\,l}{c_T} < 1 \quad \rightarrow \quad \text{stabile Lage},$$

$$\Pi''(\varphi_1) < 0 \quad \text{für} \quad \frac{F\,l}{c_T} > 1 \quad \rightarrow \quad \text{instabile Lage}.$$

Setzen wir den Winkel φ_2 der zweiten Gleichgewichtslage nach (7.3) in (7.4) ein, so wird

$$\Pi''(\varphi_2) = -F\,l\,\cos\varphi_2 + c_T = c_T\left(1 - \frac{\varphi_2}{\tan\varphi_2}\right).$$

Wegen $\varphi_2/\tan \varphi_2 < 1$ gilt stets $\Pi''(\varphi_2) > 0$: die zweite Gleichgewichtslage ist immer stabil.

Der Sonderfall $F\,l/c_T = 1$ (hierzu gehört der Winkel $\varphi_2 = \varphi_1 = 0$) kennzeichnet die **kritische Last**:

$$F_{\text{krit}} = \frac{c_T}{l}\,. \tag{7.5}$$

Wir wollen die Ergebnisse zusammenfassen: wenn man den Stab zunächst durch eine hinreichend kleine Kraft F belastet, so bleibt er in seiner ursprünglich vertikalen Lage $\varphi_1 = 0$ (Abb. 7.1c). Erreicht man bei einer Laststeigerung den Wert F_{krit} nach (7.5), so verzweigt sich von der vertikalen Lage eine zweite Gleichgewichtslage φ_2. Mit weiter wachsender Last werden die Auslenkungen φ_2 immer größer, und es gibt für $F > F_{\text{krit}}$ drei mögliche Lagen: eine instabile Lage $\varphi_1 = 0$ und zwei stabile Lagen $\pm\varphi_2$ (da $\varphi_2/\sin \varphi_2$ eine gerade Funktion ist, hat (7.3) neben φ_2 gleichberechtigt die Lösung $-\varphi_2$). Für die praktische Anwendung interessiert meist nur die kritische Last, da bei Überschreiten von F_{krit} sehr rasch große Auslenkungen auftreten.

Die kritische Last kann man auch aus Gleichgewichtsbetrachtungen (ohne Potential) direkt erhalten. Man muss hierzu eine ausgelenkte Lage betrachten, die der ursprünglichen, vertikalen Gleichgewichtslage infinitesimal benachbart ist. Der Stab fängt unter der kritischen Last gerade an, zur Seite auszuweichen und ist in einer infinitesimal ausgelenkten Lage $\varphi \neq 0$ ebenfalls im Gleichgewicht. Aus dem Momentengleichgewicht um das Lager (Abb. 7.1d) erhält man für kleine φ den Wert nach (7.5):

$$F\,l\,\varphi = c_T\,\varphi \quad \rightarrow \quad F = F_{\text{krit}} = \frac{c_T}{l}\,.$$

Die Vorgehensweise lässt sich verallgemeinern. Will man für ein beliebiges Tragwerk die kritische Last ermitteln, so muss man es aus seiner ursprünglich stabilen Gleichgewichtslage infinitesimal auslenken. Wenn es neben der Ausgangslage eine unmittelbar benachbarte Gleichgewichtslage gibt, so ist die hierzu gehörige Belastung gerade die kritische Last.

7.2 Der Euler-Stab

Im vorhergehenden Abschnitt haben wir einen starren Stab betrachtet. Wir wollen nun einen elastischen Stab untersuchen; er kann sich infolge seiner Elastizität verformen. Als erstes Beispiel wählen wir den beiderseits gelenkig gelagerten Stab nach Abb. 7.2a, der durch eine Druckkraft F belastet wird. Wir setzen voraus, dass

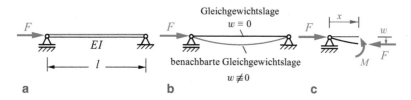

Abb. 7.2 Beiderseits gelenkig gelagerter elastischer Stab

der unbelastete Stab exakt gerade ist und dass die äußere Last im Schwerpunkt des Querschnitts angreift. Unter der kritischen Last existiert neben der ursprünglichen Lage eine benachbarte Gleichgewichtslage mit seitlicher Auslenkung $w \neq 0$ (Abb. 7.2b). Um F_{krit} zu ermitteln, müssen wir die Gleichgewichtsbedingungen für die ausgelenkte Lage, d. h. am verformten Körper aufstellen. Dabei kann die Längenänderung des Stabes vernachlässigt werden. Schneidet man hierzu an einer Stelle x (Abb. 7.2c), so folgt aus dem Momentengleichgewicht am verformten Stab (unter horizontaler Last tritt im Lager keine vertikale Lagerreaktion auf):

$$M = F\,w\,. \tag{7.6}$$

Einsetzen in das Elastizitätsgesetz $E I\,w'' = -M$ für den schubstarren Biegebalken liefert

$$E I\,w'' = -F\,w$$

oder

$$E I\,w'' + F\,w = 0\,. \tag{7.7a}$$

Mit der Abkürzung

$$\lambda^2 = F/E I$$

lautet diese **Knickgleichung**

$$w'' + \lambda^2\,w = 0\,. \tag{7.7b}$$

Dies ist eine homogene Differentialgleichung zweiter Ordnung mit konstanten Koeffizienten. Sie hat die allgemeine Lösung

$$w = A\cos\lambda\,x + B\sin\lambda\,x\,. \tag{7.8}$$

Die beiden Integrationskonstanten A und B müssen aus Randbedingungen ermittelt werden. An den Lagern $(x = 0, l)$ verschwinden die Durchbiegungen:

$$w(0) = 0 \quad \rightarrow \quad A = 0,$$

$$w(l) = 0 \quad \rightarrow \quad B \sin \lambda l = 0.$$

Die zweite Gleichung hat neben der trivialen Lösung $B = 0$ (keine Auslenkung) die Lösung

$$\sin \lambda l = 0 \quad \rightarrow \quad \lambda_n l = n\pi \quad \text{mit} \quad n = 1, 2, 3, \dots. \tag{7.9}$$

Demnach gibt es eine Reihe ausgezeichneter Werte λ_n und damit ausgezeichneter Werte F, für die eine ausgelenkte Lage möglich ist. Man nennt sie die **Eigenwerte** des Problems. Dabei müssen wir den Wert $n = 0$ ausschließen, da dann λ und damit auch F ebenfalls verschwinden.

Technisch interessant ist nur der kleinste (von Null verschiedene) Eigenwert λ_1, da unter der ihm zugeordneten Last der Stab erstmals seitlich ausweicht, d. h. knickt. Man findet daher die **Knicklast** F_{krit} aus $\lambda_1 l = \pi$ zu

$$F_{\text{krit}} = \lambda_1^2 E I = \pi^2 \frac{E I}{l^2}. \tag{7.10}$$

Nach (7.8) ist dieser kritischen Last wegen $A = 0$ eine **Knickform**

$$w_1 = B \sin \lambda_1 x = B \sin \pi \frac{x}{l}$$

zugeordnet. Der Stab knickt in Form einer Sinus-Halbwelle aus, wobei die Amplitude B unbestimmt bleibt. Man nennt solch eine Lösung eine **Eigenform**.

Wenn man wissen will, wie weit sich der Stab nach Überschreiten der Knicklast ausbiegt, muss man die Hypothese kleiner Auslenkungen fallen lassen und eine **Theorie höherer Ordnung** aufstellen (siehe Band 4, Abschn. 5.4.4). Im Rahmen dieses Grundkurses können wir hierauf nicht eingehen.

Mit Hilfe der Differentialgleichung (7.7a) und ihrer Lösung (7.8) lässt sich nur das Knicken eines gelenkig gelagerten Balkens beschreiben. Um die Knicklasten von Stäben für beliebige Lagerungen bestimmen zu können, müssen wir eine allgemeine Knickgleichung ableiten. Dabei ist zu beachten, dass dann auch Querkräfte auftreten können. Wir schneiden ein Balkenelement dx in der ausgeknickten Lage $w \neq 0$ nach Abb. 7.3a aus dem Balken und tragen alle Schnittkräfte ein (Abb. 7.3b). Beim Aufstellen der Gleichgewichtsbedingungen am verformten Element wird vorausgesetzt, dass die Verformungen klein sind; insbesondere ist der

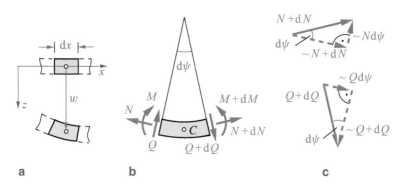

Abb. 7.3 Gleichgewicht am Element

Neigungswinkel $w' = -\psi$ klein, und die Länge des verformten Elementes stimmt näherungsweise mit der des unverformten überein. Unter Beachtung der Komponenten $N\,\mathrm{d}\psi$ bzw. $Q\,\mathrm{d}\psi$, die infolge der unterschiedlichen Richtungen von N bzw. Q auf beiden Schnittufern entstehen (vgl. Abb. 7.3c), lauten die Gleichgewichtsbedingungen

$$\rightarrow: \quad \mathrm{d}N + Q\,\mathrm{d}\psi = 0\,,$$

$$\downarrow: \quad \mathrm{d}Q - N\,\mathrm{d}\psi = 0\,,$$

$$\overset{\frown}{C}: \quad \mathrm{d}M - Q\,\mathrm{d}x = 0\,.$$

Setzt man die dritte Gleichung in die erste Gleichung ein, so erhält man unter Verwendung des Elastizitätsgesetzes nach (4.24):

$$\frac{\mathrm{d}N}{\mathrm{d}x} = -Q\,\frac{\mathrm{d}\psi}{\mathrm{d}x} = -\frac{\mathrm{d}M}{\mathrm{d}x}\frac{\mathrm{d}\psi}{\mathrm{d}x} = -\frac{\mathrm{d}}{\mathrm{d}x}\left(EI\,\frac{\mathrm{d}\psi}{\mathrm{d}x}\right)\frac{\mathrm{d}\psi}{\mathrm{d}x}\,.$$

Auf der rechten Seite dieser Gleichung steht ein Produkt von Verformungsgrößen. Dieses ist bei kleinen Verformungen „klein von höherer Ordnung". Wir können daher diesen Ausdruck vernachlässigen und erhalten somit $\mathrm{d}N/\mathrm{d}x = 0$. Daraus folgt unter Beachtung, dass eine äußere Drucklast F von N übertragen wird:

$$N = \mathrm{const} = -F\,. \tag{7.11}$$

Setzt man dieses Ergebnis in die zweite Gleichgewichtsbedingung ein, so erhält man mit $Q = \mathrm{d}M/\mathrm{d}x$, $M = EI\,\mathrm{d}\psi/\mathrm{d}x$ und der kinematischen Beziehung

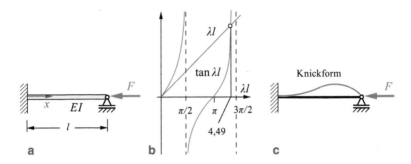

Abb. 7.4 Euler-Fall III

$\psi = -w'$ die Differentialgleichung

$$(E I \, w'')'' + F \, w'' = 0 \, . \tag{7.12}$$

Es sei angemerkt, dass man (7.12) auch durch zweimaliges differenzieren von (7.7a) erhält. Für konstante Biegesteifigkeit EI folgt hieraus mit $\lambda^2 = F/EI$ die Knickgleichung

$$w^{IV} + \lambda^2 \, w'' = 0 \, . \tag{7.13}$$

Diese Gleichung ist wie die Differentialgleichung der Biegelinie (4.34b) von vierter Ordnung. Die allgemeine Lösung von (7.13) lautet

$$w = A \cos \lambda \, x + B \sin \lambda \, x + C \, \lambda \, x + D \, . \tag{7.14}$$

Dabei wurde in der dritten Teillösung ein Faktor λ abgespalten, damit alle Konstanten A bis D die gleiche Dimension haben.

Die vier Integrationskonstanten folgen aus jeweils zwei Randbedingungen an den beiden Rändern. Wir führen den Rechengang am statisch unbestimmt gelagerten Stab nach Abb. 7.4a vor. Aus (7.14) findet man zunächst

$$w' = -A \, \lambda \sin \lambda \, x + B \, \lambda \cos \lambda \, x + C \, \lambda \, ,$$
$$w'' = -A \, \lambda^2 \cos \lambda \, x - B \, \lambda^2 \sin \lambda \, x \, .$$

Zählt man x von der Einspannung her, so folgt aus den Randbedingungen unter Verwendung von $EI\,w'' = -M$:

$$
\begin{aligned}
w(0) &= 0 & &\to & A + D &= 0\,, \\
w'(0) &= 0 & &\to & B + C &= 0\,, \\
w(l) &= 0 & &\to & A\cos\lambda\,l + B\sin\lambda\,l + C\,\lambda\,l + D &= 0\,, \\
M(l) &= 0 & &\to & A\cos\lambda\,l + B\sin\lambda\,l &= 0\,.
\end{aligned}
\tag{7.15}
$$

Eliminiert man in der dritten Gleichung C und D mit Hilfe der ersten beiden Gleichungen, so erhält man für A und B das Gleichungssystem

$$
\begin{aligned}
(\cos\lambda\,l - 1)A + (\sin\lambda\,l - \lambda\,l)B &= 0\,, \\
\cos\lambda\,l\,A + \sin\lambda\,l\,B &= 0\,.
\end{aligned}
\tag{7.16}
$$

Dieses homogene Gleichungssystem hat nur dann eine nichttriviale Lösung, wenn die Koeffizientendeterminante Δ verschwindet:

$$
\Delta = (\cos\lambda\,l - 1)\sin\lambda\,l - \cos\lambda\,l\,(\sin\lambda\,l - \lambda\,l) = 0\,.
$$

Auflösen ergibt

$$
\lambda\,l\cos\lambda\,l - \sin\lambda\,l = 0 \quad \to \quad \tan\lambda\,l = \lambda\,l\,.
\tag{7.17}
$$

Diese transzendente Gleichung lässt sich z. B. graphisch auswerten (Abb. 7.4b), und man erhält den kleinsten Eigenwert $\lambda_1\,l \approx 4{,}49$. Damit wird die Knicklast

$$
F_{\text{krit}} = \lambda_1^2\,EI = (4{,}49)^2\,\frac{EI}{l^2}\,.
\tag{7.18}
$$

Mit (7.17) erhält man aus (7.15) $B = -A/\lambda\,l, C = -B = A/\lambda\,l$ und $D = -A$. Einsetzen in (7.14) liefert die Knickform (Eigenform)

$$
w = A\left(\cos\lambda\,x - \frac{\sin\lambda\,x}{\lambda\,l} + \frac{x}{l} - 1\right)\,.
$$

Sie ist in Abb. 7.4c für $\lambda = \lambda_1$ dargestellt.

Es gibt beim Stab vier technisch wichtige Lagerungen, denen unterschiedliche Knicklasten zugeordnet sind. Nach Leonhard Euler (1707–1783), der als Erster das Knicken von Stäben untersucht hat, nennt man sie die vier **Eulerschen Knicklasten**. In Abb. 7.5 sind für die vier Fälle Knicklasten und Knickformen angegeben.

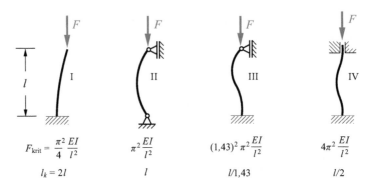

Abb. 7.5 Euler-Fälle

Man erkennt an den Knickformen, dass sich die Fälle I, II und IV ineinander überführen lassen. So ist z. B. die Viertelsinuswelle des ersten Euler-Falles in der Halbsinuswelle des zweiten Euler-Falles gerade zweimal enthalten. Ersetzt man daher in der Knicklast für den Fall II die Länge l durch $2\,l$, so erhält man gerade die Knicklast für den einseitig eingespannten Balken der Länge l (Fall I). Man kann daher durch Einführen so genannter **Knicklängen** l_k die kritischen Lasten stets in Analogie zum zweiten Euler-Fall in folgender Form schreiben:

$$F_{\text{krit}} = \pi^2 \frac{E\,I}{l_k^2}\,. \tag{7.19}$$

Die Knicklängen sind in Abb. 7.5 für die vier Fälle angegeben.

Bisher haben wir stets vorausgesetzt, dass sich der Werkstoff bis zum Knicken linear elastisch verhält. Bei dickeren Stäben kann die kritische Last und damit die Spannung so groß werden, dass beim Knicken die Elastizitätsgrenze überschritten wird und man dann eine Plastifizierung des Werkstoffes bei der Rechnung berücksichtigen muss. Im Rahmen dieser Einführung können wir hierauf nicht eingehen. Auch können wir weitere Stabilitätsprobleme wie Knicken unter Torsion (Drillknicken) oder Knicken von Balken mit schmalem, hohem Querschnitt unter Querlast (Kippen) hier nicht behandeln. Weiterhin verzichten wir auf eine Darstellung der Energiemethode. Mit ihr kann man – analog zum Vorgehen in Abschn. 7.1 – aus Änderungen des Gesamtpotentials (Potential der äußeren Last und innere elastische Energie) kritische Lasten berechnen.

Zum Abschluss sei ausdrücklich bemerkt, dass man bei Stabilitätsnachweisen die durch Vorschriften festgelegten Sicherheitsbeiwerte beachten muss. So kann ein Stab z. B. infolge von Imperfektionen (z. B. Abweichungen von der exakt gerade angenommenen Stabachse) oder bei exzentrischem Lastangriff schon bei Lasten unterhalb von F_{krit} unzulässig große Durchbiegungen erfahren.

Beispiel 7.1

Für den abgebildeten links gelenkig gelagerten und rechts elastisch eingespannten Stab (Drehfedersteifigkeit c_T) ermittle man die Knickbedingung. Wie groß ist die kritische Last für $c_T\, l/EI = 10$?

Lösung Wir zählen die Koordinate x vom linken Lager. Die allgemeine Lösung der Knickgleichung lautet nach (7.14)

$$w = A \cos \lambda x + B \sin \lambda x + C \lambda x + D \,.$$

Die vier Integrationskonstanten werden aus den vier Randbedingungen ermittelt:

$$
\begin{aligned}
w(0) &= 0 &&\rightarrow\quad A + D = 0 \left.\vphantom{\begin{array}{c}a\\b\end{array}}\right\}\\
M(0) &= 0 &&\rightarrow\quad \lambda^2 A = 0 \qquad \rightarrow\quad A = D = 0\,,\\
w(l) &= 0 &&\rightarrow\quad B \sin \lambda l + C \lambda l = 0\,,\\
M(l) &= c_T\, w'(l) &&\rightarrow\quad EI\,\lambda^2 B \sin \lambda l = c_T\, \lambda (B \cos \lambda l + C)\,.
\end{aligned}
$$

Elimination von C führt auf die Eigenwertgleichung

$$\left(EI\,\lambda^2 + \frac{c_T}{l}\right)\sin \lambda l - c_T\, \lambda \cos \lambda l = 0$$

$$\rightarrow\quad \tan \lambda l = \frac{\frac{c_T\, l}{EI}(\lambda l)}{(\lambda l)^2 + \frac{c_T\, l}{EI}}\,. \tag{a}$$

Mit dem gegebenen Steifigkeitsverhältnis $c_T\, l/EI = 10$ ergibt die numerische Auswertung für den kleinsten Eigenwert $\lambda_1 l = 4{,}132$ und damit die kritische

Last

$$F_{\underline{\underline{krit}}} = \lambda_1^2\, E\,I = 17{,}07\frac{E\,I}{l^2} = \underline{\underline{(1{,}31)^2\pi^2\frac{E\,I}{l^2}}}\,.$$

In der Knickbedingung (a) enthalten sind die beiden Grenzfälle

a) $c_T = 0$ (entspricht gelenkiger Lagerung)

$$\tan\lambda\,l = 0 \quad\rightarrow\quad F_{\mathrm{krit}} = \pi^2\frac{E\,I}{l^2} \quad \text{(zweiter Euler-Fall)},$$

b) $c_T \rightarrow \infty$ (entspricht starrer Einspannung)

$$\tan\lambda\,l = \lambda\,l \quad\rightarrow\quad F_{\mathrm{krit}} = (1{,}43)^2\pi^2\frac{E\,I}{l^2} \quad \text{(dritter Euler-Fall).} \blacktriangleleft$$

Beispiel 7.2

Der skizzierte, spannungsfrei gelagerte Stab wird gleichförmig erwärmt. Bei welcher Temperaturerhöhung ΔT knickt der Stab?

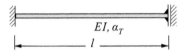

Lösung Wenn man einen freien Stab erwärmt, tritt eine Wärmedehnung ε_T nach (1.10) auf. Im Beispiel kann sich der Stab wegen der beidseitigen Lagerung nicht dehnen. Die Wärmedehnung ε_T muss daher durch eine Stauchung infolge einer Spannung σ_T aufgehoben werden. Aus (1.12) folgt für $\varepsilon = 0$ die Wärmespannung

$$\sigma_T = -E\,\alpha_T\,\Delta T\,.$$

Aus ihr resultiert eine Druckkraft

$$F = \sigma_T\,A = E\,A\,\alpha_T\,\Delta T\,.$$

Wir finden daher die kritische Temperaturerhöhung, indem wir einen Stab unter dieser Druckkraft untersuchen.

Nach (7.14) lautet die allgemeine Lösung für den Knickstab

$$w = A^* \cos \lambda\, x + B \sin \lambda\, x + C\, \lambda\, x + D\,.$$

(Um eine Verwechslung mit der Querschnittsfläche A zu vermeiden, wurde die erste Integrationskonstante mit einem * versehen.) Zählt man x vom linken Lager, so findet man mit $\lambda^2 = F/E I$ aus den Randbedingungen

$$
\begin{aligned}
w(0) &= 0 &&\rightarrow& A^* + D &= 0\,,\\
w'(0) &= 0 &&\rightarrow& B + C &= 0\,,\\
w'(l) &= 0 &&\rightarrow& -A^* \sin \lambda\, l + B \cos \lambda\, l + C &= 0\,,\\
Q(l) &= 0 &&\rightarrow& -A^* \sin \lambda\, l + B \cos \lambda\, l &= 0\,.
\end{aligned}
$$

Nach Einsetzen von $C = -B$ lauten die letzten zwei Gleichungen

$$\sin \lambda\, l\, A^* - (\cos \lambda\, l - 1)B = 0\,,$$
$$\sin \lambda\, l\, A^* - \cos \lambda\, l\, B = 0\,.$$

Dieses homogene Gleichungssystem hat eine nichttriviale Lösung, wenn die Koeffizientendeterminante verschwindet: $\sin \lambda\, l = 0$. Aus dem kleinsten Eigenwert $\lambda_1 = \pi/l$ erhält man die Knicklast

$$F_{\text{krit}} = \pi^2 \frac{E I}{l^2}\,.$$

Führt man mit $i^2 = I/A$ den Trägheitsradius ein, so findet man für die kritische Temperaturerhöhung

$$\underline{\underline{\Delta T_{\text{krit}}}} = \frac{F_{\text{krit}}}{E A\, \alpha_T} = \pi^2 \left(\frac{i}{l}\right)^2 \frac{1}{\alpha_T}\,.$$

Sie hängt hiernach nicht vom Elastizitätsmodul ab. Um eine Vorstellung von der Größenordnung der Temperatur zu bekommen, die zum Knicken führt, betrachten wir einen Stahlstab ($\alpha_T = 1{,}2 \cdot 10^{-5}/°\mathrm{C}$) mit einem Schlankheitsgrad $l/i = 100$. Er knickt bei einer Temperaturerhöhung $\Delta T_{\text{krit}} \approx 80\,°\mathrm{C}$. ◄

Zusammenfassung

- Bei der *kritischen Last* F_{krit} existiert neben der ursprünglich geraden Ausgangslage eine infinitesimal benachbarte Lage.
- Bei einem System aus *starren* Stäben und Federn kann die kritische Last auf zwei Arten bestimmt werden:
  1. Ermittlung der Stabilität der Ausgangslage durch Untersuchung des Gesamtpotentials Π des Systems (Energiemethode, meist aufwändig).
  2. Aufstellung der Gleichgewichtsbedingungen für infinitesimal benachbarte Lage (Gleichgewichtsmethode, meist zweckmäßig).
- Knickgleichung des *elastischen* Stabes:

$$(E I \, w'')'' + F \, w'' = 0 \, .$$

- Sonderfall $E I = \text{const}$:

$$w^{IV} + \lambda^2 \, w'' = 0 \, , \quad \lambda^2 = F/E I \, .$$

Allgemeine Lösung:

$$w = A \cos \lambda x + B \sin \lambda x + C \lambda x + D \, .$$

Die Randbedingungen führen auf ein homogenes Gleichungssystem für die vier Integrationskonstanten. Durch Nullsetzen der Koeffizientendeterminante erhält man die Eigenwertgleichung zur Bestimmung der λ_i. Der kleinste von Null verschiedene Eigenwert λ_{min} liefert die kritische Last F_{krit}.

- Beidseits gelenkig gelagerter gleichförmiger Stab (2. Euler-Fall):

$$F_{krit} = \pi^2 \, \frac{E I}{l^2} \, .$$

- Die kritische Last eines Druckstabes mit beliebigen Randbedingungen lässt sich wie die Knicklast für den 2. Euler-Fall schreiben, wenn man die Stablänge l durch die *Knicklänge* l_k ersetzt.

Verbundquerschnitte

<h1 style="text-align:right">8</h1>

Inhaltsverzeichnis

► **Lernziele** In der Praxis kommen häufig Stäbe und Balken aus Verbundmaterial zur Anwendung, deren Querschnitte aus Schichten verschiedener Materialien bestehen. Die Studierenden sollen lernen, wie man in diesem Fall die Grundgleichungen für Zug/Druck bzw. für Biegung verallgemeinert und wie man Spannungen sowie Verformungen bei konkreten Problemen zweckmäßig bestimmt.

© Springer-Verlag GmbH Deutschland, ein Teil von Springer Nature 2021   253
D. Gross et al., *Technische Mechanik 2*, https://doi.org/10.1007/978-3-662-61862-2_8

8.1 Einleitung

In Kap. 1 haben wir die Zug- und Druckbeanspruchung von Stäben und in Kap. 4 die Biegung von Balken behandelt. Als ein wesentliches Ergebnis erhielten wir Beziehungen zur Ermittlung der Spannungen und Deformationen infolge von Normalkraft und Biegemoment. Dabei wurde immer vorausgesetzt, dass die Stäbe oder Balken aus einem Material bestehen, dessen Elastizitätsmodul über die Querschnittsfläche konstant ist.

In vielen Ingenieuranwendungen werden jedoch Bauteile eingesetzt, die aus verschiedenen Materialien bestehen. So werden z. B. im Brückenbau oft Konstruktionen verwendet, bei denen die Träger aus Stahlprofilen und die Fahrbahndecken aus Stahlbeton bestehen. In zahlreichen High-Tech Anwendungen des Maschinenbaus, des Flugzeugbaus oder der Elektronik (Chips) kommen Bauteile zum Einsatz, die aus einem Verbund von Schichten verschiedener Materialien (Schichtverbunde) oder aus einem Verbund von z. B. hochfesten Fasern und einem Matrixmaterial (Faserverbundmaterialien) bestehen. Die Querschnitte entsprechend aufgebauter Stäbe und Balken nennt man **Verbundquerschnitte**. Auf sie lassen sich die Formeln aus den Kap. 1 und 4 für homogene Materialien nicht unmittelbar anwenden. Wie diese für Verbundquerschnitte erweitert werden müssen, wollen wir im folgenden behandeln. Dabei beschränken wir uns auf Stäbe und Balken mit einfach symmetrischen Querschnitten. Als wichtige Annahme setzen wir zudem einen **idealen Verbund** voraus: an der Grenzfläche (Verbundfuge) sind die beiden Materialien fest miteinander verbunden und können sich nicht gegeneinander verschieben (kein Schlupf).

8.2 Zug und Druck in Stäben

Abb. 8.1a zeigt als Beispiel den Verbundquerschnitt eines Stabes, der aus zwei Materialien mit den Elastizitätsmoduli E_1 und E_2 besteht. Er setzt sich aus den Teilflächen A_1 und A_2 zusammen. Im folgenden wollen wir die Spannungen in den Teilquerschnitten und die Deformation infolge einer Zug/Druck-Beanspruchung bestimmen.

Wird der Stab durch eine Normalkraft N so belastet, dass er gerade bleibt (keine Krümmung), dann erfahren alle Punkte eines Querschnitts die gleiche Verschiebung $u(x)$ in Längsrichtung. Deshalb ist auch die Dehnung $\varepsilon(x) = u'(x)$ über den gesamten Querschnitt konstant (Abb. 8.1b).

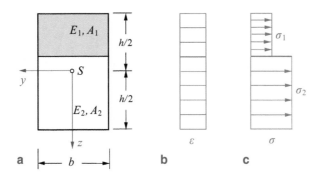

Abb. 8.1 Verbundquerschnitt unter Zug

Mit dem Elastizitätsgesetz (1.8) gilt damit für die Spannungen in den beiden Teilquerschnitten

$$\sigma_1 = E_1\,\varepsilon, \quad \sigma_2 = E_2\,\varepsilon. \tag{8.1}$$

Sie sind wegen $E_1 \neq E_2$ in den beiden Bereichen verschieden, aber bereichsweise konstant (Abb. 8.1c). Die resultierende Normalkraft ergibt sich durch Integration der Spannungen über den Verbundquerschnitt:

$$N = \underbrace{\int_A \sigma\,\mathrm{d}A = \int_{A_1} \sigma\,\mathrm{d}A}_{N_1} + \underbrace{\int_{A_2} \sigma\,\mathrm{d}A}_{N_2}. \tag{8.2}$$

Dabei sind N_1 und N_2 die in den Flächen A_1 und A_2 wirkenden Teilkräfte. Mit $N_1 = \sigma_1\,A_1$ und $N_2 = \sigma_2\,A_2$ sowie (8.1) folgt aus (8.2)

$$N = N_1 + N_2 = (E_1\,A_1 + E_2\,A_2)\,\varepsilon. \tag{8.3}$$

Führen wir nun die Dehnsteifigkeit

$$\overline{EA} = E_1\,A_1 + E_2\,A_2 \tag{8.4}$$

des Verbundstabes ein, dann folgt für die Dehnung

$$\varepsilon = \frac{N}{\overline{EA}}. \tag{8.5}$$

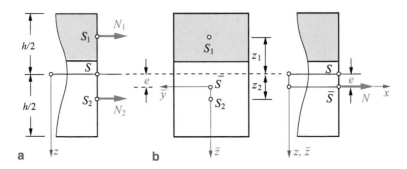

Abb. 8.2 Ideeller Schwerpunkt

Dies ist das Elastizitätsgesetz für den Stab mit Verbundquerschnitt. Es unterscheidet sich vom Elastizitätsgesetz (1.14) für den homogenen Stab nur durch die Dehnsteifigkeit $\overline{EA}$. Für die Spannungen (8.1) folgt damit

$$\sigma_1 = N \frac{E_1}{\overline{EA}}, \quad \sigma_2 = N \frac{E_2}{\overline{EA}}. \tag{8.6}$$

Die Normalkräfte N_1, N_2 in den Teilquerschnitten ergeben sich zu

$$N_1 = \sigma_1 A_1 = N \frac{E_1 A_1}{\overline{EA}}, \quad N_2 = \sigma_2 A_2 = N \frac{E_2 A_2}{\overline{EA}}. \tag{8.7}$$

Die Normalkraft N teilt sich also im Verhältnis der Dehnsteifigkeiten auf die Teilquerschnitte auf; die Normalkräfte N_1 und N_2 greifen in den Flächenschwerpunkten S_1 und S_2 der Teilflächen an (Abb. 8.2a).

Es ist meist zweckmäßig, die Beziehungen (8.6) und (8.7) für die Spannungen und die Normalkräfte in einer anderen Form darzustellen. Dazu führen wir die Wichtungen n_i der Elastizitätsmoduli mit E_1 als Bezugswert, d. h.

$$n_1 = \frac{E_1}{E_1} = 1, \quad n_2 = \frac{E_2}{E_1}, \tag{8.8}$$

sowie die **ideelle Querschnittsfläche**

$$\bar{A} = n_1 A_1 + n_2 A_2 \tag{8.9}$$

ein. Damit lässt sich die Dehnsteifigkeit (8.4) in der Form

$$\overline{EA} = E_1(n_1 A_1 + n_2 A_2) = E_1 \bar{A} \tag{8.10}$$

schreiben, und für die Spannungen (8.6) in den Teilquerschnitten erhält man

$$\sigma_1 = n_1 \frac{N}{A}, \quad \sigma_2 = n_2 \frac{N}{A}. \tag{8.11}$$

Es bietet sich außerdem an, in Analogie zu (1.1) die **ideelle Spannung**

$$\bar{\sigma} = \frac{N}{\bar{A}} \tag{8.12}$$

einzuführen. Mit ihr ergeben sich die tatsächlichen Spannungen in den Teilquerschnitten zu

$$\sigma_i = n_i \, \bar{\sigma} . \tag{8.13}$$

Für die Normalkräfte $N_i = \sigma_i A_i$ in den Teilquerschnitten folgt mit (8.13) und (8.12)

$$N_1 = N \, n_1 \frac{A_1}{\bar{A}}, \quad N_2 = N \, n_2 \frac{A_2}{\bar{A}}. \tag{8.14}$$

Abschließend bestimmen wir die Lage der Wirkungslinie der resultierenden Normalkraft $N = N_1 + N_2$. Sie ist durch den Kräftemittelpunkt der parallelen Kräfte N_1 und N_2 (Abb. 8.2a, siehe auch Kräftemittelpunkt, Band 1, Abschnitt 4.1) gegeben. Diesen bezeichnen wir als **ideellen Schwerpunkt** $\bar{S}$ (Abb. 8.2b). Zu seiner Berechnung wählen wir als Bezugspunkt den Flächenschwerpunkt S auf der Symmetrieachse. Die in den Abb. 8.2a,b dargestellten Kraftsysteme sind statisch äquivalent. Somit gilt mit den Bezeichnungen nach Abb. 8.2b

$$N e = N_1 z_1 + N_2 z_2 \quad \rightarrow \quad e = \frac{N_1}{N} z_1 + \frac{N_2}{N} z_2, \tag{8.15}$$

woraus mit (8.14) die Exzentrizität

$$e = \frac{1}{\bar{A}}(n_1 A_1 z_1 + n_2 A_2 z_2) \tag{8.16}$$

folgt (man beachte: z_1 und z_2 sind vorzeichenbehaftet!).

Im weiteren führen wir ein $\bar{y}, \bar{z}$-Koordinatensystem für den Verbundquerschnitt mit dem ideellen Schwerpunkt $\bar{S}$ als Ursprung ein (Abb. 8.2b). Die Verbindungslinie der ideellen Flächenschwerpunkte $\bar{S}$ stellt die Stabachse dar. Nur wenn die resultierende Normalkraft N in dieser Achse liegt, ist die kinematische Voraussetzung $\varepsilon = $ const erfüllt (reiner Zug/Druck, keine Biegung).

Als Beispiel für die Berechnung der Lage des ideellen Schwerpunkts setzen wir für den in Abb. 8.1a dargestellten Rechteckquerschnitt das Verhältnis der Elastizitätsmoduli zu $E_2/E_1 = 10$ sowie die Teilflächen zu $A_1 = A/3$ und $A_2 = 2A/3$. Die ideelle Querschnittsfläche folgt dann mit den Wichtungen $n_1 = E_1/E_1 = 1$ und $n_2 = E_2/E_1 = 10$ aus (8.9) zu

$$\bar{A} = 1 \cdot \frac{1}{3}A + 10 \cdot \frac{2}{3}A \quad \rightarrow \quad \bar{A} = 7A\,.$$

Mit den Koordinaten $z_1 = -h/3$ und $z_2 = h/6$ der Flächenschwerpunkte der Teilflächen A_1 und A_2 ergibt sich aus (8.16) die Lage des ideellen Schwerpunkts:

$$e = -1 \cdot \frac{A/3}{7A}\frac{1}{3}h + 10 \cdot \frac{2A/3}{7A}\frac{1}{6}h \quad \rightarrow \quad e = \frac{1}{7}h\,.$$

Der ideelle Schwerpunkt $\bar{S}$ liegt also $h/7$ unterhalb des Flächenschwerpunkts S. Setzen wir dagegen $E_2/E_1 = 1/10$, dann folgt $e = -h/4$, d. h. der ideelle Schwerpunkt liegt $h/4$ über dem Flächenschwerpunkt.

In Verallgemeinerung des aus zwei Schichten bestehenden Verbundquerschnitts betrachten wir nun einfach symmetrische Querschnitte, die aus s Schichten zusammengesetzt sind (Abb. 8.3). Hierfür erhalten wir die ideelle Querschnittsfläche zu

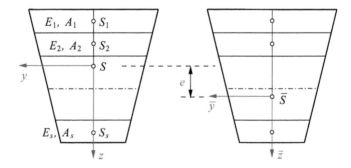

Abb. 8.3 Verbundquerschnitt mit s Schichten

$$\bar{A} = \sum_{i=1}^{s} n_i \, A_i \quad \text{mit} \quad n_i = \frac{E_i}{E_1}, \qquad (8.17)$$

vgl. (8.9). Für die Exzentrizität e des ideellen Schwerpunkts $\bar{S}$ bezüglich des Flächenschwerpunkts S ergibt sich mit den Koordinaten z_i der Flächenschwerpunkte der Teilquerschnitte A_i

$$e = \frac{1}{\bar{A}} \sum_{i=1}^{s} z_i \, n_i \, A_i \,, \qquad (8.18)$$

vgl. (8.16). Im Sonderfall doppeltsymmetrischer Verbundquerschnitte mit einer symmetrischen Verteilung der Dehnsteifigkeiten $E_i \, A_i$ bezüglich der y-Achse gibt es zu jeder Schicht k mit dem Schwerpunktsabstand z_k eine symmetrische Schicht gleicher Steifigkeit im Abstand $-z_k$. Die Exzentrizität wird dann Null ($e = 0$), d. h. der ideelle Schwerpunkt und der Flächenschwerpunkt fallen zusammen (siehe Beispiel 8.1).

Die Formeln zur Berechnung der ideellen Spannung (8.12) und der tatsächlichen Spannungen (8.13) sowie der Dehnung (8.5) und der Dehnsteifigkeit (8.4) gelten sinngemäß. Dabei kann die Dehnsteifigkeit des Verbundstabes wie folgt dargestellt werden:

$$\overline{EA} = \sum E_i \, A_i = E_1 \sum n_i \, A_i = E_1 \, \bar{A} \,. \qquad (8.19)$$

Beispiel 8.1

Für den in Bild a dargestellten Verbundquerschnitt bestehend aus den Materialien 1 und 2 sind die Spannungen in den Schichten und die Dehnung infolge der Normalkraft N zu ermitteln. Die Elastizitätsmoduli sind E_1 und $E_2 = 2E_1$.

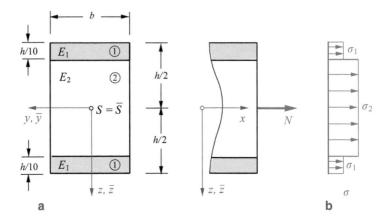

a   b

Lösung Mit E_1 als Bezugsmodul erhalten wir die Wichtungen

$$n_1 = \frac{E_1}{E_1} = 1, \quad n_2 = \frac{E_2}{E_1} = 2.$$

Aufgrund der doppeltsymmetrischen Anordnung der Dehnsteifigkeiten des Verbundquerschnitts fällt der ideelle Schwerpunkt $\bar{S}$ mit dem geometrischen Schwerpunkt S zusammen. Nach (8.17) ergibt sich die ideelle Querschnittsfläche mit $A = b\,h$ zu

$$\bar{A} = n_1 A_1 + n_2 A_2 \quad \rightarrow \quad \bar{A} = 1\frac{1}{5}A + 2\frac{4}{5}A = \frac{9}{5}A.$$

Aus (8.12) folgt damit die ideelle Spannung

$$\bar{\sigma} = \frac{N}{\bar{A}} \quad \rightarrow \quad \bar{\sigma} = \frac{5}{9}\frac{N}{A}.$$

Hiermit lassen sich die tatsächlichen Spannungen σ_i in den einzelnen Schichten aus (8.13) bestimmen:

$$\underline{\underline{\sigma_1}} = n_1\,\bar{\sigma} = \frac{5}{9}\frac{N}{A}, \quad \underline{\underline{\sigma_2}} = n_2\,\bar{\sigma} = \frac{10}{9}\frac{N}{A}.$$

Sie sind in Bild b dargestellt.

Mit der Dehnsteifigkeit nach (8.4)

$$\overline{EA} = E_1 A_1 + E_2 A_2 = E_1\,\bar{A} \quad \rightarrow \quad \overline{EA} = \frac{9}{5}E_1 A$$

folgt die Dehnung aus (8.5) zu

$$\varepsilon = \frac{N}{\overline{EA}} \quad \rightarrow \quad \varepsilon = \frac{5}{9}\frac{N}{E_1 A}. \quad \blacktriangleleft$$

8.3 Reine Biegung

Wir betrachten nun Querschnitte, die nur durch ein Biegemoment M beansprucht werden (reine Biegung, siehe Abb. 8.4a). Für die Bestimmung der Spannungen und der Deformation erweist es sich als zweckmäßig, das in Abschn. 8.2 eingeführte $\bar{y}, \bar{z}$-Koordinatensystem (mit dem ideellen Schwerpunkt als Ursprung) zu wählen. Die Balkenachse ist danach wie beim Verbundstab die Verbindungslinie der ideellen Flächenschwerpunkte $\bar{S}$. Wie im vorigen Abschnitt setzen wir voraus, dass die Teilquerschnitte ideal (schlupffrei) miteinander verbunden sind.

Hinsichtlich der Deformation treffen wir die gleichen kinematischen Annahmen wie bei der geraden Biegung des homogenen Balkens (Abschn. 4.3). Die Durchbiegung w ist danach nur von x abhängig, und Querschnitte, die vor der Deformation eben waren, sind auch nach der Deformation eben, siehe (4.22) und Abb. 8.4b:

$$w = w(x), \quad u(x, \bar{z}) = \psi(x)\,\bar{z}. \tag{8.20}$$

Mit der zweiten Annahme von Bernoulli (Abschn. 4.5.1), dass Balkenquerschnitte, die vor der Deformation senkrecht auf der (ideellen) Balkenachse standen, auch nach der Deformation senkrecht zur Balkenachse stehen, folgt

$$\psi = -w', \quad \psi' = -w'',$$

vgl. (4.29) und (4.30). Daraus ergibt sich die Dehnung $\varepsilon = \partial u/\partial x$ zu

$$\varepsilon = -w''\,\bar{z}. \tag{8.21}$$

Sie ist über die Querschnittshöhe linear veränderlich. Der einzige Unterschied zum homogenen Balken besteht also darin, dass die Balkenachse durch die Verbindungslinie der ideellen Schwerpunkte $\bar{S}$ definiert ist und nicht durch die der Flächenschwerpunkte S (Abb. 8.4a,b).

Das aus den über den Querschnitt verteilten Spannungen resultierende Biegemoment (bezüglich der $\bar{y}$-Achse)

$$M = \int_A \bar{z}\,\sigma\,\mathrm{d}A \tag{8.22}$$

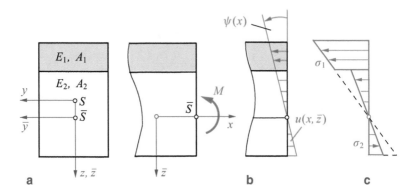

Abb. 8.4 Reine Biegung

liefert für das Beispiel des aus zwei Materialien zusammengesetzten Verbundquerschnitts nach Abb. 8.4a

$$M = \int_{A_1} \bar{z}\,\sigma_1\,\mathrm{d}A \;+\; \int_{A_2} \bar{z}\,\sigma_2\,\mathrm{d}A\,. \tag{8.23}$$

Mit dem Elastizitätsgesetz $\sigma_i = E_i\,\varepsilon$ für die beiden Schichten sowie (8.21) folgt

$$M = -w''\left(E_1 \int_{A_1} \bar{z}^2\,\mathrm{d}A + E_2 \int_{A_2} \bar{z}^2\,\mathrm{d}A \right). \tag{8.24}$$

Führen wir die Flächenträgheitsmomente

$$I_1 = \int_{A_1} \bar{z}^2\,\mathrm{d}A\,, \quad I_2 = \int_{A_2} \bar{z}^2\,\mathrm{d}A \tag{8.25}$$

der Teilquerschnitte 1 und 2 ein, so ergibt sich

$$M = -w''(E_1\,I_1 + E_2\,I_2)\,.$$

Man beachte, dass die Flächenträgheitsmomente I_1 und I_2 auf die $\bar{y}$-Achse bezogen sind. Wenn wir die Biegesteifigkeit des Verbundbalkens mit

$$\overline{EI} = E_1\,I_1 + E_2\,I_2 \tag{8.26}$$

bezeichnen, dann lautet die Differentialgleichung der Biegelinie

$$w'' = -\frac{M}{EI} \, . \tag{8.27}$$

Sie ist analog zur Gleichung des homogenen Balkens.

Die Spannungen in den Schichten erhält man durch Einsetzen von (8.21) und (8.27) in $\sigma_i = E_i \, \varepsilon$ zu

$$\sigma_i = E_i \frac{M}{EI} \, \bar{z} \, . \tag{8.28}$$

Dabei durchläuft $\bar{z}$ die Wertebereiche der beiden Schichten $i = 1, 2$. Die Spannung ist somit in den einzelnen Schichten linear verteilt. Im allgemeinen weist sie in der Verbundfuge einen Sprung auf, und die neutrale Faser liegt bei $\bar{z} = 0$ (Abb. 8.4c).

Wie beim Stab ist es meist zweckmäßig, eine andere Schreibweise zu verwenden. Dazu führen wir mit den Wichtungen $n_i = E_i / E_1$ das **ideelle Flächenträgheitsmoment**

$$\bar{I} = n_1 I_1 + n_2 I_2 \tag{8.29}$$

und die **ideelle Spannung**

$$\bar{\sigma} = \frac{M}{\bar{I}} \, \bar{z} \tag{8.30}$$

ein. Durch Vergleich von (8.28) mit (8.30) erkennen wir, dass sich wegen $\overline{EI} = E_1 \bar{I}$ die tatsächliche Spannung in einer beliebigen Schicht i wie beim Verbundstab aus

$$\sigma_i = n_i \, \bar{\sigma} \tag{8.31}$$

berechnen lässt, siehe auch (8.13).

Bei einer Erweiterung auf Verbundprofile aus s Schichten mit unterschiedlichen Elastizitätsmoduli ergibt sich das ideelle Flächenträgheitsmoment zu

$$\bar{I} = \sum_{i=1}^{s} n_i \, I_i \, . \tag{8.32}$$

Man beachte, dass die I_i die Flächenträgheitsmomente der Teilflächen bezüglich der $\bar{y}$-Achse sind. Sie setzen sich aus den Flächenträgheitsmomenten bezüglich der eigenen Schwerachsen und den „Steiner-Gliedern" (bezüglich der $\bar{y}$-Achse) zusammen, siehe Abschn. 4.2.2. Die Beziehungen (8.31), (8.30) und (8.27) gelten unverändert. Die in (8.27) auftretende Biegesteifigkeit kann dabei zweckmäßig aus

$$\overline{EI} = \sum E_i \, I_i = E_1 \, \bar{I} \tag{8.33}$$

bestimmt werden.

Zum Abschluss wollen wir am Beispiel nach Abb. 8.4 noch zeigen, dass aus der ermittelten Spannung tatsächlich nur ein Biegemoment M und keine Normalkraft N resultiert. Hierzu setzen wir die Spannung $\sigma_i = E_i \, \varepsilon$ unter Beachtung von (8.21) in (8.2) ein. Dann erhalten wir zunächst

$$N = \int_A \sigma \, \mathrm{d}A = -w'' \left(E_1 \int_{A_1} \bar{z} \, \mathrm{d}A + E_2 \int_{A_2} \bar{z} \, \mathrm{d}A \right)$$

$$= -w'' E_1 \left(n_1 \underbrace{\int_{A_1} \bar{z} \, \mathrm{d}A}_{\bar{z}_1 A_1} + n_2 \underbrace{\int_{A_2} \bar{z} \, \mathrm{d}A}_{\bar{z}_2 A_2} \right)$$

$$= -w'' E_1 \underbrace{(n_1 \bar{z}_1 A_1 + n_2 \bar{z}_2 A_2)}_{\bar{e} \, \bar{A}} \, .$$

Vergleicht man den Klammerausdruck mit (8.16), so erkennt man, dass dieser gerade dann verschwindet ($\bar{e} = 0$), wenn die Bezugsachse mit der Verbindungslinie der ideellen Schwerpunkte zusammenfällt. Genau dies wurde mit der speziellen Wahl des Koordinatensystems vorausgesetzt.

Beispiel 8.2

Der einseitig eingespannte Verbundträger ($l = 2$ m) nach Bild a ist durch eine Kraft $F = 6,5$ kN belastet. Sein Querschnitt besteht aus zwei Schichten mit den Elastizitätsmoduli E_1 und $E_2 = 3 E_1$ (Bild b).

Gesucht sind der Normalspannungsverlauf an der Einspannung und die Absenkung an der Kraftangriffstelle.

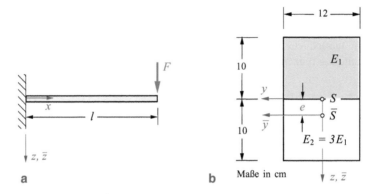

a   b   Maße in cm

Lösung Aus dem Momentenverlauf $M(x) = F(x - l)$ erhält man das Einspannmoment zu

$$M = -F\,l = -13\,\text{kN m}\,.$$

Mit E_1 als Bezugsmodul folgen die Wichtungen

$$n_1 = \frac{E_1}{E_1} = 1\,, \quad n_2 = \frac{E_2}{E_1} = 3\,.$$

Die ideelle Querschnittsfläche ergibt sich mit den Teilflächen $A_1 = A_2 = 10 \cdot 12 = 120\,\text{cm}^2$ nach (8.17) zu

$$\bar{A} = 1 \cdot 120 + 3 \cdot 120 = 480\,\text{cm}^2\,.$$

Aus (8.16) folgt damit die Lage des ideellen Schwerpunkts:

$$e = \frac{1}{480}[1 \cdot (-5) \cdot 120 + 3 \cdot 5 \cdot 120] = 2,5\,\text{cm}\,.$$

Das ideelle Flächenträgheitsmoment errechnet sich nach (8.32) mit den Trägheitsmomenten der Teilflächen bezüglich ihrer eigenen Schwerachsen

$b\,h^3/12 = 12 \cdot 10^3/12 = 10^3\,\mathrm{cm}^4$ zu

$$\bar{I} = 1\left[10^3 + 7{,}5^2 \cdot 120\right] + 3\left[10^3 + 2{,}5^2 \cdot 120\right] = 13.000\,\mathrm{cm}^4\,.$$

Aus (8.30) lässt sich damit die ideelle Spannung berechnen (Kräfte in N, Längen in mm):

$$\bar{\sigma} = \frac{M}{\bar{I}}\,\bar{z} \quad \rightarrow \quad \bar{\sigma} = \frac{-13 \cdot 10^6}{13.000 \cdot 10^4}\,\bar{z} = -0{,}1\,\bar{z}\,\frac{\mathrm{N}}{\mathrm{mm}^2}\,.$$

Die tatsächliche Spannung in der Schicht i folgt aus $\sigma_i = n_i\,\bar{\sigma}$. An der Oberkante des Balkens ($\bar{z} = -125\,\mathrm{mm}$) ergibt sich

$$\underline{\underline{\sigma_1(-125)}} = 1 \cdot (-0{,}1) \cdot (-125) = \underline{\underline{12{,}5\,\mathrm{N/mm}^2}}\,.$$

Bei der Berechnung der Spannungen in der Verbundfuge ($\bar{z} = -25\,\mathrm{mm}$) ist zwischen den Werten oberhalb und unterhalb der Fuge zu unterscheiden, da der Elastizitätsmodul hier einen Sprung aufweist. Oberhalb der Verbundfuge ergibt sich der Wert

$$\underline{\underline{\sigma_1(-25)}} = 1 \cdot (-0{,}1) \cdot (-25) = \underline{\underline{2{,}5\,\mathrm{N/mm}^2}}\,,$$

und unterhalb der Verbundfuge ist die Spannung

$$\underline{\underline{\sigma_2(-25)}} = 3 \cdot (-0{,}1) \cdot (-25) = \underline{\underline{7{,}5\,\mathrm{N/mm}^2}}\,.$$

In der Verbundfuge stellt sich also ein Spannungssprung von $5\,\mathrm{N/mm}^2$ ein. An der Unterkante des Balkens ($\bar{z} = 75\,\mathrm{mm}$) erhalten wir schließlich

$$\underline{\underline{\sigma_2(75)}} = 3 \cdot (-0{,}1) \cdot (75) = \underline{\underline{-22{,}5\,\mathrm{N/mm}^2}}\,.$$

Die Spannungsverteilung ist in Bild c dargestellt.

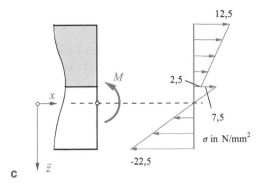

Zur Ermittlung der Biegelinie integrieren wir die Differentialgleichung

$$w'' = -\frac{M}{\overline{EI}} \quad \rightarrow \quad \overline{EI}\, w'' = -F(x - l)$$

und erhalten

$$\overline{EI}\, w' = -F\left(\frac{x^2}{2} - l\, x\right) + C_1\,,$$

$$\overline{EI}\, w = -F\left(\frac{x^3}{6} - l\,\frac{x^2}{2}\right) + C_1\, x + C_2\,.$$

Die Integrationskonstanten lassen sich aus den geometrischen Randbedingungen bestimmen:

$$w(0) = 0 \quad \rightarrow \quad C_2 = 0\,, \quad w'(0) = 0 \quad \rightarrow \quad C_1 = 0\,.$$

Unter Beachtung von $\overline{EI} = E_1\bar{I}$ erhält man damit für die Biegelinie und die gesuchte Absenkung

$$w(x) = \frac{-F}{E_1\bar{I}}\left(\frac{x^3}{6} - l\,\frac{x^2}{2}\right) \quad \rightarrow \quad \underline{\underline{w(l) = \frac{F\, l^3}{3E_1\bar{I}}}}\,,$$

vgl. Abschn. 4.5.2. Es sei darauf hingewiesen, dass man dieses Ergebnis auch unmittelbar aus der Biegelinientafel ablesen kann, wobei für die Biegesteifigkeit diejenige des Verbundquerschnitts einzusetzen ist. ◀

8.4   Biegung und Zug/Druck

Die Spannungen in den Schichten eines Verbundbalkens ergeben sich sowohl bei
Normalkraft- als auch bei Momentenbeanspruchung aus

$$\sigma_i = n_i \, \bar{\sigma} \,, \tag{8.34}$$

vgl. (8.13) und (8.31). Wirkt in einem Querschnitt nur eine Normalkraft, so gilt für
die ideelle Spannung nach (8.12)

$$\bar{\sigma} = \frac{N}{\bar{A}} \,,$$

und im Fall einer reinen Momentenbeanspruchung folgt nach (8.30)

$$\bar{\sigma} = \frac{M}{\bar{I}} \, \bar{z} \,.$$

Bei einer gleichzeitigen Beanspruchung des Verbundquerschnitts durch eine Normalkraft N und ein Biegemoment M sind die ideellen Spannungen zu superponie-
ren:

$$\bar{\sigma} = \frac{N}{\bar{A}} + \frac{M}{\bar{I}}\bar{z} \,. \tag{8.35}$$

Die tatsächliche Spannung in der Schicht i ergibt sich dann wieder aus (8.34).

Beispiel 8.3

Für den in Bild a dargestellten Verbundquerschnitt sind der ideelle und der
tatsächliche Spannungsverlauf sowie die Dehnungsverteilung über die Querschnittshöhe infolge der außermittig angreifenden Normalkraft $N = -500\,\text{kN}$
zu ermitteln. Die Elastizitätsmoduli der Schichten sind $E_c = 10^4\,\text{N/mm}^2$ und
$E_s = 5000\,\text{N/mm}^2$.

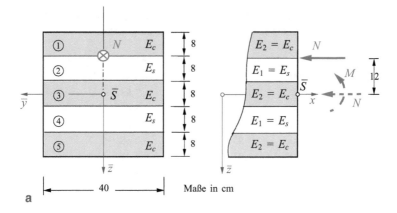

Lösung Als Bezugsmodul wählen wir $E_1 = E_s$ und setzen $E_2 = E_c$. Hiermit ergeben sich die Wichtungen

$$n_1 = \frac{E_1}{E_1} = \frac{E_s}{E_s} = 1, \quad n_2 = \frac{E_2}{E_1} = \frac{E_c}{E_s} = 2.$$

Aufgrund der hinsichtlich Geometrie und Dehnsteifigkeiten symmetrischen Schichtung des Querschnitts fällt der ideelle Schwerpunkt $\bar{S}$ mit dem geometrischen Schwerpunkt S zusammen. Die Normalkraft N greift demnach im Abstand von 12 cm oberhalb der Balkenachse an. Sie lässt sich statisch äquivalent durch die Kraft N in der Balkenachse und ein Moment $M = 12 \cdot N = 6000\,\mathrm{kN\,cm}$ ersetzen. Alle Teilflächen sind gleich groß: $A_1 = A_2 = 8 \cdot 40 = 320\,\mathrm{cm^2}$. Nach (8.17) ergibt sich damit die ideelle Querschnittsfläche zu

$$\bar{A} = 2(n_1\,A_1) + 3(n_2\,A_2) \quad \rightarrow \quad \bar{A} = 640 + 1920 = 2560\,\mathrm{cm^2}.$$

Mit den Flächenträgheitsmomenten $I_1 = I_2 = 40 \cdot 8^3/12 = 1706{,}7\,\mathrm{cm^4}$ der Teilflächen bezüglich ihrer eigenen Schwerachsen und den Steiner-Gliedern folgt das ideelle Flächenträgheitsmoment nach (8.32) zu

$$\bar{I} = n_1 \left[2(I_1 + 8^2 \cdot A_1)\right] + n_2 \left[3I_2 + 2 \cdot 16^2 \cdot A_2\right] = 382.293\,\mathrm{cm^4}.$$

Mittels (8.35) können nun die ideellen Spannungen berechnet werden. Dabei geben wir alle Größen in den Einheiten N und mm an:

$$\bar{\sigma} = \frac{N}{\bar{A}} + \frac{M}{\bar{I}}\,\bar{z} = \frac{-500 \cdot 10^3}{2560 \cdot 10^2} + \frac{6000 \cdot 10^4}{382.293 \cdot 10^4}\,\bar{z} = -1{,}95 + 0{,}0157\,\bar{z}.$$

Die Berechnung der ideellen und der wirklichen Spannungen an ausgezeichneten Punkten ist in der nachfolgenden Tabelle aufgelistet.

Schicht	$\bar{z}$	$N/\bar{A}$	$(M/\bar{I})\,\bar{z}$	$\bar{\sigma}$	n_i	$\sigma_i = n_i\,\bar{\sigma}$
1	−200	−1,95	−3,14	−5,09	2	−10,18
	−120	−1,95	−1,88	−3,83	2	−7,66
2	−120	−1,95	−1,88	−3,83	1	−3,83
	−40	−1,95	−0,63	−2,58	1	−2,58
3	−40	−1,95	−0,63	−2,58	2	−5,16
	+40	−1,95	+0,63	−1,32	2	−2,64
4	+40	−1,95	+0,63	−1,32	1	−1,32
	+120	−1,95	+1,88	−0,07	1	−0,07
5	+120	−1,95	+1,88	−0,07	2	−0,14
	+200	−1,95	+3,14	+1,19	2	+2,38

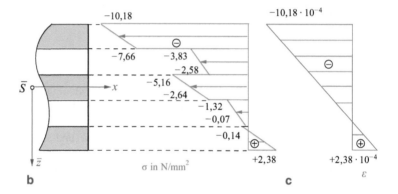

b   c

Die Spannungsverteilung über die Querschnittshöhe ist in Bild b dargestellt. Man erkennt, dass sich in den Verbundfugen Spannungssprünge im Verhältnis der Elastizitätsmoduli einstellen.

Zur Berechnung der Dehnung wenden wir das Hookesche Gesetz $\varepsilon = \sigma/E$ an. Da sie nach (8.21) linear über die Querschnittshöhe verteilt ist, genügt es, die Dehnung am oberen (ε_o) und am unteren (ε_u) Rand des Verbundquerschnitts zu bestimmen (Bild c):

$$\varepsilon_o = \frac{-10{,}18}{E_2} = -10{,}18 \cdot 10^{-4}\,, \qquad \varepsilon_u = \frac{2{,}38}{E_2} = 2{,}38 \cdot 10^{-4}\,.$$

Der Verlauf der Dehnung über die Querschnittshöhe ist Bild c zu entnehmen.

◄

Zusammenfassung

- Zug und Druck
  - Spannung in der Schicht i:

$$\sigma_i = n_i\,\bar{\sigma}\,,$$

  $n_i = E_i/E_1$ mit Bezugswert E_1,
  $\bar{\sigma} = N/\bar{A}$ ideelle Spannung,
  $\bar{A} = \sum n_i\,A_i$ ideelle Querschnittsfläche.
  - Dehnung:

$$\varepsilon = \frac{N}{\overline{EA}}\,,$$

  $\overline{EA} = \sum E_i A_i = E_1\,\bar{A}$ Dehnsteifigkeit.
  - Damit reiner Zug/Druck (keine Biegung) auftritt, muss die Normal-
    kraft exzentrisch wirken:

$$e = \frac{1}{\bar{A}}\sum z_i\,n_i\,A_i\,,$$

  z_i Abstand der Schwerpunkte der Teilflächen.
- Reine Biegung
  - Spannung in der Schicht i:

$$\sigma_i = n_i\,\bar{\sigma}\quad\text{mit}\quad\bar{\sigma} = \frac{M}{\bar{I}}\,\bar{z}\,,$$

  $\bar{I} = \sum n_i\,I_i$ ideelles Flächenträgheitsmoment,
  $\bar{z}$ durchläuft Schicht i.
  - Differentialgleichung der Biegelinie:

$$w'' = -\frac{M}{\overline{EI}}\,,$$

  $\overline{EI} = \sum E_i\,I_i = E_1\,\bar{I}$ ideelle Biegesteifigkeit.

Englische Fachausdrücke

Englisch	Deutsch
A	
angle of twist	Torsionswinkel
B	
bar	Stab
beam	Balken
bending	Biegung
bending moment	Biegemoment
bending stiffness	Biegesteifigkeit
bending stress	Biegespannung
bonding condition	Verbundbedingung
boundary condition	Randbedingung
brittle	spröde
buckling	Knicken
buckling load	Knicklast
C	
cantilever beam	einseitig eingespannter Balken
center of gravity	Schwerpunkt
centrifugal moment	Zentrifugalmoment
circumferential stress	Umfangsspannung
clamped	eingespannt
coefficient of thermal expansion	Wärmeausdehnungskoeffizient
column	Säule, Knickstab

compatibility	Verträglichkeit
compatibility condition	Verträglichkeitsbedingung
complementary shear stress	zugeordnete Schubspannung
composite section	Verbundquerschnitt
compound beam	Verbundbalken
compression	Druck
compressive stress	Druckspannung
core	Kern
critical load	kritische Last
cross section	Querschnitt
curvature	Krümmung
curved beam	Bogen
D	
deflection	Durchbiegung
deflection curve	Biegelinie
dilatation	Volumendehnung
displacement	Verschiebung
ductile	duktil, zäh
E	
eccentricity	Exzentrizität
elastic	elastisch
elastic line	Biegelinie
elongation	Verlängerung
equilibrium condition	Gleichgewichtsbedingung
Euler's buckling load	Eulersche Knicklast
extreme fiber	Randfaser
F	
first moment of area	statisches Moment
flexural rigidity	Biegesteifigkeit
H	
hinge	Gelenk
homogeneous	homogen

Hooke's law	Hookesches Gesetz
hoop stress	Umfangsspannung
hydrostatic (state of) stress	hydrostatischer Spannungszustand
I	
invariant	Invariante
isotropic	isotrop
J	
joint	Gelenk
L	
load	Last
M	
matching condition	Übergangsbedingung
membrane stress	Membranspannung
modulus of elasticity	Elastizitätsmodul
Mohr's circle	Mohrscher Kreis
moment of deviation	Deviationsmoment
moment of inertia of area	Flächenträgheitsmoment
N	
neutral axis	neutrale Faser
normal force	Normalkraft
normal stress	Normalspannung
O	
ordinary bending	gerade Biegung
overhanging beam	Kragträger
P	
parallel axis theorem	Satz von Steiner
plane strain	ebener Verzerrungszustand
plane stress	ebener Spannungszustand
Poisson's ratio	Poissonsche Zahl, Querkontraktionszahl
polar moment of inertia of area	polares Flächenträgheitsmoment

pressure	Druck
pressure vessel	Kessel
principal axis	Hauptachse
principal strain	Hauptdehnung
principal stress	Hauptspannung
principle of virtual work	Prinzip der virtuellen Arbeit
product of inertia	Deviationsmoment
proportional limit	Proportionalitätsgrenze
pure bending	reine Biegung
pure shear	reiner Schub
R	
radius of gyration	Trägheitsradius
rigid	starr
S	
second moment of area	Flächenträgheitsmoment
section modulus	Widerstandsmoment
shear center	Schubmittelpunkt
shear flow	Schubfluss
shear modulus	Schubmodul
shear(ing) force	Querkraft
shear(ing) strain	Gleitung
shear(ing) stress	Schubspannung
sign convention	Vorzeichenkonvention
simple beam	beidseitig gelenkig gelagerter Balken
slenderness ratio	Schlankheitsgrad
spring	Feder
stable	stabil
state of strain	Verzerrungszustand
state of stress	Spannungszustand
statical moment of area	statisches Moment
statically determinate	statisch bestimmt
statically indeterminate	statisch unbestimmt

stiffness	Steifigkeit
strain	Verzerrung
strain energy	Formänderungsenergie
strain hardening	Verfestigung
strain tensor	Verzerrungstensor
stress	Spannung
stress resultant	Spannungsresultierende
stress state	Spannungszustand
stress-strain curve	Spannungs-Dehnungs-Kurve
stress tensor	Spannungstensor
superposition	Überlagerung, Superposition
symmetry	Symmetrie
T	
temperature	Temperatur
temperature coefficient of expansion	Wärmeausdehnungskoeffizient
tensile stress	Zugspannung
tensile test	Zugversuch
tension	Zug
thermal stress	Wärmespannung
thin-walled cross section	dünnwandiger Querschnitt
thin-walled tube	dünnwandiger Kreiszylinder
torque	Torsionsmoment
torsion	Torsion
torsion(al) stiffness	Torsionssteifigkeit
truss	Fachwerk
twist	Verdrehung
twisting moment	Torsionsmoment
U	
unstable	instabil
V	
virtual	virtuell

W

warping	Verwölbung

Y

yield stress	Fließspannung
Young's modulus	Elastizitätsmodul

Deutsch	**Englisch**
B	
Balken	beam
beidseitig gelenkig gelagerter Balken	simple beam
Biegelinie	deflection curve, elastic line
Biegemoment	bending moment
Biegespannung	bending stress, flexural stress
Biegesteifigkeit	bending stiffness, flexural rigidity
Biegung	bending
Bogen	curved beam
D	
Dehnung	strain
Deviationsmoment	moment of deviation, product of inertia
Druck	compression, pressure
Druckspannung	compressive stress
dünnwandiger Kreiszylinder	thin-walled tube
dünnwandiger Querschnitt	thin-walled cross section
duktil	ductile
Durchbiegung	deflection
E	
ebener Spannungszustand	plane stress
ebener Verzerrungszustand	plane strain
eingespannt	clamped
einseitig eingespannter Balken	cantilever beam
elastisch	elastic

Elastizitätsmodul	Young's modulus, modulus of elasticity
Eulersche Knicklast	Euler's buckling load
Exzentrizität	eccentricity
F	
Fachwerk	truss
Faser, neutrale	neutral axis
Feder	spring
Flächenträgheitsmoment	moment of inertia of area, second moment of area
Fließspannung	yield stress
Formänderungsenergie	strain energy
G	
Gelenk	hinge, joint
gerade Biegung	ordinary bending
Gleichgewichtsbedingung	equilibrium condition
Gleitung	shear(ing) strain
H	
Hauptachse	principal axis
Hauptdehnung	principal strain
Hauptspannung	principal stress
homogen	homogeneous
Hookesches Gesetz	Hooke's law
hydrostatischer Spannungszustand	hydrostatic (state of) stress
I	
instabil	unstable
Invariante	invariant
isotrop	isotropic
K	
Kern	core
Kessel	pressure vessel
Knicken	buckling
Knicklast	buckling load

Knickstab	column
Kompatibilität	compatibility
Kragträger	overhanging beam
kritische Last	critical load
Krümmung	curvature

L

Last	load

M

Membranspannung	membrane stress
Mohrscher Kreis	Mohr's circle

N

neutrale Faser	neutral axis
Normalkraft	normal force
Normalspannung	normal stress

P

Poissonsche Zahl	Poisson's ratio
polares Flächenträgheitsmoment	polar moment of inertia of area
Prinzip der virtuellen Arbeit	principle of virtual work
Proportionalitätsgrenze	proportional limit

Q

Querkontraktionszahl	Poisson's ratio
Querkraft	shear(ing) force
Querschnitt	cross section
Randbedingung	boundary condition
Randfaser	extreme fiber
reine Biegung	pure bending
reiner Schub	pure shear

S

Satz von Steiner	parallel axis theorem
Schlankheitsgrad	slenderness ratio
Schubfluss	shear flow
Schubmittelpunkt	shear center

Schubmodul	shear modulus
Schubspannung	shear(ing) stress
Schwerpunkt	center of gravity
Spannung	stress
Spannungs-Dehnungs-Kurve	stress-strain curve
Spannungsresultierende	stress resultant
Spannungstensor	stress tensor
Spannungszustand	state of stress, stress state
spröde	brittle
Stab	bar
stabil	stable
starr	rigid
statisch bestimmt	statically determinate
statisch unbestimmt	statically indeterminate
statisches Moment	first moment of area, statical moment of area
Steifigkeit	stiffness
Superposition	superposition
Symmetrie	symmetry
T	
Temperatur	temperature
Torsion	torsion
Torsionsmoment	twisting moment, torque
Torsionssteifigkeit	torsion(al) stiffness
Torsionswinkel	angle of twist
Trägheitsradius	radius of gyration
U	
Übergangsbedingung	matching condition
Überlagerung	superposition
Umfangsspannung	circumferential stress, hoop stress
Verbundbalken	compound beam
Verbundbedingung	bonding condition

Verbundquerschnitt	composite section
Verdrehung	twist
Verfestigung	strain hardening
Verlängerung	elongation
Verschiebung	displacement
Verträglichkeit	compatibility
Verträglichkeitsbedingung	compatibility condition
Verwölbung	warping
Verzerrung	strain
Verzerrungstensor	strain tensor
Verzerrungszustand	state of strain
virtuell	virtual
Volumendehnung	dilatation
Vorzeichenkonvention	sign convention

W

Wärmeausdehnungskoeffizient	coefficient of thermal expansion, temperature coefficient of expansion
Wärmespannung	thermal stress
Widerstandsmoment	section modulus

Z

zäh	ductile
Zentrifugalmoment	centrifugal moment
zugeordnete Schubspannung	complementary shear stress
Zug	tension
Zugspannung	tensile stress
Zugversuch	tensile test

Glossar

Kapitel 1

Dehnsteifigkeit Das Produkt EA aus dem *Elastizitätsmodul* E und der Querschnittsfläche A heißt *Dehnsteifigkeit*.

Dehnung Die *örtliche Dehnung (lokale Dehnung)* bei der Verlängerung eines Stabes ist definiert durch

$$\varepsilon = \frac{\mathrm{d}u}{\mathrm{d}x},$$

wobei u die Verschiebung der Stabquerschnitte ist. Im Sonderfall *gleichförmiger Dehnung* vereinfacht sich dies zu

$$\varepsilon = \frac{\Delta l}{l},$$

wobei Δl die Verlängerung des Stabes (Länge l) ist.

Die Dehnung ist eine dimensionslose Größe; sie ist ein Maß für die Verformung des Stabes.

Dimensionierung Die Abmessungen von Bauteilen in technischen Konstruktionen müssen so gewählt werden, dass die Bauteile die auftretenden Kräfte aufnehmen können und dass keine unerwünschten Verformungen auftreten. Das Festlegen der erforderlichen Abmessungen nennt man *Dimensionierung*.

Elastisch Bei einem *elastischen* Materialverhalten fallen die Belastungskurve und die Entlastungskurve im *Spannungs-Dehnungs-Diagramm* zusammen.

Elastizitätsgesetz Das *Elastizitätsgesetz (Hookesche Gesetz)* lautet im eindimensionalen Fall bei Berücksichtigung der Wärmedehnung

$$\varepsilon = \frac{\sigma}{E} + \alpha_T \Delta T .$$

Elastizitätsgesetz für den Stab Das *Elastizitätsgesetz für den Stab* lautet

$$\frac{\mathrm{d}u}{\mathrm{d}x} = \frac{N}{EA} + \alpha_T \Delta T \, .$$

Elastizitätsmodul Der Proportionalitätsfaktor E im *Hookeschen Gesetz* $\sigma = E\varepsilon$ heißt *Elastizitätsmodul*. Er ist eine Materialkonstante mit der Dimension Kraft pro Fläche.

Fließspannung (Streckgrenze) Beim Erreichen der *Fließspannung* in einem Zugversuch nimmt die Dehnung zu, ohne dass die Spannung dabei erhöht werden muss: das Material fließt.

Gleichgewichtsbedingung Die *Gleichgewichtsbedingung* für ein Stabelement lautet

$$\frac{\mathrm{d}N}{\mathrm{d}x} + n = 0 \, .$$

Dabei sind N die Normalkraft und n die Linienkraft in Richtung der Stabachse.

Hookesches Gesetz Das *Hookesche Gesetz* hat im eindimensionalen Fall die Form $\sigma = E\varepsilon$.

Kinematische Beziehung Die *kinematische Beziehung*, welche bei einem Stab die Verschiebung mit der Dehnung verknüpft, lautet

$$\varepsilon = \frac{\mathrm{d}u}{\mathrm{d}x} \, .$$

Kinematische Größe *Kinematische Größen* sind rein geometrische Größen. Sie erlauben es, die Geometrie einer Verformung zu beschreiben.

Linear-elastisch Bei einem *linear-elastischen* Materialverhalten ist die Spannung proportional zur Dehnung und die Belastungskurve und die Entlastungskurve im *Spannungs-Dehnungs-Diagramm* fallen zusammen.

Normalspannung *Normalspannungen* sind orthogonal zur Schnittfläche gerichtet.

Plastisch Wenn man einen Probekörper aus elastischem Material über die *Fließspannung* hinaus (bis in den plastischen Bereich) belastet und dann wieder vollständig entlastet, dann verschwindet die elastische Dehnung wieder, während eine *plastische* (bleibende) Dehnung erhalten bleibt. Die Belastungskurve und die Entlastungskurve im *Spannungs-Dehnungs-Diagramm* fallen bei plastischem Materialverhalten somit nicht zusammen.

Prinzip von de Saint-Venant Das *Prinzip von de Saint-Venant* sagt aus, dass Störungen in der Spannungsverteilung (und in den Verformungen), die zum Beispiel durch Einzelkräfte oder durch starke Änderung der Geometrie verursacht werden, mit wachsender Entfernung von der Störungsstelle schnell abklingen.

Proportionalitätsgrenze Die *Proportionalitätsgrenze* ist diejenige Spannung im *Spannungs-Dehnungs-Diagramm*, bei welcher der lineare Verlauf in einen nichtlinearen Verlauf übergeht.

Querkontraktion Wenn sich ein Stab verlängert, dann nimmt gleichzeitig seine Querschnittsfläche ab. Entsprechend nimmt die Querschnittsfläche bei einer Verkürzung des Stabes zu. Dies bezeichnet man als *Querkontraktion*.

Schubspannung Eine *Schubspannung* wirkt *in* der Schnittebene.

Spannung Die bei einem gedachten ebenen Schnitt durch einen Stab freigelegten inneren Kräfte sind über die Schnittfläche verteilt. Sie sind Flächenkräfte (Dimension: Kraft pro Fläche) und werden als *Spannungen* bezeichnet. Spannungen sind ein Maß für die Beanspruchung eines Bauteils.

Spannungs-Dehnungs-Diagramm Das *Spannungs-Dehnungs-Diagramm* zeigt den Zusammenhang zwischen der Spannung σ und der Dehnung ε bei einem Zugversuch.

Stabachse Die *Stabachse* ist die Verbindungslinie der Schwerpunkte der Querschnittsflächen eines Stabes.

Statisch bestimmt Bei einem *statisch bestimmten* Stabsystem können Normalkräfte, Spannungen, Dehnungen, Längenänderungen und Verschiebungen der Reihe nach aus Gleichgewicht, Elastizitätsgesetz und Kinematik ermittelt werden. Temperaturänderungen verursachen keine Spannungen.

Statisch Unbestimmte Bei einem *einfach* statisch unbestimmten System wird *eine* Bindung gelöst, um ein statisch bestimmtes System zu erhalten. Die Wirkung der Bindung auf das System wird durch die noch unbekannte Reaktion ersetzt. Diese wird als *statisch Unbestimmte* oder *statisch Überzählige* bezeichnet.

Statisch unbestimmt Bei einem *statisch unbestimmten* Stabsystem müssen alle Gleichungen (Gleichgewicht, Elastizitätsgesetz und Kinematik) gleichzeitig betrachtet werden. Temperaturänderungen verursachen i. a. *Wärmespannungen*.

Stoffgesetz Das *Stoffgesetz* ist die Beziehung zwischen den kinematischen Größen (Verzerrungen) und den Kraftgrößen (Spannungen). Es ist abhängig vom Werkstoff und kann mit Hilfe von Experimenten gewonnen werden.

Superposition Das *Superpositionsprinzip* besagt, dass man bei einem durch mehrere Kräfte belasteten linearen System das Gesamtsystem aufspalten darf in mehrere Teilsysteme (Lastfälle), bei denen jeweils nur eine Belastung wirkt. Die Lösung des Gesamtproblems erhält man dann durch Addition, d. h. *Superposition*, der Lösungen der Teilsysteme (siehe Band 1, Abschnitt 5.1.4).

Thermischer Ausdehnungskoeffizient (Wärmeausdehnungskoeffizient) Die *Wärmedehnung* eines Stabes bei einer Temperaturänderung ist proportional zur

Temperaturänderung. Der Proportionalitätsfaktor heißt *thermischer Ausdehnungskoeffizient* oder *Wärmeausdehnungskoeffizient*.

Verfestigungsbereich Nach dem Überschreiten der *Fließspannung* bei einem Zugversuch kann der Werkstoff eine zusätzliche Spannung aufnehmen. Der zugehörige Bereich im *Spannungs-Dehnungs-Diagramm* heißt *Verfestigungsbereich*.

Verschiebungsplan Die Verschiebungen von Knoten eines Fachwerks können grafisch mit Hilfe eines *Verschiebungsplans* ermittelt werden. Bei Fachwerken mit vielen Stäben ist die Anwendung einer Energiemethode zu empfehlen.

Verträglichkeitsbedingung (Kompatibilitätsbedingung) Eine *Verträglichkeitsbedingung (Kompatibilitätsbedingung)* ist eine kinematische Bedingung. Sie stellt eine Gleichung dar, welche die Geometrie der Verformung berücksichtigt.

Wärmedehnung Dehnungen, die durch eine Temperaturänderung hervorgerufen werden, heißen *Wärmedehnungen*.

Wärmespannung Spannungen, die (bei *statisch unbestimmten* Systemen) durch Temperaturänderungen hervorgerufen werden, heißen *Wärmespannungen*.

Zulässige Spannung Die *Dimensionierung* eines Bauteils wird mit Hilfe einer *zulässigen Spannung* durchgeführt. Da damit die maximale Spannung im Bauteil beschränkt wird, ist gewährleistet, dass die aufgebrachte Belastung ohne Schaden vom Bauteil aufgenommen werden kann.

Kapitel 2

Ebener Spannungszustand Ein *ebener Spannungszustand* wird durch 2 × 2 Komponenten des *Spannungstensors* charakterisiert, da sämtliche Spannungskomponenten aus der Ebene heraus zu Null gesetzt werden können.

Einachsiger Zug Bei *einachsigem Zug* ist eine Normalspannung positiv; die anderen Spannungen sind null. Der *Spannungskreis* tangiert die τ-Achse.

Gleichgewichtsbedingung Die *Gleichgewichtsbedingungen* folgen aus dem Gleichgewicht am Element. Sie sind gekoppelte partielle Differentialgleichungen.

Hauptachsensystem Ein Koordinatensystem, dessen Achsen in die Richtungen der *Hauptachsen* zeigen, heißt *Hauptachsensystem*.

Hauptrichtung Bei einem beliebigen Schnitt sind die Richtungen des Normalenvektors und des *Spannungsvektors* verschieden. Die *Hauptrichtungen* sind dadurch charakterisiert, dass der Spannungsvektor die gleiche Richtung wie die Normale hat. Somit verschwinden für solche Schnitte die Schubspannungen.

Hauptschubspannung Die Extremalwerte der Schubspannung werden *Hauptschubspannungen* genannt.

Hauptspannung Die zu den *Hauptrichtungen* gehörenden Normalspannungen heißen *Hauptspannungen*. Sie sind Extremalwerte der Normalspannungen.

Homogen Ein *Spannungszustand* wird als *homogen* bezeichnet, wenn die Komponenten des *Spannungstensors* unabhängig vom Ort sind.

Hydrostatisch Bei einem *hydrostatischen* Spannungszustand sind die Normalspannungen gleich groß und die Schubspannungen null. Dies gilt in jedem gedrehten Koordinatensystem.

Hydrostatischer Spannungszustand Bei einem *hydrostatischen Spannungszustand* sind die Normalspannungen gleich groß und die Schubspannungen null. Dies gilt in jedem gedrehten Koordinatensystem; der *Spannungskreis* entartet zu einem Punkt.

Invariante Eine *Invariante* des Spannungstensors hat in jedem gedrehten Koordinatensystem den gleichen Wert: sie ist unabhängig vom Koordinatensystem.

Kesselformeln Die *Kesselformeln* erlauben es, die Spannungen in den Wänden von dünnwandigen zylindrischen bzw. kugelförmigen Kesseln zu berechnen.

Normalspannung Die normal zur Schnittfläche gerichtete Komponente des *Spannungsvektors* heißt *Normalspannung*.

Reiner Schub Bei *reinem Schub* ist das Element nur durch Schubspannungen belastet. Der Mittelpunkt des *Spannungskreises* ist der Ursprung des σ, τ-Koordinatensystems.

Scheibe Eine *Scheibe* ist ein ebenes Flächentragwerk, dessen Dicke klein gegen die Längen der Seiten ist, das nur in seiner Ebene belastet wird und das so gelagert ist, dass nur Deformationen in der Ebene des Tragwerks auftreten.

Schubspannung Die in der Schnittfläche liegende Komponente des *Spannungsvektors* heißt *Schubspannung*.

Spannungskreis Der *Spannungskreis* ist die geometrische Darstellung der *Transformationsgleichungen*.

Spannungstensor Der *Spannungstensor* beschreibt den *Spannungszustand* in einem Punkt eines Körpers. Er kann als symmetrische 3×3-Matrix dargestellt werden. In der Hauptdiagonalen stehen die Normalspannungen, die übrigen Elemente sind die Schubspannungen. Im Unterschied zu einer Matrix muss ein *Tensor* gegebene *Transformationsregeln* erfüllen.

Spannungsvektor Der *Spannungsvektor* wird durch

$$ t = \lim_{\Delta A \to 0} \frac{\Delta F}{\Delta A} = \frac{dF}{dA} $$

definiert. Er ist abhängig vom Ort und von der Schnittrichtung.

Spannungszustand Der *Spannungszustand* in einem Punkt eines Körpers wird durch die drei *Spannungsvektoren* in drei senkrecht aufeinander stehenden Schnittflächen eindeutig festgelegt. Er ist somit durch die 3×3 Komponenten des *Spannungstensors* bestimmt.

Tensor Ein *Tensor* ist eine Größe, deren Komponenten sich beim Übergang von einem Koordinatensystem zu einem gedrehten Koordinatensystem nach einer bestimmten Vorschrift, den Transformationsregeln, verhalten.

Tensor 2. Stufe Ein *Tensor 2. Stufe* ist eine Größe, deren Komponenten 2 Koordinatenindizes besitzen und sich beim Übergang von einem Koordinatensystem zu einem gedrehten Koordinatensystem nach einer bestimmten Vorschrift, den Transformationsregeln, verhalten.

Transformationsgleichung Die *Transformationsgleichungen* erlauben es, aus den gegebenen Komponenten des *Spannungstensors* in einem Koordinatensystem die Komponenten des Tensors in einem gedrehten Koordinatensystem zu berechnen.

Zugeordnete Schubspannung Die *Schubspannungen* in zwei senkrecht aufeinander stehenden Schnitten sind gleich groß. Sie werden als *zugeordnete Schubspannungen* bezeichnet.

Kapitel 3

Dehnung Die *Dehnung* in x-Richtung wird durch die partielle Ableitung

$$\varepsilon_x = \frac{\partial u}{\partial x}$$

beschrieben.

Ebener Verzerrungszustand Ein *ebener Verzerrungszustand* wird durch die beiden Dehnungen ε_x und ε_y sowie die Gleitung γ_{xy} festgelegt, da sämtliche Dehnungskomponenten aus der Ebene heraus zu Null gesetzt werden können.

Festigkeitshypothese Zur Beurteilung der Beanspruchung eines Bauteils bei einem mehrdimensionalen Spannungszustand werden *Festigkeitshypothesen* angewendet.

Gleitung, Scherung, Winkelverzerrung Die Winkeländerung γ wird auch *Gleitung, Scherung* oder *Winkelverzerrung* genannt.

Homogen Bei einem *homogenen* Werkstoff sind die Materialeigenschaften unabhängig vom Ort.

Hookesches Gesetz Im *Hookeschen Gesetz* werden die Komponenten des Verzerrungstensors mit den Komponenten des Spannungstensors linear verknüpft.

Hypothese der Gestaltänderungsenergie Man kann zeigen, dass sich die Energie, die zur Änderung der Form eines Körpers benötigt wird (die Formänderungsenergie) aufspalten lässt in zwei Anteile: Die Gestaltänderungsenergie und die Volumenänderungsenergie. Der *Hypothese der Gestaltänderungsenergie* liegt die Annahme zugrunde, dass der erste Anteil maßgeblich ist für die Materialbeanspruchung.

Isotrop Bei einem *isotropen* Werkstoff sind die Materialeigenschaften in allen Richtungen gleich.

Kinematische Beziehung Die *kinematischen Beziehungen* verknüpfen die Verzerrungen mit den Komponenten des Verschiebungsvektors, d. h. den *Verzerrungstensor* mit dem *Verschiebungsvektor*.

Mohrscher Verzerrungskreis Der *Mohrsche Verzerrungskreis* ist die geometrische Darstellung der Transformationsgleichungen für den *Verzerrungstensor*.

Normalspannungshypothese Bei der *Normalspannungshypothese* wird angenommen, dass die größte Normalspannung für die Materialbeanspruchung maßgeblich ist.

Poissonsche Zahl Die *Querkontraktionszahl* wird auch *Poissonsche Zahl* genannt (manchmal wird ihr Kehrwert als *Poissonsche Zahl* bezeichnet).

Querkontraktion Bei Zugversuchen stellt man fest, dass sich ein Werkstoff in den Richtungen senkrecht zur Zugrichtung zusammenzieht. Dies nennt man *Querkontraktion*.

Querkontraktionszahl Der Betrag der Querdehnung ist proportional zur Längsdehnung. Den dimensionslosen Proportionalitätsfaktor nennt man *Querkontraktionszahl*.

Schubmodul Der Proportionalitätsfaktor im Hookeschen Gesetz $\tau = G\gamma$ heißt *Schubmodul*. Er ist eine Materialkonstante mit der Dimension Kraft pro Fläche.

Schubspannungshypothese Bei der *Schubspannungshypothese* wird angenommen, dass die maximale Schubspannung für die Materialbeanspruchung maßgeblich ist.

Vergleichsspannung Um die Materialbeanspruchung eines Bauteils bei einem mehrdimensionalen Spannungszustand zu beurteilen, wird mit Hilfe einer *Festigkeitshypothese* eine *Vergleichsspannung* berechnet. Diese darf nicht größer als die zulässige Spannung sein.

Verschiebungsvektor Der *Verschiebungsvektor* gibt an, wie sich ein Punkt eines Körpers bei einer Verformung verschiebt.

Verzerrung Der Begriff *Verzerrungen* umfasst sowohl die *Dehnungen* als auch die *Gleitungen*.

Verzerrungstensor Der *Verzerrungstensor* beschreibt den Verformungszustand eines Körpers. Er kann als symmetrische Matrix dargestellt werden. In der

Hauptdiagonalen stehen die Dehnungen, die übrigen Elemente sind die halben Gleitungen.

Kapitel 4

Axiales Flächenträgheitsmoment Die *axialen Flächenträgheitsmomente* sind definiert durch die Integrale

$$I_y = \int z^2 \, dA, \quad I_z = \int y^2 \, dA.$$

Balkentheorie Durch geeignete Näherungsannahmen erhält man eine *Balkentheorie*, die es erlaubt, auf einfache Weise die Spannungen und die Verformung bei der Biegung eines Balkens zu berechnen.

Bernoullische Annahmen Die *Bernoullischen Annahmen* sagen aus, dass Balkenquerschnitte, die vor der Deformation senkrecht auf der Balkenachse standen, auch nach der Deformation senkrecht auf der deformierten Balkenachse stehen und dass sie bei der Deformation eben bleiben.

Biegelinie Der Verlauf $w(x)$ der Durchbiegung eines Balkens wird als *Biegelinie* bezeichnet.

Biegesteifigkeit Die *Biegesteifigkeit* $E I$ ist der Proportionalitätsfaktor im *Elastizitätsgesetz für das Biegemoment*.

Biegung Durch die Belastung senkrecht zur Balkenachse verformt sich die ursprünglich gerade Achse. Diesen Vorgang nennt man *Biegung*.

Dehnstarr Ein Balken, bei dem die durch die Normalkraft verursachte Längenänderung vernachlässigt wird, heißt *dehnstarr*.

Deviationsmoment, Zentrifugalmoment Das *Deviationsmoment* (*Zentrifugalmoment*) ist definiert durch das Integral

$$I_{yz} = I_{zy} = -\int yz \, dA.$$

Differentialgleichung der Biegelinie Die beiden Formen der *Differentialgleichung der Biegelinie* lauten

$$w'' = -\frac{M}{E I} \quad \text{bzw.} \quad (E I w'')'' = q.$$

Die erste Form kann nur bei statisch bestimmten Problemen angewendet werden, die zweite Form ist auch bei statisch unbestimmt gelagerten Balken brauchbar.

Dimensionierung Die Abmessungen des Querschnitts eines Balkens müssen so gewählt werden, dass die *zulässige Spannung* nicht überschritten wird. Dies nennt man *Dimensionierung*.

Elastizitätsgesetz für das Biegemoment Das *Elastizitätsgesetz für das Biegemoment* sagt aus, dass die Änderung ψ' des Drehwinkels ψ proportional ist zum Biegemoment M. Der Proportionalitätsfaktor EI heißt *Biegesteifigkeit*.

Elastizitätsgesetz für die Querkraft Die lineare Beziehung zwischen der Kraftgröße Q und der kinematischen Größe $w' + \psi$ heißt *Elastizitätsgesetz für die Querkraft*.

Flächenmoment erster Ordnung, statisches Moment *Flächenmomente erster Ordnung (statische Momente)* sind definiert durch die Integrale

$$S_y = \int z \, \mathrm{d}A, \quad S_z = \int y \, \mathrm{d}A.$$

Sie enthalten die Abstände y bzw. z des Flächenelements $\mathrm{d}A$ von den Achsen in der ersten Potenz. Sie sind rein geometrische Größen.

Flächenmoment zweiter Ordnung, Flächenträgheitsmoment Die *Flächenmomente zweiter Ordnung (Flächenträgheitsmomente)* enthalten die Abstände y bzw. z des Flächenelements $\mathrm{d}A$ von den Achsen in der zweiten Potenz. Sie sind rein geometrische Größen.

Geometrische Randbedingung Eine *geometrische Randbedingung* ist eine Gleichung, die eine Aussage über den Wert einer kinematischen Größe (Durchbiegung bzw. Neigung) am Rand eines Bereichs macht.

Gerade Biegung, einachsige Biegung Bei *gerader (einachsiger) Biegung* sind die Achsen y und z Hauptachsen des Querschnitts, und als Schnittgrößen wirken nur Q_z und M_y.

Hauptachse Die *Hauptachsen* sind dadurch charakterisiert, dass die *axialen Trägheitsmomente* Extremalwerte annehmen und das *Deviationsmoment* verschwindet.

Hauptträgheitsmoment Die zu den *Hauptachsen* gehörenden *axialen Trägheitsmomente* heißen *Hauptträgheitsmomente*. Sie sind die Extremalwerte der axialen Trägheitsmomente.

Invariante Eine *Invariante* hat in jedem gedrehten Koordinatensystem den gleichen Wert: sie ist unabhängig vom Koordinatensystem.

Kern Der Bereich, in dem der Kraftangriffspunkt liegen muss, damit im gesamten Querschnitt nur Spannungen mit gleichem Vorzeichen (z. B. Druckspannungen) auftreten, wird als *Kern* des Querschnitts bezeichnet.

Klammer-Symbol Das *Klammer-Symbol* (*Föppl-Symbol*) ist definiert durch

$$\langle x - a \rangle^n = \begin{cases} 0 & \text{für } x < a, \\ (x-a)^n & \text{für } x > a. \end{cases}$$

Neutrale Faser Die achsenparallele Faser, die keine Längsdehnung erfährt, wird auch als *neutrale Faser* bezeichnet.

Nulllinie Die Achse auf der die Spannung verschwindet, wird als *Nulllinie* bezeichnet.

Polares Flächenträgheitsmoment Das *polare Flächenträgheitsmoment* ist definiert durch das Integral

$$I_p = \int r^2 \, dA.$$

Reine Biegung Bei *reiner Biegung* ist das Biegemoment die einzige von null verschiedene Schnittgröße im Balken ($Q = N = 0$).

Schiefe Biegung Bei *schiefer Biegung* erfährt der Balken Durchbiegungen sowohl in z-Richtung als auch in y-Richtung.

Schlankheitsgrad Der *Schlankheitsgrad* λ ist definiert als Quotient von Länge l und *Trägheitsradius i*.

Schubmittelpunkt Der *Schubmittelpunkt* ist derjenige Punkt, durch den die Wirkungslinie der Belastung gehen muss, damit nur eine Biegung und keine Verdrehung des Balkens auftritt.

Schubstarr Ein Balken, bei dem die durch die Querkraft verursachte Winkeländerung eines Balkenelements vernachlässigt wird, heißt *schubstarr*.

Schubsteifigkeit Der Proportionalitätsfaktor GA_S im *Elastizitätsgesetz für die Querkraft* heißt *Schubsteifigkeit*.

Spannungsnachweis Bei einem *Spannungsnachweis* wird überprüft, dass die *zulässige Spannung* nicht überschritten wird.

Statische Randbedingung Eine *statische Randbedingung* ist eine Gleichung, die eine Aussage über den Wert einer Kraftgröße (Querkraft bzw. Biegemoment) am Rand eines Bereichs macht.

Steinerscher Satz Der *Steinersche Satz* verknüpft die Trägheitsmomente bezüglich der Schwerachsen mit den Trägheitsmomenten bezüglich dazu paralleler Achsen.

Trägheitsradius Der *Trägheitsradius* i_y (bzw. i_z) ist der Abstand von der y-Achse (bzw. von der z-Achse), in dem man sich die Fläche A konzentriert denken kann, damit sie das Trägheitsmoment I_y (bzw. I_z) besitzt.

Transformationsbeziehung Die *Transformationsbeziehungen* erlauben es, aus den Trägheitsmomenten bezüglich gegebener Achsen die Trägheitsmomente bezüglich dazu gedrehter Achsen zu berechnen.

Übergangsbedingung Eine *Übergangsbedingung* ist eine Gleichung, die eine Aussage über das Verhalten einer Größe beim Übergang von einem Bereich in einen anderen Bereich macht.

Widerstandsmoment Das *Widerstandsmoment* ist definiert als Quotient von *Flächenträgheitsmoment* und maximalem Abstand einer Randfaser.

Kapitel 5

Erste Bredtsche Formel Mit Hilfe der *ersten Bredtschen Formel* kann die Schubspannung in einem dünnwandigen geschlossenen Profil berechnet werden.

Schubfluss Der *Schubfluss* ist das Produkt aus Schubspannung und Wanddicke. Er hat die Dimension Kraft pro Länge und zeigt in die Richtung der Profilmittellinie.

Torsion Die *Torsion* eines Stabes wird durch das *Torsionsmoment* verursacht.

Torsionsmoment Die über eine Querschnittsfläche eines Stabes verteilten inneren Kräfte können durch ihre Resultierende und ihr resultierendes Moment ersetzt werden. Das *Torsionsmoment* ist die Komponente des resultierenden Moments in Richtung der Längsachse des Stabes.

Torsionssteifigkeit Das Produkt aus Schubmodul und *Torsionsträgheitsmoment* heißt *Torsionssteifigkeit*.

Torsionsträgheitsmoment In Analogie zum *Flächenträgheitsmoment* bei der Biegung wird bei der Torsion das *Torsionsträgheitsmoment* eingeführt. Es hat die Dimension Länge^4. Torsionsträgheitsmomente für verschiedene Querschnittsformen sind in Tabellen zu finden.

Torsionswiderstandsmoment In Analogie zum *Widerstandsmoment* bei der Biegung wird bei der Torsion das *Torsionswiderstandsmoment* eingeführt. Es hat die Dimension Länge^3. Torsionswiderstandsmomente für verschiedene Querschnittsformen sind in Tabellen zu finden.

Verwindung Die Verdrehung um die Stabachse pro Längeneinheit wird als *Verwindung* bezeichnet.

Verwölbt Bei einem beliebigen Profil bleiben die Querschnitte nicht eben: sie *verwölben* sich.

Wölbkrafttorsion Wenn die Ausbildung der Verwölbung verhindert wird, treten Normalspannungen in den Schnitten $x = $ const auf. Sie können mit den Gleichungen der *Wölbkrafttorsion* berechnet werden.

Zweite Bredtsche Formel Mit Hilfe der *zweiten Bredtschen Formel* kann das *Torsionsträgheitsmoment* für ein dünnwandiges geschlossenes Profil berechnet werden.

Kapitel 6

Arbeitssatz Der *Arbeitssatz* sagt aus, dass bei einem elastischen Körper die von den äußeren Lasten verrichtete Arbeit als *innere Energie (Formänderungsenergie)* gespeichert wird.

Formänderungsenergie Die Arbeit der inneren Kräfte bei einer Verformung wird als Energie im Körper gespeichert und als *innere Energie* oder *Formänderungsenergie* bezeichnet.

Innere Energie Die Arbeit der inneren Kräfte bei einer Verformung wird als Energie im Körper gespeichert und als *innere Energie* oder *Formänderungsenergie* bezeichnet.

Prinzip der virtuellen Kräfte Die Verschiebungskomponente f eines Knotens k in einer beliebigen Richtung kann bei einem statisch bestimmten Fachwerk mit Hilfe von

$$f = \sum \frac{S_i \bar{S}_i l_i}{E A_i}$$

berechnet werden. Dabei sind S_i die Stabkräfte infolge der gegebenen Belastung und $\bar{S}_i$ die Stabkräfte durch die virtuelle Kraft „1" am Knoten k in der gegebenen Richtung.

Analoge Gleichungen des *Prinzips der virtuellen Kräfte* gelten bei Zug/Druck, Biegung und Torsion.

Reduktionssatz Der *Reduktionssatz* sagt aus, dass man die Verschiebung in einem statisch unbestimmten System findet, indem man den wirklichen Momentenverlauf im unbestimmten System mit dem Momentenverlauf infolge einer virtuellen Kraft „1" für ein beliebig zugeordnetes statisch bestimmtes System koppelt.

Satz von Betti Der *Satz von Betti* sagt aus, dass die Kraft F_k an der Verschiebung f_{ki} infolge F_i dieselbe Arbeit verrichtet wie die Kraft F_i an der Verschiebung f_{ik} infolge F_k.

Verschiebungseinflusszahl, Einflusszahl Die *Einflusszahl* α_{ik} ist die Verschiebung an der Stelle i durch eine Kraft „1" an der Stelle k.

Vertauschungssatz von Maxwell Die Verschiebung α_{ik} an der Stelle i durch eine Kraft „1" an der Stelle k ist gleich der Verschiebung an der Stelle k durch eine

Kraft „1" an der Stelle i:

$$\alpha_{ik} = \alpha_{ki}\,.$$

Virtuelle Kraft *Virtuelle Kräfte* sind keine wirklichen Kräfte, sondern werden nur zu Rechenzwecken eingeführt.

Virtuelle Verrückung *Virtuelle Verrückungen* sind kinematisch mögliche infinitesimale Verschiebungen oder Drehungen, die nur zu Rechenzwecken eingeführt werden (keine wirklichen Verrückungen).

Kapitel 7

Eigenform siehe *Knickform*

Eigenwert Die *Knickgleichung* und die dazu gehörenden Randbedingungen bilden ein Eigenwertproblem. Die Werte von λ, für die nichttriviale Lösungen des Eigenwertproblems existieren, heißen *Eigenwerte*.

Eulersche Knicklasten Die kritischen Lasten von Stäben mit den Lagerungen eingespannt/frei, beiderseits gelenkig gelagert, eingespannt/gelenkig gelagert sowie beiderseits eingespannt werden als die *Eulerschen Knicklasten* bezeichnet.

Knicken Das seitliche Ausweichen eines Druckstabes oberhalb der *kritischen Last* wird als *Knicken* bezeichnet.

Knickform Die nichttrivialen Lösungen des Eigenwertproblems heißen *Eigenfunktionen* oder *Eigenformen*. Sie werden auch als *Knickformen* bezeichnet, da sie die Formen der nichttrivialen Gleichgewichtslagen darstellen.

Knickgleichung Die *Knickgleichung* für einen Stab mit beliebiger Lagerung lautet

$$(E I w'')'' + F w'' = 0\,.$$

Im Sonderfall eines beiderseits gelenkig gelagerten Stabes mit konstanter Biegesteifigkeit vereinfacht sich die Knickgleichung zu

$$E I w'' + F w = 0\,.$$

Knicklänge Die *kritische Last* eines Druckstabes mit beliebigen Randbedingungen lässt sich wie die Knicklast für den 2. Euler-Fall schreiben, wenn man die Stablänge durch die *Knicklänge* ersetzt.

Knicklast Der kleinste *Eigenwert* des Eigenwertproblems liefert die *Knicklast* (*kritische Last*).

Kritische Last Die *kritische Last* ist die kleinste Last, für die neben der ursprünglich geraden Lage eine infinitesimal benachbarte Gleichgewichtslage existiert. Sie wird auch als *Knicklast* bezeichnet.

Richtungstreu Eine *richtungstreue* Kraft ändert ihre Richtung nicht, wenn sich ihr Angriffspunkt bei einer Verformung des Systems verschiebt.

Theorie höherer Ordnung Um die Auslenkung des Stabes nach Überschreiten der kritischen Last zu ermitteln, muss eine Form der Differentialgleichung der Biegelinie verwendet werden, die für große Auslenkungen gilt. Diese Differentialgleichung ist nichtlinear; ihre Lösungen heißen Elastica.

Kapitel 8

Ideelle Querschnittsfläche Die *ideelle Querschnittsfläche* ist durch $\bar{A} = n_1 A_1 + n_2 A_2$ gegeben. Dabei gilt $n_1 = 1$ und $n_2 = E_2/E_1$.

Ideelle Spannung Die *ideelle Spannung* bei Zug/Druck ist durch $\bar{\sigma} = \frac{N}{\bar{A}}$ gegeben, wobei $\bar{A}$ die *ideelle Querschnittsfläche* ist. Bei reiner Biegung ist sie durch $\bar{\sigma} = \frac{M}{\bar{I}}\bar{z}$ definiert. Dabei ist $\bar{I}$ das *ideelle Flächenträgheitsmoment*.

Ideeller Schwerpunkt Der Kräftemittelpunkt der beiden Normalkräfte N_1 und N_2 heißt *ideeller Schwerpunkt*.

Idealer Verbund Bei einem *idealen Verbund* sind die Materialien an der Verbundfuge fest miteinander verbunden und können sich daher nicht gegeneinander verschieben.

Ideelles Flächenträgheitsmoment Das *ideelle Flächenträgheitsmoment* ist durch $\bar{I} = n_1 I_1 + n_2 I_2$ gegeben. Dabei gilt $n_i = E_i/E_1$.

Verbundquerschnitt Ein *Verbundquerschnitt* besteht aus Schichten verschiedener Materialien.

Stichwortverzeichnis

Printed by Printforce, the Netherlands